金工实训

主　编　唐克岩
副主编　郑才国　高红莲　尹小燕
　　　　邓　勇　喻洪平
主　审　周光万

重庆大学出版社

内容提要

本书共11章，主要内容包括金属材料的性能及钢的热处理、铸造、锻压、焊接、切削加工基础知识，车削、刨削、铣削、磨削、钳工、数控加工技术基础。本书根据工种的不同特点提出了相应的安全操作规程，对大部分工种都配有典型零件加工实例，并附有复习思考题，内容力求精简，讲求实用。

本书可作为高等工科院校机械类和非机械类本科生的金工实习教材，还可供有关工程技术人员参考。

图书在版编目(CIP)数据

金工实训/唐克岩主编.—重庆：重庆大学出版社，2015.8(2024.7重印)
机械设计制造及其自动化专业应用型本科系列教材
ISBN 978-7-5624-9154-5

Ⅰ.①金… Ⅱ.①唐… Ⅲ.①金属加工—实习—高等学校—教材 Ⅳ.①TG-45

中国版本图书馆CIP数据核字(2015)第128319号

金工实训
主编 唐克岩
副主编 郑才国 高红莲 尹小燕
邓 勇 喻洪平
策划编辑：杨粮菊
责任编辑：文 鹏 版式设计：杨粮菊
责任校对：关德强 责任印制：张 策
*
重庆大学出版社出版发行
出版人：陈晓阳
社址：重庆市沙坪坝区大学城西路21号
邮编：401331
电话：(023) 88617190 88617185(中小学)
传真：(023) 88617186 88617166
网址：http://www.cqup.com.cn
邮箱：fxk@cqup.com.cn (营销中心)
全国新华书店经销
POD：重庆新生代彩印技术有限公司
*
开本：787mm×1092mm 1/16 印张：13.5 字数：337千
2015年8月第1版 2024年7月第6次印刷
ISBN 978-7-5624-9154-5 定价：39.00元

前言

金工实训是机械类各专业学生必修的实践性很强的专业技术基础课。本书是根据教育部颁布的“金工实习教学基本要求”,在总结多年教学实践经验的基础上,结合培养应用型工程技术人才的实践教学特点而编写的。本书内容编排力求结合岗位技术特点,贴近生产实际,以推动高校金工实习的深化改革,提高金工实习质量,培养高素质应用型人才。

金工实训课程应达到的教学目的及要求是“了解机械制造的一般过程;熟悉机械零件的常用加工方法、主要设备、刀具、夹具、量具的正确选用;初步具备对简单零件进行工艺分析和选择加工方法的能力;掌握各工种简单零件机械加工的操作方法;培养劳动观念、创新精神和理论联系实际的工作作风;初步建立质量、成本、效益、安全和环保等工程意识。最终使学生在金工实训过程中通过独立的实践操作,将金属材料的力学性能及有关机械制造的基本工艺知识、基本工艺方法和基本工艺实践等有机结合起来,进行工程实践综合能力的训练及进行思想品德和素质的培养与锻炼。”

本书符合国家教育部新发布的“金工实习(实训)教学基本要求”,力求取材新颖、联系实际、结构紧凑、文字简练、基本概念清晰、重点突出,全书涉及的名词、术语和工艺参数都采用最新的国家标准,并注重新工艺、新技术的应用。

本书由成都理工大学工程技术学院唐克岩担任主编,并编写了前言和第6、7、8章;四川大学锦城学院邓勇、成都大学喻洪平担任全书的统稿工作;成都理工大学工程技术学院郑才国、高红莲、尹小燕参与本书编写,郑才国编写第9章;四川大学锦城学院邓勇编写第10、11章;高红莲编写第2、3、5章;尹小燕编写第1、4章。成都理工大学工程技术学院周光万担任本书主审,对书稿提出了很好的修改意见,并做了大量的工作,在此深表感谢!

本书在编写过程中，参考了国内许多兄弟院校的同类教材，并得到同行专家的大力支持和帮助，在此表示衷心的感谢。由于编者水平有限，时间仓促，书中难免有不妥和错误之处，恳请广大读者批评指正。

编　者
2015 年 1 月

目录

第 1 章 金属材料的性能及钢的热处理

金属材料具有许多良好的性能，被广泛应用于制造各种结构件、机械零件、工具和日常生活用具。本章主要介绍金属材料的性能及钢的热处理方法。

1.1 金属材料的性能

金属材料的性能包括使用性能和工艺性能，见表 1.1。工艺性能是指制造过程中金属材料适应加工工艺要求的能力，如铸造性能、锻造、冲压性能、焊接性能、切削加工性能等。使用性能是指金属材料在使用条件下所表现出来的性能，包括力学性能、物理和化学性能，它们是进行结构设计、选用和制定加工工艺的重要依据。

表 1.1 金属材料的性能

性能种类	具体目标
力学性能	强度、硬度、韧性等
物理性能	熔点、密度、导电性、导热性等
化学性能	耐腐蚀性、抗氧化性等
工艺性能	铸造性能、焊接性能、锻压性能、切削加工性等

1.1.1 力学性能

金属材料力学性能又称机械性能，是金属材料在外力作用下表现出来的性能，包括强度、塑性、硬度、冲击韧性和疲劳强度。它是设计制造零件的最重要指标，也是评定材料质量和热处理工艺的重要参数。

(1)强度

强度是金属材料在静载荷的作用下抵抗永久变形和断裂的能力。常用抗拉强度和屈服点来表征金属材料的强度，它是用拉伸试验来测定的。试验前先将被测金属材料制成图 1.1(a)所示的标准试样。按 GB/T 228.1—2010 规定对板件，$L_0/\sqrt{S_0}=12.3$ 或 5.65，其中 S_0

为板试件的初始横截面积。将试件装在拉力试验机上缓慢地施加轴向静载荷，使之承受轴向静拉力。如图 1.1(b)所示，我们会发现随载荷的不断增加，试件渐渐被拉长，直到拉断为止。试验机会自动记录每一瞬间的拉力 F 和伸长量 ΔL，并绘出拉伸曲线。低碳钢的拉伸曲线如图 1.2 所示。

拉伸曲线中，当拉力不超过 F_e时，OE 是直线，拉力与变形量成正比。载荷卸去后，试件恢复到原来的长度，这种变形称为弹性变形。拉力超过 F_e后，试件除发生弹性变形外，还产生了部分塑性变形，此时卸去外力后，试件不能恢复到原来的长度，这种变形称为塑性变形。当外力继续增加到 F_{eL} 不再增加，试件仍然继续伸长，表现在拉力曲线上出现一水平线段，这种现象称为"屈服"。载荷继续增加，塑性变形明显增大。当载荷增加到 F_m 以后，试件截面局部开始变细，出现了"缩颈"，如图 1.1(b)所示。因为截面积变小，继续变形所需的力减小，而变形量增大，当拉力在 F_k时，试件在缩颈处断裂。

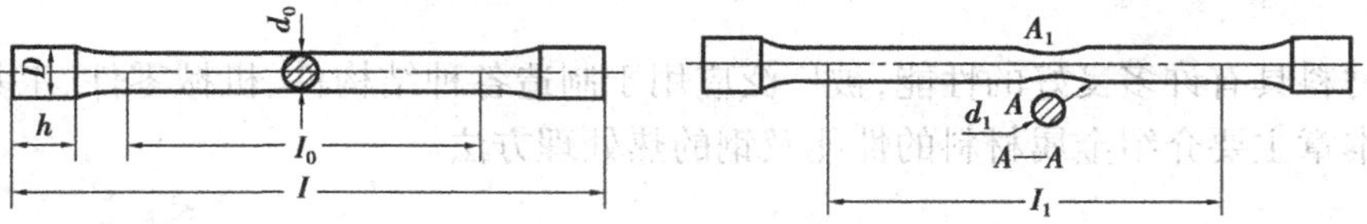

(a)拉伸前　　(b)拉伸后

图 1.1　拉伸试验标准试件

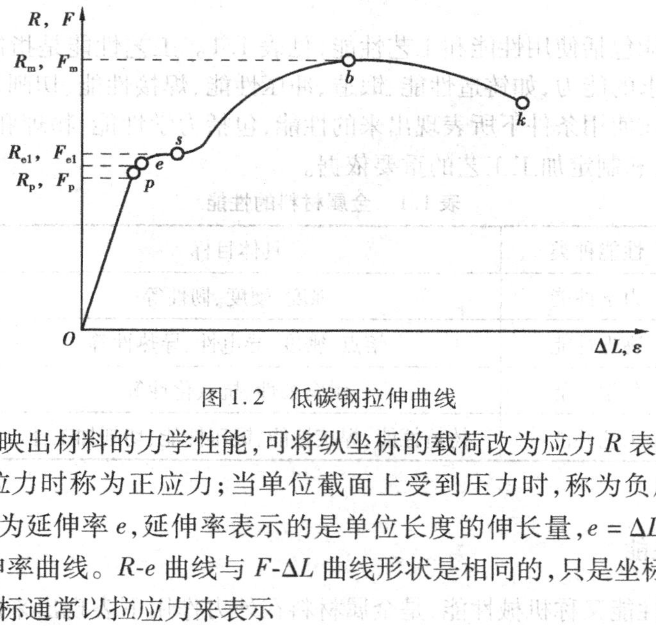

图 1.2　低碳钢拉伸曲线

为了更好地反映出材料的力学性能，可将纵坐标的载荷改为应力 R 表示。应力即单位截面上所受的力，受拉力时称为正应力；当单位截面上受到压力时，称为负应力，用 $-R$ 表示。横坐标的变形量改为延伸率 e，延伸率表示的是单位长度的伸长量，$e=\Delta L/L_0$。此时绘成的曲线称为应力-延伸率曲线。R-e 曲线与 F-ΔL 曲线形状是相同的，只是坐标的含义不同而已。

金属强度的指标通常以拉应力来表示

$$R = F/S_0$$

式中　F——外力，N；

S_0——试件原始横截面积，mm^2。

应力 R 的单位为 MPa(兆帕)或 Pa(帕)，是国际单位制。目前我国材料手册中有的还用工程单位制，即 kgf/mm^2(千克力每平方毫米)，两者的关系为 $kgf/mm^2 \approx 10\ MPa = 10^7\ Pa$。

强度有多种指标，工程上常用屈服点和抗拉强度。

屈服点（屈服强度）：当金属材料呈现屈服现象时，在试验期间达到塑性变形发生而力不增加时的应力。具体区分为上屈服强度 R_{eH}（试样发生屈服而力首次下降前的最大应力）和下屈服强度 R_{eL}（在屈服期间，不计初始瞬时效应时的最小应力），如图 1.3 所示。

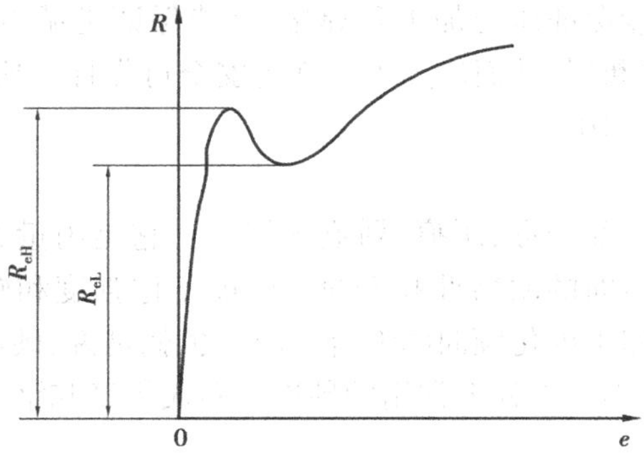

图 1.3　拉伸试验曲线上屈服强度和下屈服强度

有些材料的拉伸曲线没有明显的屈服点。工程规定以试样产生 0.2% 塑性变形时的应力作为材料的屈服点，用 $R_{P0.2}$ 表示。

屈服点是材料力学性能的重要指标之一，因为机械零件在工作中是不允许产生塑性变形的，所以机械中绝大多数传动件都用 R_{eH} 作为强度设计指标的依据。

抗拉强度是指材料在拉断前所能承受的最大应力，用 R_m 表示：

$$R_m = F_m/S_0$$

式中　R_m——抗拉强度，MPa；

F_m——最大力，N；

S_0——原始横截面积，mm^2。

抗拉强度也是材料的主要力学性能指标之一，它表征材料在拉伸条件下所能承受的最大应力值。机械零件或金属构件，当应力达到 R_m 时，意味着要发生断裂。脆性材料断裂前不发生塑性变形（铸铁类），无屈服之言，用 R_m 作为强度设计的依据。所以除脆性材料外，R_m 不直接用于强度计算，通常只作为材料质量评定指标或间接用于估算材料的疲劳能力。

（2）塑性

塑性是指金属材料在外力作用下产生塑性变形（或永久变形）而不破坏的能力。常用的塑性指标有伸长率 A 和断面收缩率 Z。

断后伸长率是试样拉断后的总长度与原始（标准）长度的百分比，用 A 表示。

$$A = (L_u - L_0)/L_0 \times 100\%$$

式中　L_0——原始标距，mm；

L_u——断后标距，mm。

必须指出，伸长率的数值与试样尺寸有关。因此试验时应对所选定的试样尺寸作出规定，以便进行比较。如 $L_0 = 10d_0$ 时，用 A_{10} 或 A 表示；$L_0 = 5d_0$ 时，用 A_5 表示。如同一种材料测得的 A_5 要比 A_{10} 大些，因此当用 A_{10} 比较材料的塑性时，只能在相同规格的 A 之间进行比较。

断面收缩率是指试样拉断后，端口的横截面积与试样原始的截面积的百分比，用 Z 表示：

$$Z = (S_0 - S_u)/S_0 \times 100\%$$

式中　S_0——平行长度部分的原始横截面积，mm^2；

S_u——断后最小横截面积，mm^2。

伸长率 A 和断面收缩率 Z 的数值越大，表示材料的塑性越好。

工程上，一般把 $A>5\%$ 的材料称为塑性材料，如低碳钢；把 $A<5\%$ 的材料称为脆性材料，如灰铸铁。良好的塑性既能保证压力加工和焊接，又能保证机械零件一旦遇到超载时，由于产生了塑性变形，不会突然断裂，从而增加了零件的安全可靠性。所以，一般的机械零件都要有一定的塑性（A 值为 5% ~10%）。

(3)硬度

硬度是金属表面抵抗局部变形、压痕、划痕的能力。它是衡量金属软硬的指标。硬度的高低直接影响到机械零件表面的耐磨性和寿命。硬度不像强度和塑性那样是一对一的物理量，它是材料强度、塑性和加工硬化倾向的综合反映。也就是说，硬度的高低在一定程度上反映金属材料强度、塑性的大小。工程上常用的硬度有布氏硬度和洛氏硬度。

1)布氏硬度 HB

布氏硬度的测试方法如图 1.4 所示，用一定载荷 F 把直径为 D 的硬质合金钢球压入被测材料的表面，停留一定时间后，卸去载荷。由于 D 和 F 都是定值，卸去载荷后，用专用的放大镜测出压痕直径 d，并依据 d 的数值从专门的表格中查出相应的 HB 值，用 HBW 表示。数据写在符号的前面，如 350 HBW。为了推动 HBW 的发展，国家发布 GB/T 232-1—2002 标准。

布氏硬度计测量的硬度数据准确，重复性好，测量面积大，不受内部硬质点和空穴的影响。但它不能测薄壁件和在工件上直接应用，这是因为它压痕大，影响工件的表面质量。

2)洛氏硬度 HR

洛氏硬度测试的原理是，用一定的载荷将顶角为 120°的金刚石锥体或直径为 $\phi 2.588$ mm 的淬火钢球压入被测试件的表面，根据压痕深度测出它的硬度值。洛氏硬度计是从洛氏硬度刻度盘上直接读数。现在的新型硬度计如图 1.5 所示，准确多点测试后，直接打印出来求出平均值。新洛氏硬度计的压头有 120°金刚石锥体、ϕ2-588 mm 钢球和 $\phi 3.175$ mm 钢球三种，刻度盘上有 A、B、…、K 九种标尺，分别是 HRA、HRB、…、HRK。表 1.2 给出了几种测试规范，其中以 HRC 最为广泛。

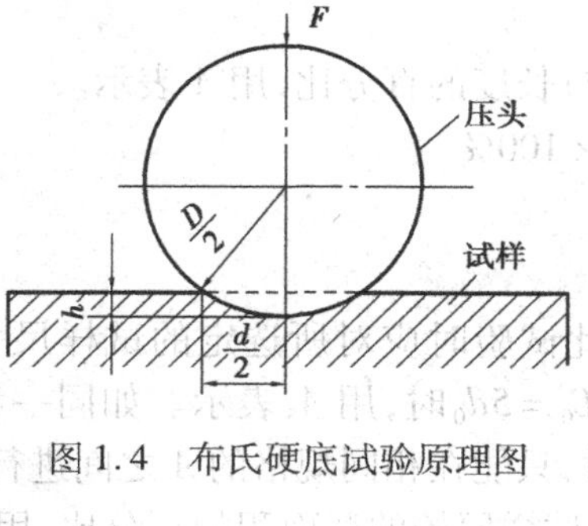

图 1.4　布氏硬底试验原理图

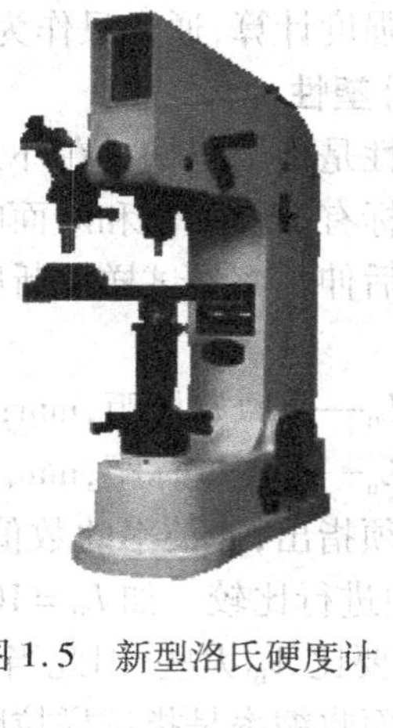
图 1.5　新型洛氏硬度计

表 1.2　洛氏硬度测试规范示例

标尺	压头类型	主载荷	适用测试材料	有效值
HRA	120°金刚石锥体	50 kgf(490.3 N)	硬质合金、表面淬火钢等	20～80
HRB	ϕ2-588 mm 钢球	90 kgf(882.6 N)	退火钢、灰铸铁、有色合金等	20～100
HRC	120°金刚石锥体	140 kgf(1 373 N)	淬火钢、调制钢等	20～70

洛氏硬度既能测试软材料，又能测试硬材料；既能在试件上测试，也能在成品上测试；操作简便、迅速、压痕小，不伤零件。缺点是测得数据重复性较差，需多点测试，求出平均值。

由于硬度是材料塑性、强度以及塑性过程中加工硬化的综合反映，所以机械零件的硬度高低不仅影响零件的耐磨性，同时也影响其强度、刚性和工艺性。

(4)冲击韧性

冲击韧性是指材料抵抗冲击载荷的能力，用 α_k 表示。

很多的机械零件(如冲床车杆、锻锤的锤头、冲模等)，在工作中要承受冲击载荷。如果只用静载荷来计算零件的强度极限指标显然是不合理的，考虑材料的承受冲击韧性的能力，才能保证这些零件在工作中的安全性。

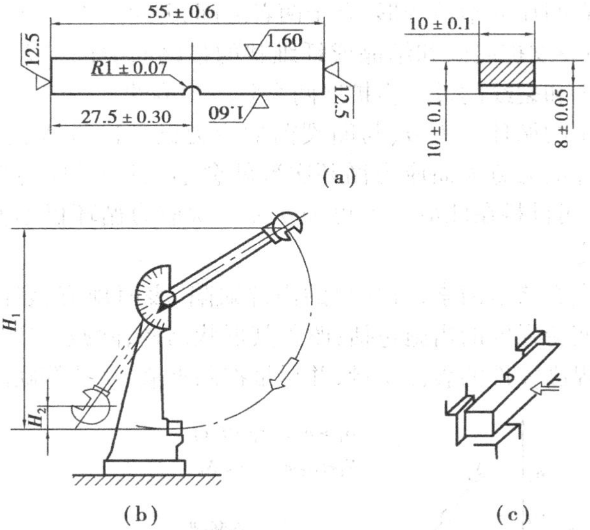

图 1.6　冲击试验原理

工程上目前通常采用摆锤冲击试验法来测量金属材料的冲击韧性。冲击试验机如图 1.6(b)所示，冲击试样如图 1.6(a)所示。按图 1.6(c)，将试样安装在试验机上，此时摆锤位能为 gH_1，然后自由落下，一次性冲断试样。冲断试样后，摆锤凭借剩余的能量 gH_2 又升到 H_2 的高度。摆锤冲断试样所消耗的位能称为冲击吸收功，用符号 KV 表示，单位为 J，即 $KV = g(H_1 - H_2)$。冲击韧性可按以下公式计算

$$\alpha_k = KV/S$$

式中　α_k——冲击韧性，J/cm^2；

KV——冲断试样所消耗的冲击功(可在刻度盘上读出)，J；

S——试样缺口处的横截面积,cm^2。

通常情况下,在试件上都开有如图 1.6(a)所示的 V 形缺口,便于冲断。但是对于脆性材料一般不开缺口(如铸铁、淬火钢等),防止冲击值较低。

冲击值的大小,与诸方面有关,它不仅受试样形状、表面粗糙度及内部缺陷、组织的影响,还与试验的环境温度有关,因此它仅作选择材料时参考,不直接用于强度计算。

(5)疲劳强度

疲劳强度是指材料在多次(107 或更高次数)低于其屈服极限交变载荷作用下而不引起断裂的最大能力。对于按正弦曲线变化的对称循环应力时,用 σ_N 表示。

有些零件(如曲轴、齿轮连杆、弹簧),在工作中各点受到方向、大小、反复变化的交变应力的作用,在工作一段时间后,有时突然发生断裂,而这时的应力往往远远小于该材料的抗拉强度极限 R_m,甚至小于屈服强度 R_{eH}。这种断裂称为疲劳断裂。

断裂是机械零件失效中最严重和最危险的现象。就断裂而言,有脆性断裂、韧性断裂和疲劳断裂。工件在经历一段时间后,伴随有明显的塑性变形而断裂,叫韧性断裂,断口多呈纤维状,暗淡而无光泽;如果断裂前没有明显的变形预兆而突然断裂,叫脆性断裂,断口平整,有金属光泽;在交变载荷作用,机械零件所承受的应力远远小于屈服极限应力,突然发生断裂,而且事前无明显塑性变形预兆,称为疲劳断裂。疲劳断裂断口既不像脆断那样平整有光泽,也不像韧性断裂那样有明显的塑性变形,介于两者之间,并可以观察到三个明显区域:光滑的裂纹发生区、波浪状的裂纹扩展区和结晶或纤维状的最终断裂区。无论哪种断口,它的发展过程都是由裂纹的发生和裂纹的进一步扩展两个阶段构成的。

通过疲劳试验得出的循环应力 σ_N 与断裂前的应力循环次数 N 的疲劳曲线如图 1.7 所示。材料所承受的循环应力愈大而应力循环次数就愈小;当循环应力低于某一值时,疲劳曲线呈水平曲线,表明金属材料在此应力下可经受无数次应力循环仍不发生断裂,此时的应力值称为材料的疲劳强度。

影响材料疲劳强度有诸多因素,有材料的内部缺陷、表面划痕、表面应力性质、载荷性质及结构形状等。提高疲劳强度的措施包括:改善其形状结构,除减少应力集中外,还可采取用喷丸和表面热处理来提高零件的表面质量,并尽量控制夹渣、气孔等缺陷。

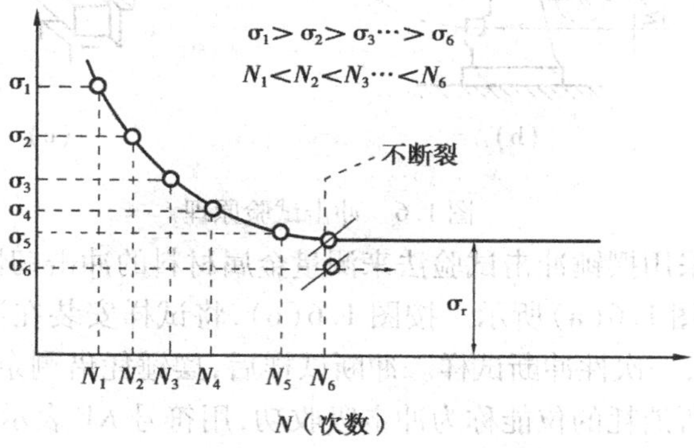

图 1.7 疲劳曲线示意图

1.1.2 物理、化学性能

金属材料的物理性能指材料的密度、熔点、热膨胀性、导电性和磁性等。

由于机械零件的用途不同,对其材料物理性能的要求也不同。例如,飞机应用密度小的铝镁钛合金。熔点高的合金用来制造耐热零件,如飞机发动机的涡轮叶片;而散热器、热交换器等应选用导热性好的材料;托克马克热核反应环流器装置、热核反应装置、扫雷舰应选用无磁材料。选材料时,应根据工作环境、工作性质选择相应的金属材料,否则就会造成不必要的损失。

金属材料的化学性能主要是指在常温下或高温下,金属对周围介质抗侵蚀的能力。例如啤酒发酵罐应选耐酸性腐蚀的材料(不锈钢);船舶应选用耐碱性腐蚀的材料;医疗、食品机械应选用不锈钢制造。

1.2　工业用钢与铸铁

生产中使用的钢品种繁多,性能也千差万别。为了便于生产、使用和研究,需要对钢进行分类。

1.2.1　钢的分类

钢的分类方法有很多,常见的有以下几种:

(1)按用途分类

按用途分类,可把钢分为结构钢、工具钢和特殊性能钢。结构钢可分为工程用钢和机器用钢。工具钢根据用途不同分为刃具钢、模具钢、量具钢。特俗性能钢包括不锈钢、耐热钢、耐磨钢等。

(2)按化学成分分类

按化学成分不同,可分为碳素钢和合金钢。碳素钢又按含碳量不同分为低碳钢($\omega_c<0.25\%$)、中碳钢($\omega_c=0.25\%\sim0.65\%$)和高碳钢($\omega_c>0.65\%$);合金钢按合金元素总含量分为低合金钢($\omega_{me}$小于5%)、中合金钢($\omega_{me}=5\%\sim10\%$)和高合金钢($\omega_{me}>10\%$)。另外,根据钢中所含主要合金元素种类不同,也可分为锰钢、铬钢、铬钼钢、铬锰钛钢等。

(3)按钢的质量等级分类(主要指钢中硫、磷杂质含量)

按钢的质量等级,可分为普通碳素结构钢,钢中含硫磷 ω_s、$\omega_p\leqslant0.045\%$;优质碳素结构钢,钢中含硫磷 ω_s、$\omega_p\leqslant0.035\%$;特殊性能钢,钢中含硫磷 ω_s、$\omega_p\leqslant0.020\%$。

(4)按平衡状态金相组织或退火状态分类

按平衡状态金相组织或退火状态可分为亚共析钢,$\omega_c<0.77\%$;共析钢,$\omega_c=0.77\%$;过共析钢,$2.11\%\geqslant\omega_c>0.77\%$。

按脱氧程度还可分为沸腾钢F、镇静钢Z。

1.2.2　钢的牌号及用途

钢的牌号及用途见下述各表。

①碳素结构钢,如GB/T—700—2006,表1.3;

②优质碳素结构钢,如GB/T—699—1999,表1.4;

③碳素工具钢,如GB/T—700—2006,表1.5;

④合金结构钢，如 GB/T 3077—1999，表 1.6；

⑤非调质机械用钢，如 GB/T 15712—2008，表 1.7。

表 1.3　碳素结构钢（GB/T 700—2006 摘录）

牌号	等级	化学成分 ω/% C（不大于）	Mn（不大于）	Si（不大于）	S（不大于）	P（不大于）	力学性能 R_{eU} /MPa	R_m /MPa	A/%	用途举例
Q215	A	0.09 ~ 0.15	0.25 ~ 0.55	0.30	0.050	0.045	≥215	335 ~ 410	≥31	塑性好，通常轧制成薄板、钢管，也用于制作铆钉、螺钉、冲压件、开口销等
	B				0.045					
Q235	A	0.14 ~ 0.22	0.30 ~ 0.65	0.30	0.050	0.045	≥235	375 ~ 460	≥26	强度较高，塑性也较好，常轧制成各种型钢、钢管、钢筋等，制成各种钢构件、冲压件、焊接件及不重要的轴类、螺钉、螺母等
	B	0.12 ~ 0.20	0.30 ~ 0.70		0.045					
	C	≤0.18	0.35 ~ 0.80		0.040	0.040				
	D	≤0.17			0.035	0.035				
Q275	A	0.18 ~ 0.28	0.40 ~0.70	0.30	0.050	0.045	≥275	450 ~ 540	≥22	强度更高，常用作键、轴、销、齿轮、拉杆、连杆、销钉等
	B				0.045					

表 1.4　优质碳素结构钢（GB/T 699—1999 摘录）

牌号	推荐热处理/℃ 正火	淬火	回火	试样毛坯尺寸/mm	力学性能（不小于） 拉伸强度 R_m /Mpa	屈服强度 R_{eU} /Mpa	断后伸长率 A /%	断面收缩率 Z /%	冲击吸收功 KV /J	钢材交货状态硬度/HBW（不大于） 未热处理	退火钢	应用举例
08F	930			25	295	175	35	60		131		用于需塑性好的零件，如管子、垫片、垫圈等；芯部强度要求不高的渗碳和碳氮共渗零件，如套筒、短轴、挡块、支架、靠模、离合器盘
10F	930			25	335	205	31	55		137		用于制造拉杆、卡头、钢管垫片、垫圈、铆钉。这种钢无回火脆性，焊接性好，可用来制造焊接零件

续表

牌号	推荐热处理/℃			试样毛坯尺寸/mm	力学性能					钢材交货状态硬度/HBW		应用举例
	正火	淬火	回火		拉伸强度 R_m	屈服强度 R_{eU}	断后伸长率 A	断面收缩率 Z	冲击吸收功 KV	不大于		
					/Mpa		/%		/J	未热处理	退火钢	
					不小于							
20	910			25	410	245	25	55		156		用于不经受很大应力而要求很大韧性的机械零件，如拉杆、轴套、螺钉、起重钩等。也用于制造压力 <6 Mpa、温度 < 450 ℃、在非腐蚀介质中使用的零件，如管子、导管等。还可用于表面硬度高而芯部要求不大的渗碳和氰化零件
35	870	850	600	25	530	315	20	45	55	197		用于制造曲轴、转轴、轴销、杠杆、连杆、横梁、链轮、圆盘、套筒钩环、垫圈、螺钉、螺母
40	860	840	600	25	570	335	19	45	47	217	187	用于制造辊子、轴、曲轴销、活塞杆、圆盘等
50	830	830	600	25	630	375	14	40	31	241	207	用于制造齿轮、拉杆、轧辊、轴、圆盘
60	810			25	675	400	12	35		255	229	用于制造轧辊、轴、弹簧、弹簧垫圈、离合器、凸轮等
20Mn	910			25	450	275	24	50		197		用于制造凸轮轴、齿轮、联轴器、铰链、拖杆等
40Mn	860	840	600	25	590	355	17	45	47	229	207	用于制造承受疲劳负荷的零件
60Mn	810			25	695	410	11	35		269	229	适于制造弹簧、弹簧垫圈、弹簧片以及冷拔钢丝和发条

表 1.5　几种碳素工具钢的化学成分、热处理及用途举例

牌号	化学成分 ω/%					淬火温度/℃	回火温度/℃	用途举例
	C	Mn	Si	S	P			
			不大于					
T8	0.75 ~0.84	≤0.40	0.35	0.030	0.035	780 ~800	180 ~200	冲头、錾子、锻工工具、木工工具等
T10	0.95 ~2-04	≤0.40	0.35	0.030	0.035	760 ~780	180 ~200	用于制作硬度较高但仍要求一定韧性的工具，如手锯条、小冲模、丝锥、板牙等
T10A	0.95 ~2-04	≤0.40	0.35	0.030	0.030	760 ~780	180 ~200	
T12	2-15 ~2-24	≤0.40	0.35	0.030	0.035	760 ~780	180 ~200	适用于不受冲击的耐磨工具，如钢锉、刮刀、铰刀等

表 1.6　几种合金钢的化学成分、热处理及用途举例

类别	牌号	化学成分 ω/%							热处理及硬度	用途举例
		C	Mn	Si	Cr	V	Ti	其他		
合金结构钢	20Cr	0.18 ~0.24	0.50 ~0.80	0.17 ~0.37	0.70 ~2-00				渗碳、淬油、低温回火	用于小齿轮、齿轮轴、活塞销、蜗杆等
	20CrMnTi	0.17 ~0.23	0.80 ~2-10	0.17 ~0.37	2-00 ~2-80		0.06 ~0.12		渗碳、淬油、低温回火	用于汽车、拖拉机变速箱齿轮、爪形离合器等
	40Cr	0.37 ~0.44	0.50 ~0.80	0.17 ~0.37	0.80 ~2-10				调质处理：207 HBS（有时还进行表面淬火）	用于轴、齿轮、连杆、螺栓、蜗杆等
	40MnVB	0.37 ~0.44	2-10 ~2-40	0.17 ~0.37		0.05 ~0.10		B：0.000 5 ~0.003 5	调质处理：207HBS（有时还进行表面淬火）	可代替 40 Cr 作转向节。用于半轴、花键轴等
	60Si2Mn	0.56 ~0.64	0.60 ~0.90	2-50 ~2.00					淬油、低温回火	用于机车板簧、测力弹簧

续表

类别	牌号	化学成分 ω/%							热处理及硬度	用途举例
		C	Mn	Si	Cr	V	Ti	其他		
合金工具钢	9SiCr	0.85 ~ 0.95	0.30 ~ 0.60	2-20 ~ 2-60	0.95 ~ 2-25				淬油、低温回火 60 ~ 62HRC	用于板牙、丝锥、铰刀、搓丝板、冷冲模等
	CrWMn	0.90 ~ 2-05	0.80 ~ 2-10	≤0.40	0.90 ~ 2-20			W:2-20 ~ 2-60	淬油、低温回火 ＞HRC	用于板牙、丝锥、量具、冷冲模
	W18Cr4V	0.70 ~ 0.80	≤0.40	≤0.40	3.80 ~ 4.40			W:2-17.5 ~ 19.0 Mo≤0.30	淬油、三次回火＞63HRC	用于钻头、铣刀、拉刀
特殊性能钢	3Cr13	0.26 ~ 0.40	≤2-00	≤2-00	12.00 ~ 14.00				980 ℃淬油、600 ~ 750 ℃回火后快冷：55 HRC	用于耐蚀、耐磨工具、医疗工具、滚动轴承
	1Cr18Ni9	≤0.15	≤2.00	≤2-00	17.00 ~ 19.00			Ni:8.00 ~ 10.00	1 010 ~ 1 150 ℃快冷≤187HBS	用于硝酸、化工、化肥等工业设备零件
	ZGMn13	0.90 ~ 2-40	10.00 ~ 15.00						1 050 ~ 1 100 ℃淬水	用于破碎机齿板，坦克、拖拉机履带板

表 1.7　非调质机械结构钢化学成分及力学性能

牌号	化学成分(质量分数)/%								
	C	Si	Mn	S	P	V	Cr	Ni	Cu
F35VS	0.32 ~ 0.39	0.2 ~ 0.4	0.6 ~ 2-0	0.035 ~ 0.075	≤0.035	0.06 ~ 0.13	≤0.3	≤0.3	≤0.3
F40VS	0.37 ~ 0.44	0.2 ~ 0.4	0.6 ~ 2-0	0.035 ~ 0.075	≤0.035	0.06 ~ 0.13	≤0.3	≤0.3	≤0.3
F45VS	0.42 ~ 0.49	0.2 ~ 0.4	0.6 ~ 2-0	0.035 ~ 0.075	≤0.035	0.06 ~ 0.13	≤0.3	≤0.3	≤0.3
F30MnVS	0.26 ~ 0.33	≤0.8	2-2 ~ 2-6	0.035 ~ 0.075	≤0.035	0.08 ~ 0.15	≤0.3	≤0.3	≤0.3

续表

牌号	化学成分(质量分数)/%								
	C	Si	Mn	S	P	V	Cr	Ni	Cu
F35MnVS	0.32 ~ 0.39	0.3 ~ 0.6	2-0 ~ 2-5	0.035 ~ 0.075	≤0.035	0.06 ~ 0.13	≤0.3	≤0.3	≤0.3
F38MnVS	0.34 ~ 0.41	≤0.8	2-2 ~ 2-6	0.035 ~ 0.075	≤0.035	0.08 ~ 0.15	≤0.3	≤0.3	≤0.3
F40MnVS	0.37 ~ 0.44	0.3 ~ 0.6	2-0 ~ 2-5	0.035 ~ 0.075	≤0.035	0.06 ~ 0.13	≤0.3	≤0.3	≤0.3
F45MnVS	0.42 ~ 0.49	0.3 ~ 0.6	2-0 ~ 2-5	0.035 ~ 0.075	≤0.035	0.06 ~ 0.13	≤0.3	≤0.3	≤0.3
F49MnVS	0.44 ~ 0.52	0.15 ~ 0.6	0.7 ~ 2-0	0.035 ~ 0.075	≤0.035	0.08 ~ 0.15	≤0.3	≤0.3	≤0.3

牌号	力学性能					
	钢材直径或边长/mm	抗拉强度 R_m/MPa	下屈服强度 R_{eL}/MPa	断后伸长率 A/%	断面收缩率 Z/%	冲击吸收能量 KU_2/J
F35VS	≤40	≥590	≥390	≥18	≥40	≥47
F40VS	≤40	≥640	≥420	≥16	≥35	≥37
F45VS	≤40	≥685	≥440	≥15	≥30	≥35
F30MnVS	≤60	≥700	≥450	≥14	≥30	实测
F35MnVS	≤40	≥735	≥460	≥17	≥35	≥37
	>40 ~ 60	≥710	≥440	≥15	≥33	≥35
F38MnVS	≤60	≥800	≥520	≥12	≥25	实测
F40MnVS	≤40	≥785	≥490	≥15	≥33	≥32
	>40 ~ 60	≥760	≥470	≥13	≥30	≥28
F45MnVS	≤40	≥835	≥510	≥13	≥28	≥28
	>40 ~ 60	≥810	≥490	≥12	≥28	≥25
F49MnVS	≤60	≥780	≥450	≥8	≥20	实测

注:F30MnVS、F38MnVS、F49MnVS 钢的冲击吸收能量报实测数据,不作判定依据。

1.2.3　化学成分对钢性能的影响

碳素结构钢除含碳以外,还会有硅锰磷硫等杂质。

(1)含碳量对钢的性能的影响

含碳量对钢的性能影响很大,图 1.8 所示的含碳量对退火状态下钢力学性能的影响。随含碳量增加钢的抗拉强度 R_m、硬度增加,而塑韧性下降。但是当含碳量超过 0.9% 时,因为钢中出现网状二次渗碳体，随含碳量增加，硬度 HB 继续直线上升，但由于脆性加大，所以抗拉强度 R_m反而下降。从铁碳合金状态图可看出，随含碳量的逐渐增加，铁素体是逐渐减少，珠光体逐渐增加，当含碳量超过 0.77% 时逐渐出现渗碳体，渗碳体的数量不断增加，使钢的韧性下降，脆性增加，所以强度下降。这是随含碳量增加影响力学性能改变的根本原因所在。随含碳量的增加，钢的硬度、强度增加，塑韧性降低，钢的切削加工性能、冲压性、可锻性和焊接性都下降。

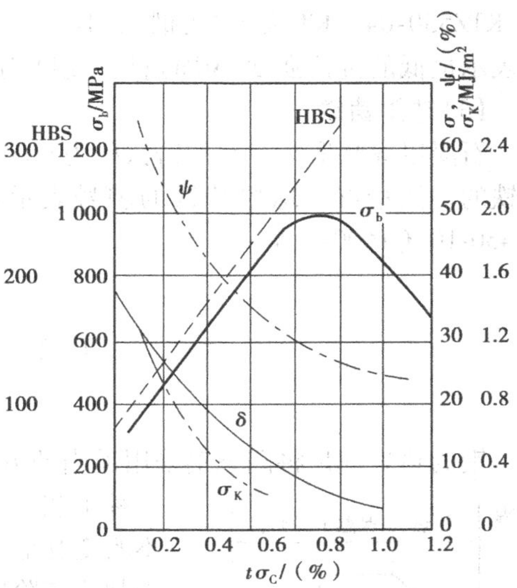

图 1.8　碳对钢力学性能的影响

(2)杂质对钢力学性能的影响

1)硅、锰的影响

按理说，硅、锰是一种有益的元素，它既能脱氧，消除氧的不良影响，又能使强度、硬度、弹性增加，而塑韧性能降低。但是它们是以杂质的身份出现，硅的含量小于 0.4%，锰的含量为0.4% ~0.8%，对钢的力学性能影响不大，要有影响必须大于 2.00%。

2)硫、磷杂质的影响

①硫。硫是钢中的有害元素，它是钢冶炼时由燃料带入钢中的元素，它不熔于铁，而与铁生成 FeS，再与铁形成低熔共晶，熔点为 985 ℃。当钢在 1 000 ~ 1 200 ℃ 内轧制或锻造时，由于共晶体熔化沿晶粒边界裂开，常把这种现象称为热脆性。因此钢中的硫必须严格控制在小于 0.045% 以下。

②磷。磷在钢中虽然能使钢的强度、硬度增加，但塑韧性显著下降，特别是在室温下，严重影响钢的脆性，这种现象称为冷脆性，因此磷在钢中的含量也必须控制在 0.045% 以下。

1.2.4　铸铁

常用铸铁的成分与钢不同，铸铁的含碳量大于 2.11%(常用 2.5% ~4%)，其杂质远大于钢。根据铸铁中碳的存在形式不同将其分为白口铸铁、麻口铸铁和灰口铸铁。白口铸铁中碳主要以渗碳体的形式存在，灰口铸铁中碳主要以石墨的形式，麻口铸铁中的碳以渗碳体和石墨两种形式存在，其中，灰口铸铁应用得最多。石墨的强度近于零，因此石墨存在相当于钢的基体上存在裂缝或空洞，使铸铁的性能比钢低，特别是抗拉强度和塑性低，不能进行锻压加工，但其硬度和抗压强度较好，所以灰口铸铁主要用于承受压力的零件。工业上根据石墨形状不同分为灰口铸铁、可锻铸铁和球墨铸铁等。

(1)普通灰口铸铁

石墨以片状形态存在的铸铁称为灰铸铁。由于片状石墨存在，其石墨尖端的应力集中现象使灰铸铁的抗拉强度及塑性低。灰铸铁的牌号为 HT 后加三位数字。三位数字表示最低的抗拉强度(MPa)。例如 HT200、HT250 和 HT300 等共六种。

(2)可锻铸铁

石墨以团絮状的形态存在的铸铁称为可锻铸铁。由于团絮状石墨对应力集中影响较小，故可锻铸铁的力学性能较灰铸铁高。可锻铸铁的牌号为三个拼音字和二组数字：如 KTH300-

06、KTZ550-04。KT 表示"可锻","H"和"Z"分别表示"黑"和"珠"的拼音字首;前一组三位数表示最低的抗拉强度(MPa);后一组数字表示最低伸长率(%)。

(3)球墨铸铁

石墨以球状形态存在的铸铁称为球墨铸铁。由于球状石墨的应力集中影响更小,故球黑铸铁的性能最好。球墨铸铁的牌号表示和可锻铸铁类似,就是把拼音字母改为"QT",如QT450-10、QT600-3 等。

1.3 钢的热处理

钢的热处理是将固态钢采用适当的方式进行加热、保温和冷却,以获得所需组织结构的一种工艺。热处理的特点是改变零件或者毛坯的内部组织,而不改变其形状和尺寸。所以热处理的过程就是按加热→保温→冷却这三阶段进行,这三个阶段可用冷却曲线来表示(如图1.9所示)。不管是哪种热处理,都是分这三个阶段,不同的是加热温度、保温时间和冷却速度不同。

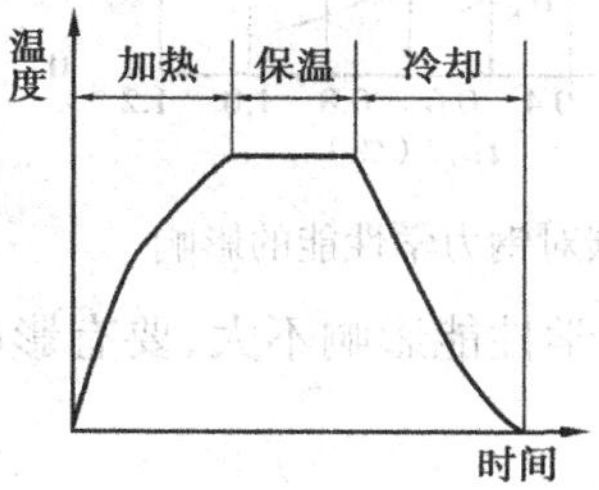

图 1.9 热处理工艺曲线

热处理工艺的特点是不改变金属零件的外形尺寸,只改变材料内部的组织与零件的性能。所以钢的热处理目的是消除材料的组织结构上的某些缺陷,更重要的是改善和提高钢的性能,充分发挥钢的性能潜力,这对提高产品质量和延长使用寿命有重要的意义。

热处理的工艺方法很多,大致可分为两大类:

①第一类是普通热处理,也称零件热处理,包括退火、正火、淬火、回火等;

②第二类是表面热处理,包括表面淬火和化学热处理(如渗碳、渗氮、渗硼处理)。

1.3.1 普通热处理

(1)退火

退火就是将金属或合金的工件加热到适当温度(高于或低于临界温度,临界温度就是使材料发生组织转变的温度),保持一定的时间,然后缓慢冷却(即随炉冷却或者埋入导热性较差的介质中)的热处理工艺。退火工艺的特点是保温时间长,冷却缓慢,可获得平衡状态的组织。钢退火的主要目的是为了细化组织,提高性能,降低硬度,以便于切削加工;消除内应力,提高韧性,稳定尺寸,使钢的组织与成分均匀化;也可为以后的热处理工艺作组织准备。根据退火的目的不同,退火分为完全退火、球化退火、消除应力退火等几种。

退火常在零件制造过程中对铸件、锻件、焊件进行,以便于以后的切削加工或为淬火作组织准备。

(2)正火

将钢件加热到临界温度以上 30 ~ 50 ℃,保温适当时间后,在静止的空气中冷却的热处理工艺称为正火。正火的主要目的是细化组织,改善钢的性能,获得接近平衡状态的组织。

正火与退火工艺相比,其主要区别是正火的冷却速度稍快,所以正火热处理的生产周期短。故退火与正火同样能达到零件性能要求时,尽可能选用正火。大部分中、低碳钢的坯料一般都采用正火热处理。一般合金钢坯料常采用退火,若用正火,由于冷却速度较快,使其正火后硬度较高，不利于切削加工。

(3)淬火

将钢件加热到临界点以上某一温度(45钢淬火温度为840～860℃，碳素工具钢的淬火温度为760～780℃)，保持一定的时间，然后以适当速度冷却以获得马氏体或贝氏体组织的热处理工艺称为淬火。

淬火与退火、正火处理在工艺上的主要区别是冷却速度快，目的是为了获得马氏体组织。也就是说，要获得马氏体组织，钢的冷却速度必须大于钢的临界冷却速度。这里的临界冷却速度，就是获得马氏体组织的最小冷却速度。钢的种类不同，临界冷却速度不同，一般碳钢的临界冷却速度要比合金钢大。所以碳钢加热后要在水中冷却，而合金钢在油中冷却。虽然冷却速度小于临界冷却速度得不到马氏体组织，但冷却速度过快，会使钢中内应力增大，引起钢件的变形，甚至开裂。

(4)回火

钢件淬硬后，再加热到临界温度以下的某一温度，保温一定时间，然后冷却到室温的热处理工艺称为回火。

淬火后的钢件一般不能直接使用，必须进行回火后才能使用。因为淬火钢的硬度高、脆性大，直接使用常发生脆断。通过回火可以消除或减少内应力、降低脆性，提高韧性；另一方面可以调整淬火钢的力学性能，达到钢的使用性能。根据回火温度的不同，回火可分为低温回火、中温回火和高温回火三种。

1)低温回火

淬火钢件在250℃以下的回火称为低温回火。低温回火主要是消除内应力，降低钢的脆性，且仍保持钢件的高硬度。如钳工实习时用的锯条、锉刀等一些要求使用条件下有高硬度的钢件，都是淬火后经低温回火处理。

2)中温回火

淬火钢件在350℃～500℃的回火称为中温回火。淬火钢件经中温回火后可获得良好的弹性，因此弹簧、压簧、汽车中的板弹簧等，常采用淬火后的中温回火处理。

3)高温回火

淬火钢件在高于500℃的回火称为高温回火。淬火钢件经高温回火后，具有良好综合力学性能(既有一定的强度、硬度，又有一定的塑性、韧性)。所以一般中碳钢和中碳合金钢常采用淬火后的高温回火处理。轴类零件应用最多。淬火+高温回火称为调质处理。

1.3.2　表面热处理

仅对工件表层进行热处理以改变组织和性能的工艺称表面热处理。

(1)表面淬火

对钢件表层进行淬火的工艺称为表面淬火。其热处理特点是用快速加热的方法把钢件表面迅速加热到淬火温度(这时钢件的芯部温度较低)，然后快速冷却，使钢件的一定深度表层淬硬，芯部仍保持其原来状态。这样就提高了钢件表面硬度和耐磨性，芯部仍具有较好的综合力学性能(一般表面淬火前进行了调质处理)。例如齿轮工作时表面接触应力大，摩擦厉害，要求表层硬度高，而齿轮芯部通过轴传递动力(包括冲击力)。所以中碳钢制造的齿轮是调质处理后，再经表面淬火。表面淬火由于采用的快速加热方法不同分为火焰加热表面淬火和感应加热表面淬火。感应加热表面淬火又由于电源频率不同有高频淬火、中频淬火。

(2)化学热处理

将金属或合金工件置于一定温度的活性介质中保温,使一种或几种元素渗入它的表面,以改变工件表面的化学成分、组织和性能的热处理工艺称为化学热处理。化学热处理的过程也是加热→保温→冷却这三个阶段,不同之处是在一定介质中保温。根据渗入元素不同,化学热处理有渗低碳合金钢(如20,20Cr钢);气体渗碳时的渗碳剂为煤油或乙醇;渗碳温度为900~950 ℃,煤油或乙醇在该温度下裂解出活性碳原子[C],[C]就渗入低碳钢件的表层,然后向内部扩散,形成一定厚度的渗碳层。

(3)热处理常用加热设备

热处理中常用的加热设备主要有加热炉、测温仪表、冷却设备和硬度计等。其中,加热炉有很多种,常用电阻炉和盐浴炉。

1)电阻炉

电阻炉是利用电流通过电热元件(如金属电阻丝,SiC棒等)产生的热量来加热工件。根据其加热的温度不同,可分为高温电阻炉、中温电阻炉和低温电阻炉等;又根据形状不同分为箱式电阻炉和井式电阻炉等多种。这种炉子的结构简单,操作容易,价格较低,主要用于中、小型零件的退火、正火、淬火、回火等热处理。其主要缺点是加热易氧化、脱碳,是一种周期性作业炉,生产率低。

2)盐浴炉

盐浴炉是用熔融盐作为加热介质(即工件放入熔融的盐中加热)的加热炉。使用较多的是电极式盐浴炉和外热式盐浴炉。盐浴炉常用的盐为氯化钡、氯化钠、硝酸钾和硝酸钠。由于工件加热是在熔融盐中进行,与空气隔开,工件的氧化、脱碳少,加热质量高,且加热速度快而均匀。盐浴炉常用于小型零件及工、模具的淬火和回火。

1.4 钢铁材料的火花鉴别

钢铁材料火花鉴别法是利用钢铁材料在磨削过程中产生的物理化学现象判断其化学成分的方法。当钢样在砂轮上磨削时,磨削颗粒沿砂轮旋转的切线方向被抛射,磨粒处于高温状态,表面被强烈氧化,形成一层FeO薄膜。钢中的碳在高温下极易与氧发生反应,$FeO + C \rightarrow Fe + CO$,使FeO还原;被还原的Fe将再次被氧化,然后再次还原。这种氧化-还原反应循环进行,会不断产生出CO气体,当颗粒表面的氧化铁薄膜不能控制产生的CO气体时,就有爆裂现象发生从而形成火花。爆裂的碎粒若仍残留有未参加反应的FeO和C时,将继续发生反应,则出现二次、三次或多次爆裂火花。钢中的碳是形成火花的基本元素,当钢中含有锰、硅、钨、铬、钼等元素时,它们的氧化物将影响火花的线条、颜色和状态。根据火花的特征,可大致判断出钢材的碳含量和其他元素的含量。

1.4.1 火花的构成

钢铁材料在砂轮上磨削时产生的火花由根部火花,中部火花和尾部火花构成火花束,如图1.10所示。高温磨削颗粒形成的线条状轨迹称为流线。流线上明亮而又较粗的点称为节点。火花在爆裂时,产生的若干短线条称为芒线。芒线所组成的火花称为节花。随着碳含量的增加,在芒线上继续爆裂产生二次花、三次花不等。在芒线附近所呈现的明亮的小点称为花粉。火花束的构成,如图1.11所示。由于钢铁材料化学成分不同,流线尾部呈现不同形状的火花称为尾花。尾花有苞状尾花、狐尾状尾花、菊状尾花和羽状尾花,如图1.12所示。

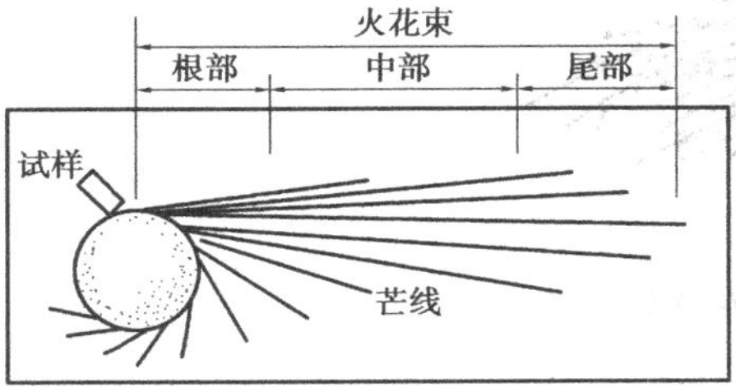

图1.10 火花束的形成

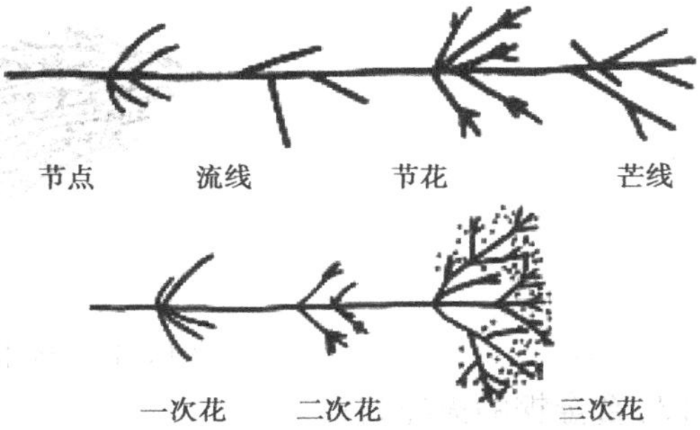

图1.11 火花束的构成

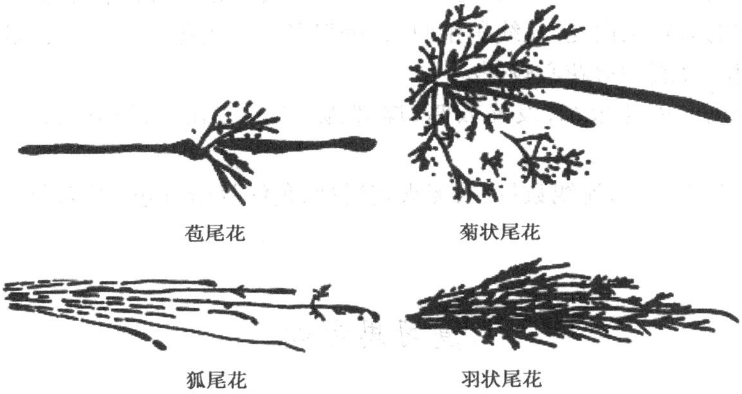

图1.12 尾花各种形状

1.4.2 常用钢铁材料的火花特征

(1)碳素钢火花的特征

碳是钢铁材料火花的基本元素,也是火花鉴别法测定的主要成分。由于含碳量的不同,其火花形状不同,如图1.13所示。在砂轮磨削时,手感也由软而逐渐变硬。

①低碳钢火花束通常较长,流线少,芒线稍粗,多为一次花,发光一般,带暗红色,无花粉。

②中碳钢火花束稍短,流线较细长而多,爆花分叉较多,开始出现二次、三次花,花粉较多,发光较强,颜色橙。

③高碳钢火花束较短而粗,流线多而细,碎花、花粉多,又分叉多且多为三次花,发光较亮。

(2)铸铁的火花特征

铸铁的火花束很粗,流线较多,一般为二次花,花粉多,爆花多,尾部渐粗下垂成弧形,一般为羽尾花,颜色多为橙红色或暗红色。

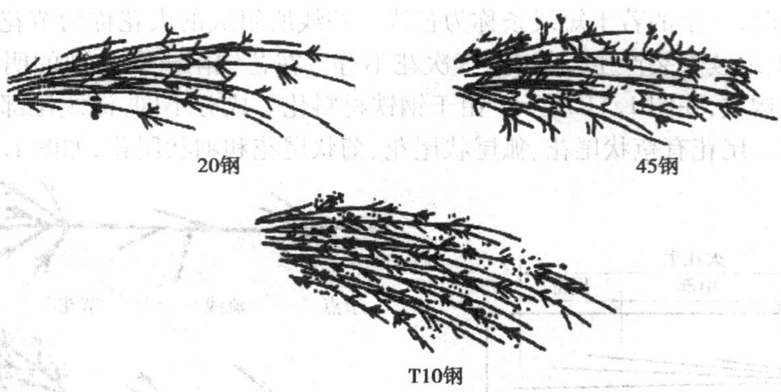

图 1.13　碳素钢的火花特征

(3)合金钢的火花特征

合金钢的火花特征与其含有的合金元素有关。一般情况下,镍、硅、钼、钨等元素抑制火花爆裂,而锰、钒铬等元素却可助长火花爆裂。所以对合金钢的鉴别较难掌握。

①一般铬钢的火花束白亮,流线稍粗而长,爆裂多为一次花、花型较大,呈大星形,分叉多而细,附有碎花粉,爆裂的火花心较明亮。

②镍铬不锈钢的火花束细,发光较暗,爆裂为一次花,五、六根分叉,呈星形,尖端微有爆裂。

③高速钢火花束细长,流线数量少,无火花爆裂,色泽呈暗红色,根部和中部为断续流线,尾花呈弧状。

复习思考题

1.1　金属材料的使用性能包括哪些?分析应力-延伸率曲线。

1.2　工程上常用的硬度有哪些?它们有什么优缺点?

1.3　晶粒的粗细对钢的力学性能有何影响?细化晶粒有哪些方法?

1.4　钢的分类方法有哪些?根据石墨的形态不同,灰口铸铁可分为哪几类?

1.5　什么是钢的热处理?什么是退火?什么是正火?它们的特点和用途有哪些?

1.6　亚共析钢细化晶粒的退火为什么要加热到 A_{c3} 以上 30~50 ℃?而一般的共析钢只加热到 A_{c1} 以上 30~50 ℃?

1.7　什么是钢的淬火?为什么要严格控制加热?为什么亚共析钢的淬火温度必须加热到 A_{C3} 以上 30~50 ℃?

1.8　什么是钢的回火?各种回火的温度范围及目的是什么?

1.9　钢的淬火介质如何选择?碳钢在油中淬火为什么不能获得马氏体?合金钢在水中淬火为什么会开裂?

1.10　钢的火花由哪几部分组成?

1.11　简述各种钢铁材料的火花特征。

第2章 铸造

铸造是指将熔炼好的金属浇入铸型，待其凝固后获得一定形状和性能铸件的成形方法。用铸造方法得到的金属件称为铸件。

铸造的方法很多，主要有砂型铸造、金属型铸造、压力铸造、离心铸造以及熔模铸造等，其中砂型铸造应用最为普遍。砂型铸造是用型砂紧实成型的铸造方法。砂型在取出铸件后便已损坏，所以砂型铸造亦称为一次性铸造。

砂型铸造的工艺过程如图2.1所示。它主要包括制造模样和型芯盒；制备型砂和型芯砂；造型、造型芯；砂型和型芯的烘干；盒箱；金属的熔炼及浇注；落砂、清理、检验等。

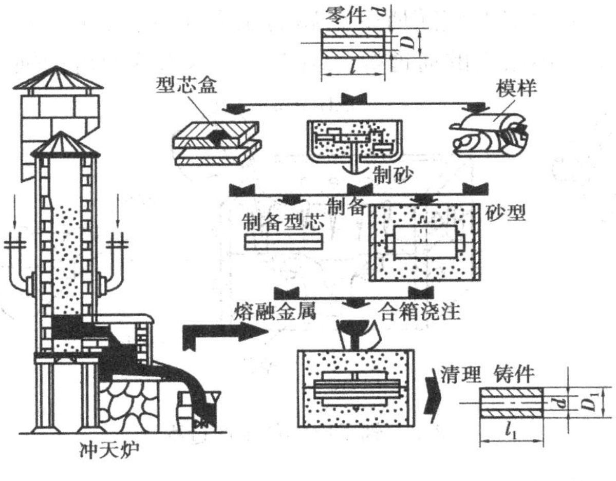

图2.1 砂型铸造的工艺过程

铸造是毛坯成型的主要工艺方法之一，在机械制造中占有很重要的地位。按质量计算，在一般机械设备中铸件占40% ~90%；在金属切削机床中占70% ~80%；在重型机械、矿山机械中占85%以上。铸造能得到如此广泛的应用，是因为它具有一系列的优点：

①可以制成外形和内腔十分复杂的毛坯，如各种箱体、床身、机架等。

②适用范围广，可铸造不同尺寸、质量及各种形状的工件；也适用于不同材料，如铸铁、铸钢、非铁合金。铸件质量可以从几克到二百吨以上。

③原材料来源广泛，还可利用报废的机件或切屑；工艺设备费用小，成本低。

④所得铸件与零件尺寸较接近，可节省金属的消耗，减少切削加工工作量。

但铸件也有力学性能较差，生产工序多，质量不稳定，工人劳动条件差等缺点。随着铸造合金、铸造工艺技术的发展，特别是精密铸造的发展和新型铸造合金的成功应用，使铸件的表面质量、力学性能都有显著提高，铸件的应用范围日益扩大。

铸造安全操作规程：

①造型时不可用嘴吹，只能用皮老虎吹砂。使用皮老虎时，要选择无人的方向吹，以防砂子吹入眼中和芯砂。

②扣箱时不要把手指放在砂箱下方，以免砸伤手。

③浇注时，不操作浇注的人员应远离浇包。

④拆箱清理时，应将铸件冷却到一定程度。

⑤清理铸件时要注意避免伤人。

2.1 砂型铸造

2.1.1 砂型铸造的组成

砂型铸造的任务是获得质量合格的铸型。它应使砂型从最适当的面分开(即分型面)，以方便取出模样并获得清晰的型腔；模样周围应留有足够的砂层厚度(称为吃砂量)，以承受金属流液的压力，并且砂型的紧实度应随所受金属的压力而变化；还应考虑金属液流入型腔的通道、浇注系统及型腔中气体溢出的通道等。图 2.2 所示为砂型铸造轴承座的生产过程。

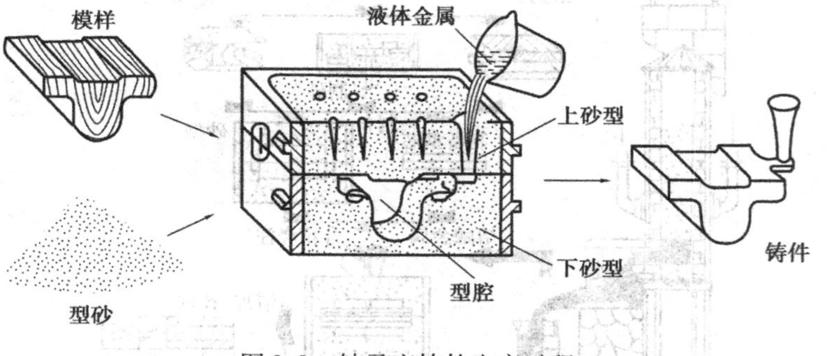

图 2.2　轴承座铸件生产过程

2.1.2 型砂和芯砂的制备

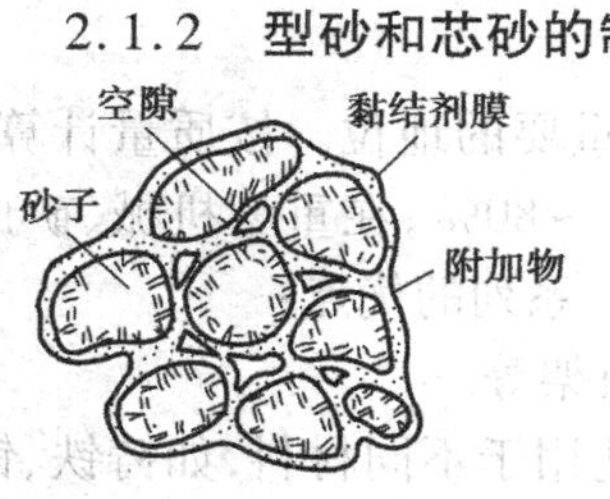

图 2.3　型砂的组成示意图

砂型铸造用的造型材料主要是用于制造砂型的型砂和用于制造砂芯的芯砂。型砂通常是由原砂、黏土和水按一 定比例混合而成，其中黏土约为 9%，水约为 6%，其余为原砂。有时还加入少量如煤粉、植物油、木屑等附加物以提高型砂和芯砂的性能。紧实后的型砂结构如图 2.3 所示。

芯砂由于需求量少，一般用手工配制。型芯所处的环境恶劣，所以芯砂性能要求比型砂高，同时芯砂的黏结剂(黏土、油类等)比型砂中的黏结剂的比重要大一些,所以其透气性不及型砂,制芯时要做出透气道(孔);为改善型芯的退让性,要加入木屑等附加物。有些要求高的小型铸件往往采用油砂芯(桐油+砂子,经烘烤至黄褐色而成)。

2.1.3 型砂的性能

型砂的质量直接影响铸件的质量。型砂质量差会使铸件产生气孔、砂眼、黏砂、夹砂等缺陷。良好的型砂应具备下列性能:

(1)强度

型(芯)砂抵抗外力破坏的能力称为型砂强度,包括湿强度、干强度、热强度等。型砂强度高,在搬运和浇注过程中就不易变形、掉砂和塌箱。型砂中黏结剂含量的提高,沙粒细小,形状不圆整且大小不均匀,以及紧实度高等均可使型砂强度提高。

(2)透气性

型砂能让气体透过的性能称为透气性。高温金属液浇入铸型后,型内充满大量气体,这些气体必须由铸型内顺利排出去,否则将使铸件产生气孔、浇不足等缺陷。

铸型的透气性受砂的粒度、黏土含量、水分含量及砂型紧实度等因素的影响。砂的粒度越细,黏土及水分含量越高,砂型紧实度越高,透气性则越差。

(3)耐火性

型砂经高温金属液作用后,不被烧焦、不被熔融和软化的能力称为耐火性。耐火性差,铸件易产生粘砂。型砂中 SiO_2 含量越多,型砂颗粒就越大,耐火性越好。

(4)可塑性

可塑性指型砂在外力作用下变形,去除外力后能完整地保持已有形状的能力。可塑性好,容易变形,便于制造形状复杂的砂型,起模也容易。

(5)退让性

退让性指铸件在冷凝时,型砂可被压缩(不阻碍铸件收缩)的能力。退让性不好,铸件易产生内应力或开裂。型砂越紧实,退让性越差。在型砂中加入木屑等物可以提高退让性。

在单件小批生产的铸造车间里,常用手捏法来粗略判断型砂的某些性能,如用手抓起一把型砂,紧捏时感到柔软容易变形;放开后砂团不松散、不黏手,并且手印清晰;把它折断时,断面平整均匀并没有碎裂现象,同时感到具有一定强度,就认为型砂具有了合适的性能要求,如图 2.4 所示。

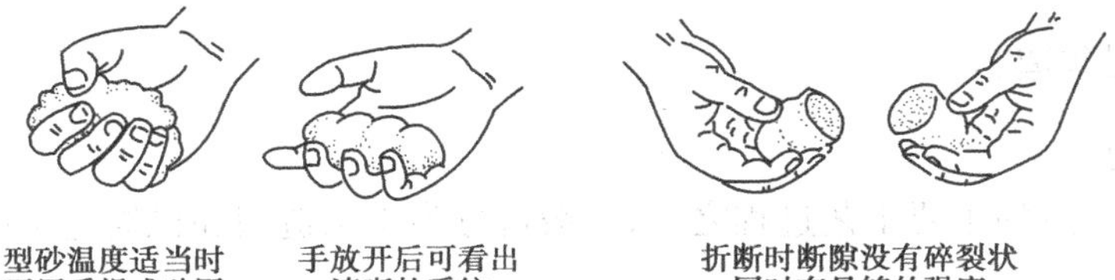

图 2.4 手捏法检验型砂

2.1.4 模样的设计

模样是根据零件图设计制造出来的,它是造型的基本工具。设计模样时必须考虑以下几个问题:

(1)选择分型面

分型面是指砂型的分界面。选择分型面时,必须使造型、起模方便,同时易于保证铸件质量。

(2)起模斜度

为了易于从砂型中取出模样,凡垂直于分型面的表面,都应做出0.5°~4°的拔模斜度。

(3)收缩量

液体金属冷凝后要收缩,因此模样的尺寸应比铸件尺寸大些。放大的尺寸称为收缩量。通常,用于铸铁件时要加大1%;用于铸钢件时加大2.5%~2%;用于铝合金件时加大1%~2.5%。

(4)加工余量

铸件的加工余量就是切削加工时要切去的金属层。因此,对于铸件上需要切削加工的表面,在绘制模样时都要相应地留出加工余量。余量的大小主要决定于铸件的尺寸、形状和铸件材料。一般小型灰口铸铁的加工余量为2~4 mm。

(5)型芯头

有砂芯的砂型,必须在模样上做出相应的芯头。

图2.5是压盖零件的铸造工艺图及相应的模样图。从图中可见模样的形状和零件图往往是不完全相同的。

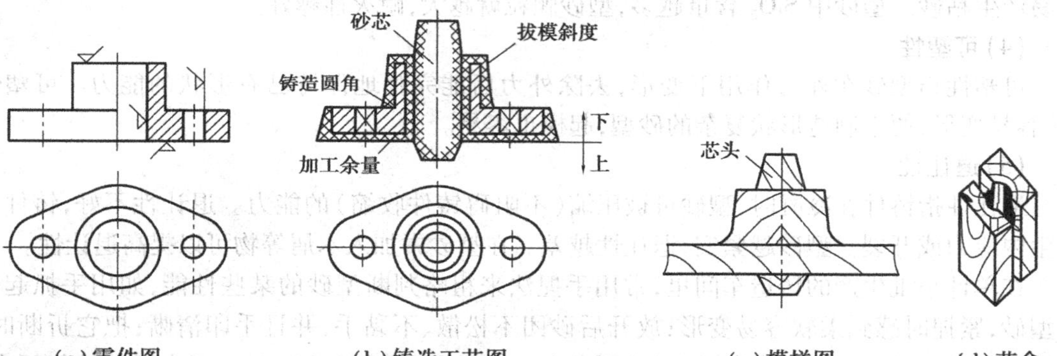

(a)零件图　(b)铸造工艺图　(c)模样图　(d)芯盒

图2.5　压盖零件铸造示意图

2.1.5　造型和造芯

(1)造型方法

造型是砂型铸造的主要工艺过程之一,一般可分为手工造型和机器造型两大类。

1)手工造型

手工造型操作灵活,使用图2.6所示的造型工具可进行整模两箱造型、分模造型、挖砂造型、活块造型、假箱造型、刮板造型及三箱造型等,应根据铸件的形状、大小和生产批量选择造型方法。

①整模造型。整模造型用的是一个整体的模样。模样只在一个砂箱内(下箱),分型面是平面。整模造型操作方便,铸件不会由于上下砂箱错误而产生错箱缺陷。整模造型用于制造形状比较简单的铸件。图2.7为整模造型的基本过程。

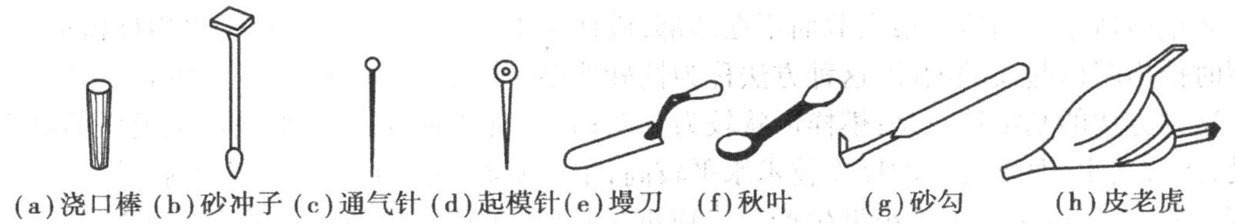

图 2.6 常用手工造型工具

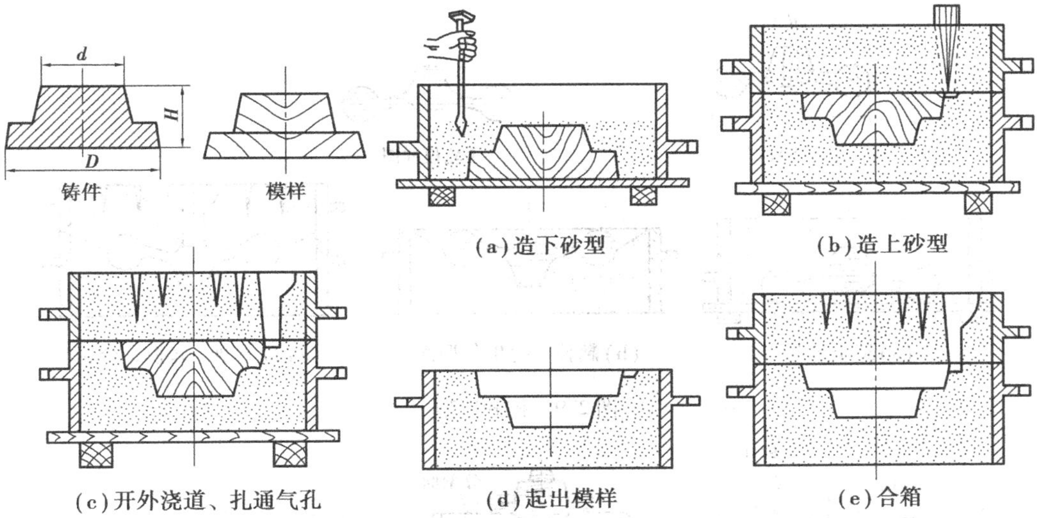

图 2.7 整体造型

②分模造型。分模造型的特点是:模样是分开的,模样的分开面(称为分型面)必须是模样的最大截面,以利于起模。分模造型过程与整模造型基本相似,不同的是造上型时增加放上模样和取上半模样两个操作。套管的分模造型过程如图 2.8 所示。分模造型适用于形状复杂的铸件,如套筒、管子和阀体等。

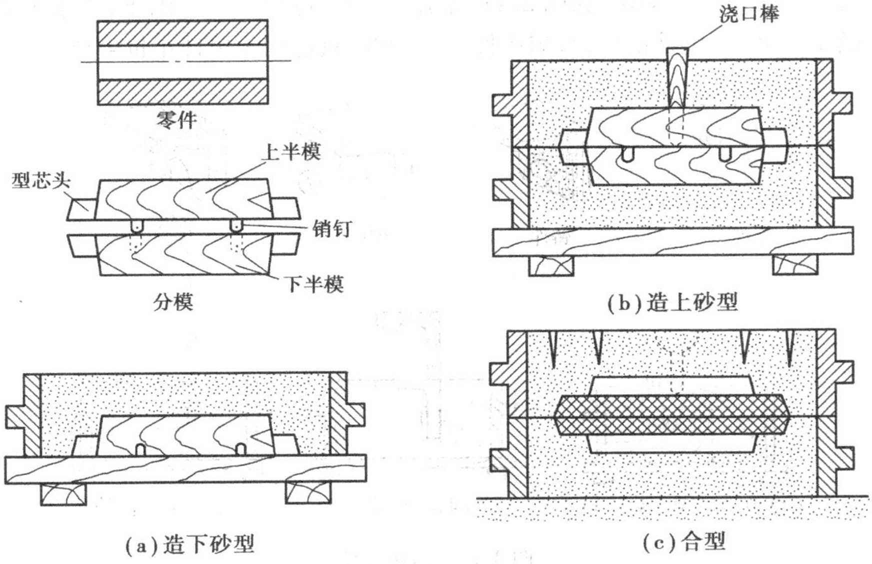

图 2.8 分模造型

③挖砂造型。当铸件最大截面不在端部，模样又不方便分成两半时，常将模样做成整体，造型时挖出阻碍起模的型砂，这种方法称为挖砂造型。图 2.9 为挖砂造型的基本过程。

这种方法的基本特点是：模样形状较为复杂；分型面是曲面；要求准确挖至模样的最大截面处，比较费事，要求工人的操作技术水平较高，生产率低；分型面处易产生毛刺，铸件外观及精度较差，仅适合用于单件小批生产。当成批生产时，可用假箱造型或成形底板造型来代替挖砂造型，可大大提高生产率，如图 2.10 所示。

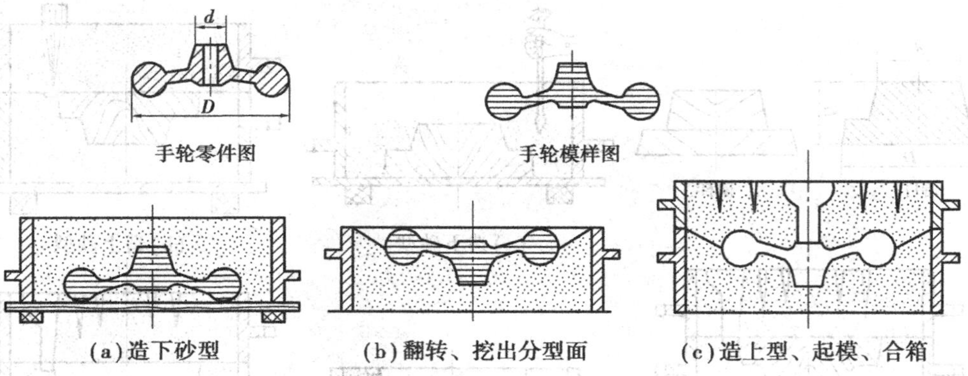

图 2.9　挖砂造型

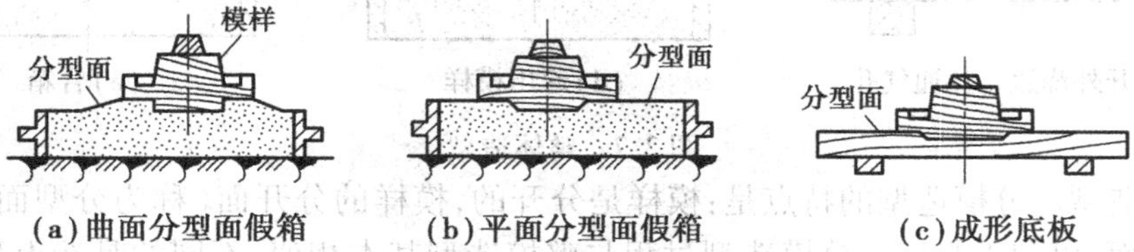

图 2.10　假箱和成形底板

④活块造型。当模块上有凸台阻碍起模时，可将凸台做成活动块。造型时，先取出主体模样，然后再从侧面取出活动块，如图 2.11 所示。它的特点是：操作困难，要求工人技术水平较高，生产效率较低，活块易错位，影响铸件尺寸精度，只适用于单件小批生产。

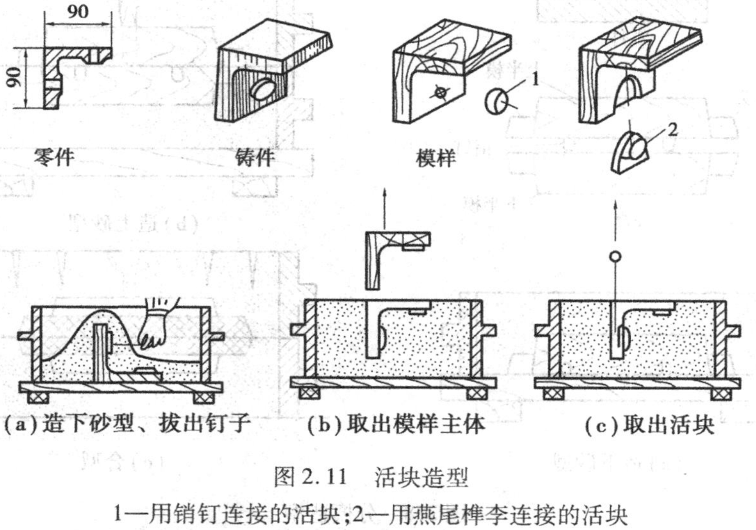

图 2.11　活块造型

1—用销钉连接的活块；2—用燕尾榫李连接的活块

⑤刮板造型。刮板造型是用与铸件截面形状相适应的刮板代替模样的造型方法。造型时,刮板绕轴线旋转,刮出型腔,如图2.12所示。这种造型方法能节省制模材料和工时,但对造型工人的技术要求较高,造型花费工时多,生产率低,只适用于单件小批生产中制造尺寸较大的旋转体铸件,如飞轮、带轮等。

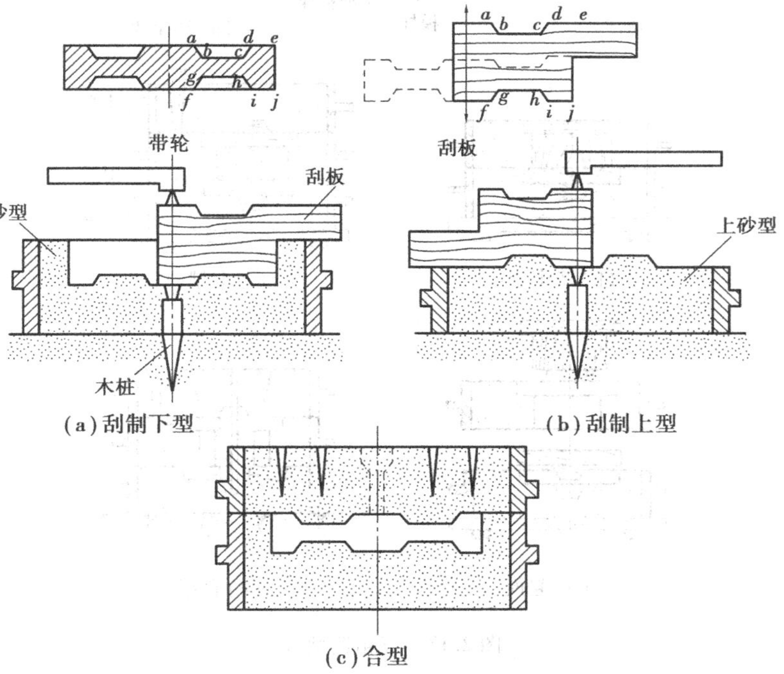

图2.12 刮板造型

⑥三箱造型。有些形状较复杂的铸件,往往具有两头截面大而中间截面小的特点,用一个分型面不能起出模样,需要从小截面处分开模样,采用两个分型面和三个砂型,这种造型方法称为三箱造型,如图2.13所示。

它的特点是:中箱的上、下两面均为分型面,都要光滑平整,且中箱高低应与中箱中的模样高度相近,模样必须采用分模。三箱造型操作较复杂,生产率低,成本相对高,故只适用于单件小批生产。

手工造型适用的工具和工艺装备(模样、型芯盒、砂箱等)简单,操作灵活,可生产各种形状和尺寸的铸件。但手工造型劳动强度大,生产率低,铸件质量也不稳定,仅用于单件小批量生产及个别大型、复杂铸件的生产。成批、大量生产时,应采用机器造型。

2)机器造型

机器造型就是用金属板在造型机上造型的方法。它将紧砂和起模两个基本操作机械化。震压式造型机的工作原理如图2.14所示。其震动、压实和起模动作都是由压缩空气驱动。模板是装有模样和浇口的底板,常用铝合金制造。

机器造型的优点是提高了铸件的质量和生产率,改善了劳动条件。因此,现代化的铸造车间都采用机器造型。

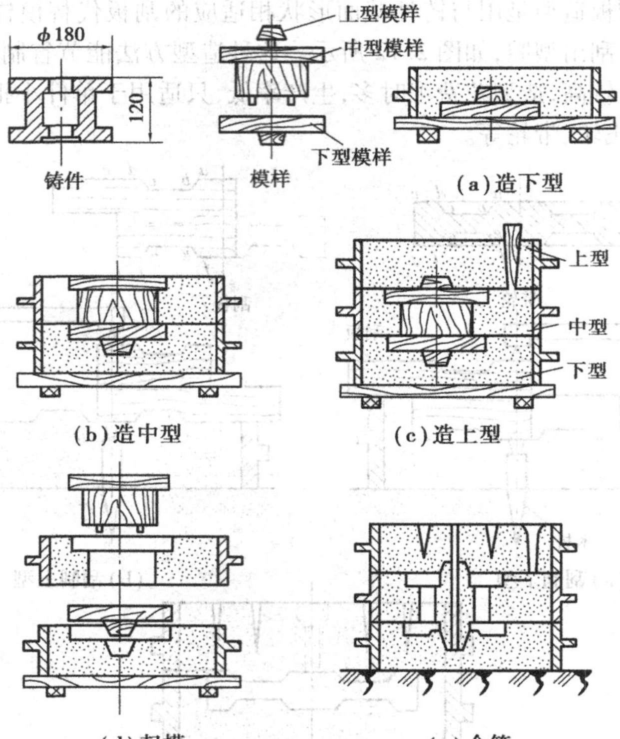

图 2.13　三箱造型过程

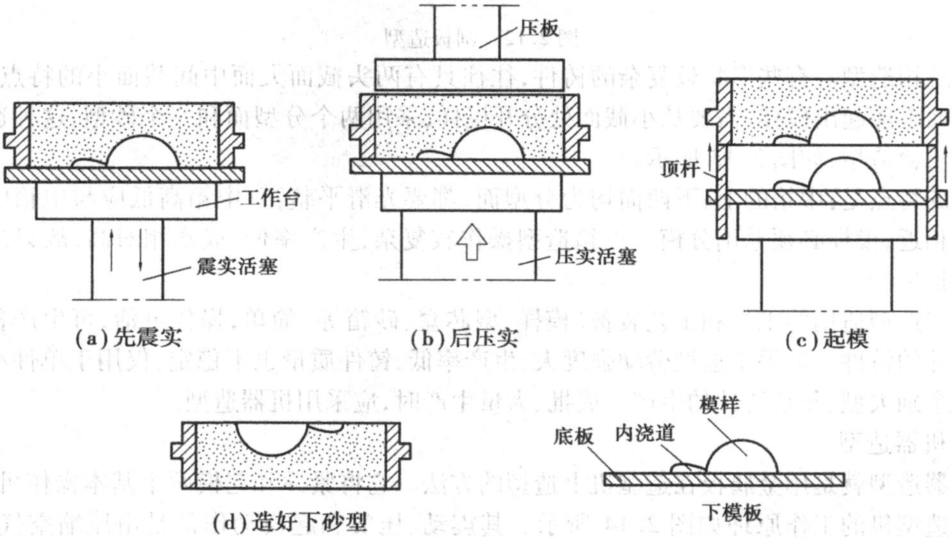

图 2.14　震压式造型机原理示意图

(2)造芯方法

型芯是铸型的重要组元之一,它的主要作用是形成铸件的内腔,有时也可用它形成铸件的外形。由于型芯的大部分面积处于液态金属包围之中,工作条件差,因此除对型芯要求有好的耐火度、透气性、高强度和退让性之外,为便于固定、通气和装配,在型芯制造时还有一些特殊的要求。

造芯的工艺要求：

①安放芯骨。为了提高型芯的强度，在型芯中要安置与型芯形状相适应的芯骨。芯骨可用铁丝制成，也可用铸铁浇注而成，如图 2.15 所示。

②开通气道。为顺利排出型芯中的气体，制芯时要开出通气道。通气道要与铸型的出气孔贯通。对大型型芯，其内部常填以焦炭，以便排气，如图 2.15 所示。

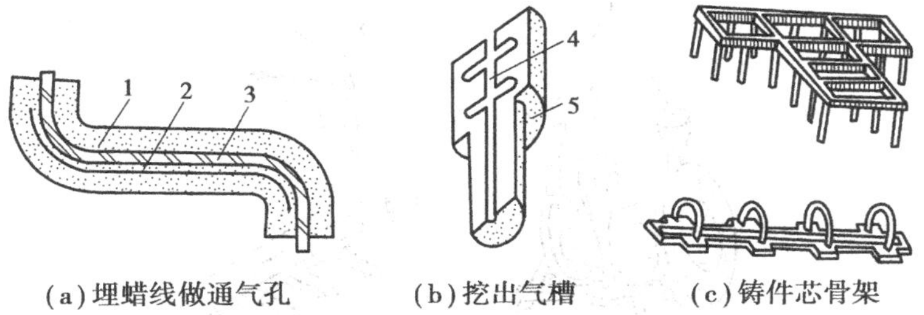

图 2.15 芯骨和型芯通气道

1、5—型芯；2—芯骨；3—蜡线；4—出气槽

③刷涂料、烘干。型芯与金属液接触的表面都要刷涂料，以防止黏砂，并提高型芯的耐火度和铸件的表面质量。对于铸铁件，常用石墨粉、黏土和水按一定比例混制成的涂料。

型芯一般都需要烘干，以提高型芯的强度和透气性。

(3) 造芯方法

与造型方法相同，既可用手工造芯，也可用机器造芯。造芯可用芯盒，也可用刮板，其中用芯盒造芯是最常用的方法。芯盒按其结构不同，可分为整体式芯盒、垂直对分式芯盒和可拆式芯盒三种。最常用的对分式芯盒造芯过程如图 2.16 所示。

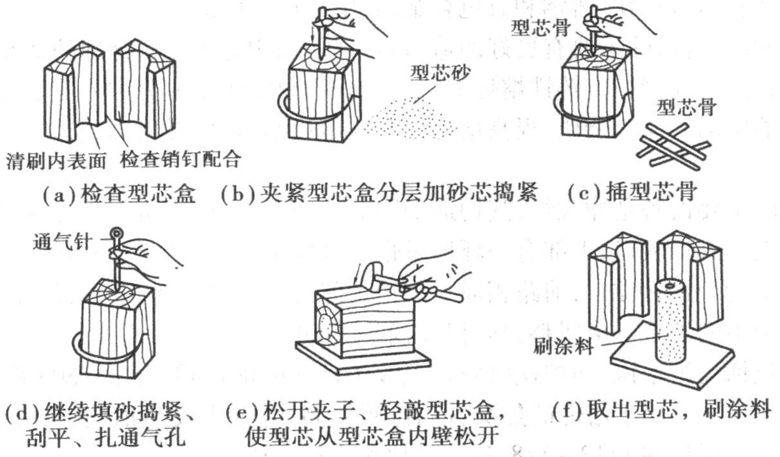

图 2.16 对分式芯盒造芯过程

2.1.6 浇注系统和冒口

浇注系统是将液体金属浇入型腔中所经过的一系列通道。它由外浇口、直浇道、横浇道和内浇道四部分组成，如图 2.17 所示。

浇注系统的作用是:保证液体金属平稳地流入型腔,避免冲坏铸型;防止熔渣、砂粒等杂物进入型腔;补充铸件在冷凝收缩时所需要的金属液体。正确地设置浇注系统,对保证铸件质量、降低金属消耗有重要的意义。浇注系统设置不合理,易产生冲砂、砂眼、渣眼、浇不足、气孔和缩孔等缺陷。

有些铸件还要加冒口。它用于排除型腔中的气体、砂粒和熔渣等夹杂物以及起补缩作用。

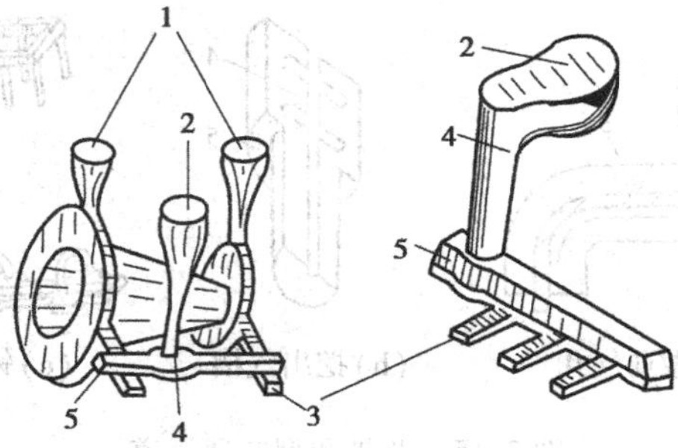

图 2.17 浇注系统和冒口

1—冒口;2—浇口杯;3—内浇道;4—直浇道;5—横浇道

2.2 铸铁的熔炼及浇注

2.2.1 铸铁的熔炼

常用的铸造材料有铸铁、铸钢和有色合金,其中铸铁应用最广。

为获得优质的铸件,除了要有良好的造型材料(型砂和芯砂)和合理的造型工艺外,提高铸铁熔炼质量也是主要措施。铸铁熔炼的任务是获得预定化学成分和一定温度的金属液,并尽量减少金属液中的气体和杂质,提高熔炼设备的熔化率,降低燃料消耗等,以达到最佳的技术经济指标。

熔炼铸铁的主要设备是冲天炉,其构造如图 2.18 所示。炉壳由钢板焊成,炉内砌以耐火砖炉衬。炉子上部有加料口,下部有一环形风带。鼓风机鼓出的空气经风管、风带、风口进入炉内。风口以下为炉缸,炉缸与前路相通。前炉下部有一出铁口,侧上方有一出渣口。

加入冲天炉中的炉料有金属料、燃料和熔剂三部分。

金属炉料包括高炉生铁、回炉铁(浇冒口、废铸件和废钢)与铁合金(如硅铁、锰铁等)。

燃料主要是焦炭。用于熔炼的焦炭含固体碳要高,并要求发热值高、灰分少,含硫、磷量低。焦炭用量为金属料的 1/12 ~ 1/8,这一数值称为铁焦比。

熔剂的作用是造渣并稀释熔渣,使之易于流动,以便排出。常用的熔剂有石灰石和氟石。熔剂的加入量为焦炭用量的 20% ~ 30%。

冲天炉的大小是以每小时能熔化铁液的质量来表示。目前生产上常用的是 2 ~ 10 t/h 的冲天炉。

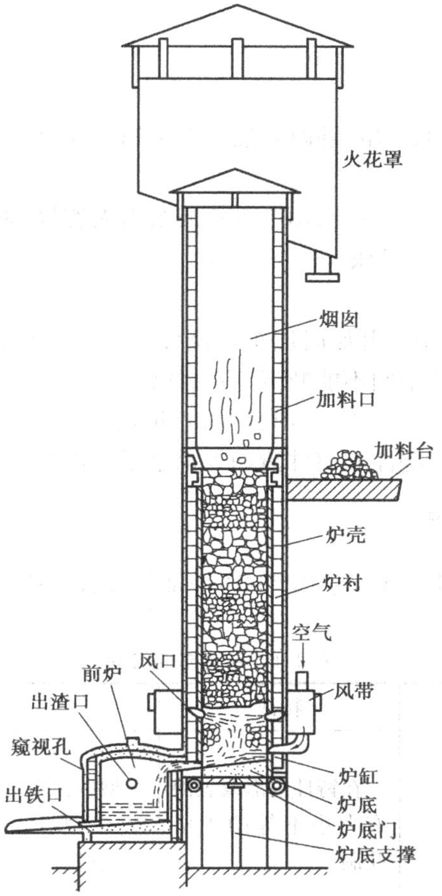

图 2.18 冲天炉的构造

2.2.2 浇注

将液态金属从浇包注入铸型的操作，称为浇注。浇注工序对铸铁质量有很大的影响，浇注不当，常引起浇不足、冷隔、气孔、缩孔和夹渣等铸造缺陷。因此浇注时应注意下列问题：

(1)浇注温度

浇注温度的高低对铸件质量影响很大。浇注温度低，则铁液的流动性差，易产生浇不到和冷隔缺陷；浇注温度过高，则铸件晶粒粗大，同时易产生缩孔、裂纹和黏砂等缺陷。合适的浇注温度应根据铸造合金种类、铸件的大小及形状来确定。对于形状复杂、薄壁的灰铸铁件，浇注温度为 1 400 ℃左右；对于形状简单、厚壁的灰铸铁件，浇注温度为 1 300 ℃左右；铸钢件浇注温度为 1 500 ~1 550 ℃。

(2)浇注速度

浇注速度对铸件质量的影响较大。较高的浇注速度可使金属液更好地充满铸型，但过高的浇注速度对铸型的冲刷力大，易产生冲砂等；较低的浇注速度能使铸件的缩孔集中而便于补缩，但过低的浇注速度使型砂易脱落，铸件易产生冷隔、夹砂、砂眼等缺陷。故浇注速度应视铸件的大小、形状来定。

(3)**浇注方法**

浇注操作的顺序如下：

1)去渣

浇注前迅速将金属液表面的熔渣除尽，然后在金属液面上撒一层稻草灰保温。

2)引火

浇注时先在砂型的出气和冒口处，用刨木花或纸引火燃烧，促使型腔中气体更快地逸出，使有害气体 CO 燃烧，保护工人健康。

3)浇注

浇注前应估计好铁液质量。开始时应细流浇注，防止飞溅；快满时，应以细流浇注，以免铁液溢出并减小抬箱力；浇注中间不能断流，应始终使浇口杯保持充满，以便熔渣上浮。

当冷却后即可将砂箱打开，落砂，取出铸件，打掉浇冒口，清除型芯，去除毛刺、飞边和表面黏砂。在单件小批生产中，浇注和铸件清理等都是手工操作。

2.2.3 铸件的缺陷分析

由于铸造过程工序多，工艺复杂，生产的铸件常常会有一些缺陷，其特征和主要原因见表 2.1。

表 2.1 铸件缺陷分析

缺陷名称	特征	产生的主要原因
气孔 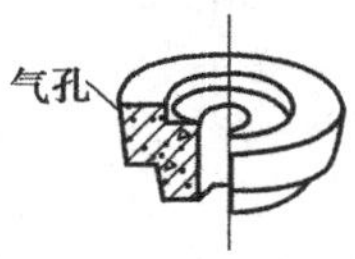	在铸件内部或表面有大小不等的光滑孔洞	型砂含水过多，透气性差；起模和修型时刷水多；型芯烘干不良或型芯通气孔堵塞；浇注温度过低或浇注速度太快等
缩孔 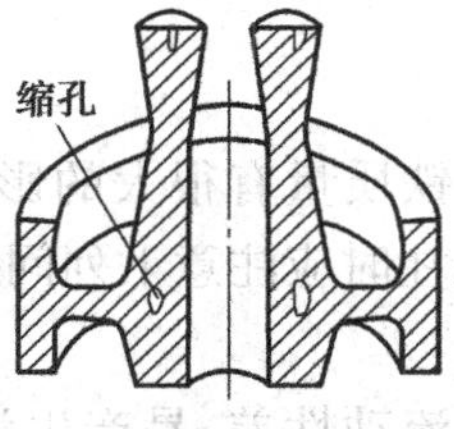	多分布在铸件厚端面处，形状不规则，孔内粗糙	铸件结构不合理，如壁厚相差过大，造成局部金属集聚；浇注系统和冒口的位置不对，或冒口过小；浇注温度太高，或金属化学成分不合格，收缩过大
砂眼 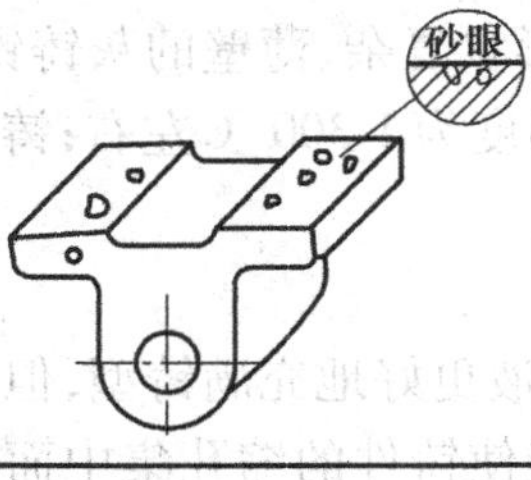	铸件内部或表面带有砂粒的孔洞	型砂和芯砂的强度不够；砂型和型芯的紧实度不够；合型时局部损坏，浇注系统不合理，冲坏了砂型

续表

缺陷名称	特征	产生的主要原因
黏砂 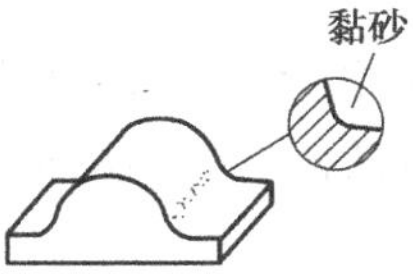	铸件表面粗糙，粘有砂粒	型砂和芯砂的耐火度不够；浇注温度太高；未刷涂料或涂料太薄
错箱 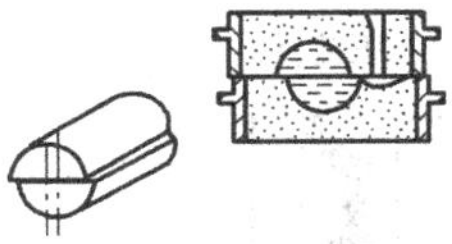	铸件沿分型面有相对位置错移	模样的上半模和下半模未对好，合型时，上、下砂型未对准
冷隔 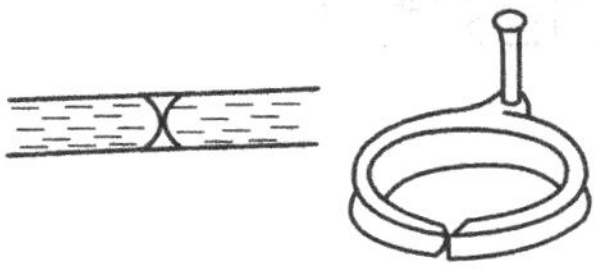	铸件上有未完全融合的缝隙或洼坑，其交接处是圆滑的	浇注温度太低；浇注速度太慢或浇注有过中断，浇注系统位置开设不当，内浇道横截面积太小
浇不足 	铸件不完整	浇注时金属液不够；浇注时液态金属从分型面留出；铸件太薄；浇注温度太低，浇注速度太慢
裂缝 	铸件开裂，开裂处金属表面有轻微氧化色	铸件结构不合理，壁厚相差太大；砂型和型芯的退让性差；落砂过早

2.3 特种铸造

砂型铸造应用虽然很普遍，但存在一些缺点，如一个砂型只能浇注一次，生产率低，铸件的精度低，表面粗糙度值大，加工余量大，废品率高等。在大量生产中，这些缺点显得更为严重。为了满足生产发展需要，先后出现了许多区别于普通砂型铸造的铸造方法，统称为特种铸造。特种铸造方法很多，各有其特点和适用范围，它们从各个不同的侧面来弥补普通砂型铸造的不足。常用的特种铸造有如下几种。

2.3.1 压力铸造

压力铸造是利用压力将液态或半液态金属压入金属铸型而制得铸件的方法。铸型和型芯一般由合金工具钢制成。

压力铸造在压铸机上进行,工作过程如图 2.19 所示。用定量勺将液体金属浇注入压室,上活塞下降,下活塞被压向下移动,金属从浇口压入铸型中。铸件凝固后上活塞退回,下活塞顶起将余料沿浇口剪断顶出,同时铸型分开,铸件即可取出。

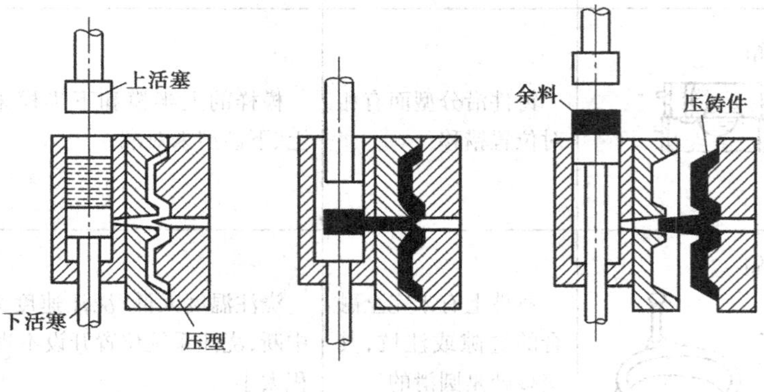

图 2.19　压力铸造

压力铸造有以下特点:

①生产率高,每小时可铸几百个铸件,易于实现自动化生产。

②铸件的精度和表面质量较高,可铸出形状复杂的薄壁铸件,并可直接铸出小孔、螺纹、花纹等。

③压铸件是在压力下结晶凝固,故晶粒细密,强度高。如抗拉强度比砂型铸件提高 25% ~40%。

④压力铸造设备投资大,压铸型结构复杂,质量要求严格,制造周期长,成本高,仅适用于大批量生产。

⑤不适用于钢、铸铁等高熔点合金的铸造。

⑥压铸件虽然表面质量好,但内部易产生气孔和缩孔,不宜机械加工,更不宜进行热处理或在高温下工作。

目前,压铸主要用于铝、镁、锌、铜等有色合金铸件的大批量生产,在汽车、拖拉机、仪器、仪表、医疗器械、航空及日用五金等生产中都得到了广泛的应用。

2.3.2 熔模铸造

熔模铸造又称失蜡铸造,工艺过程如图 2.20 所示。具体是:先用易熔合金制成压型;将熔化的蜡模材料注入压型制成蜡模和蜡模组;在蜡模上涂上涂料,撒上石英粉,并使涂料硬化结壳,再将结壳的蜡模浸入热水中,使蜡模熔合而流出,从而形成无分型面的硬壳铸型;再把硬壳铸型放入炉中加热焙烧,除去残余蜡料和水分,出炉后把铸型埋在砂箱里就可以浇注。

熔模铸造采用了无分型面的整体薄壳铸型,同时,型腔壳壁用细颗粒石英粉涂敷,因此铸件的精度很高,可实现少切削或无切削加工,表面粗糙度 R_a 可达 1.6 ~ 12.5 μm。因为铸型经焙烧后尚未冷却就进行浇注,壳型温度较高,液体金属能很好充满复杂的薄壁型腔。但熔模

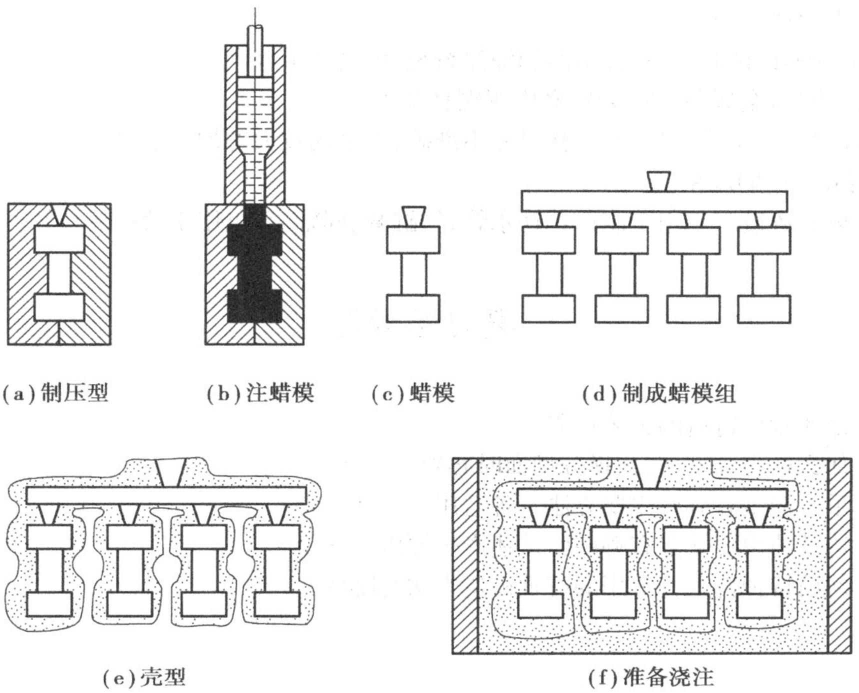

图2.20 熔模铸造过程

铸造工艺过程复杂,生产周期长,成本高,蜡模太大容易变形,且铸型也只能用一次,因此只适用于铸造高熔点及机械加工性能不好的合金和形状复杂的小型零件。

2.3.3 离心铸造

离心铸造是将液态金属浇入旋转的铸型中,并在离心力的作用下凝固成形而获得铸件的铸造方法。离心铸造的铸型可以是金属型,也可以是砂型。铸型在离心铸造机上可以绕垂直轴旋转,也可以绕水平轴旋转,如图2.21所示。

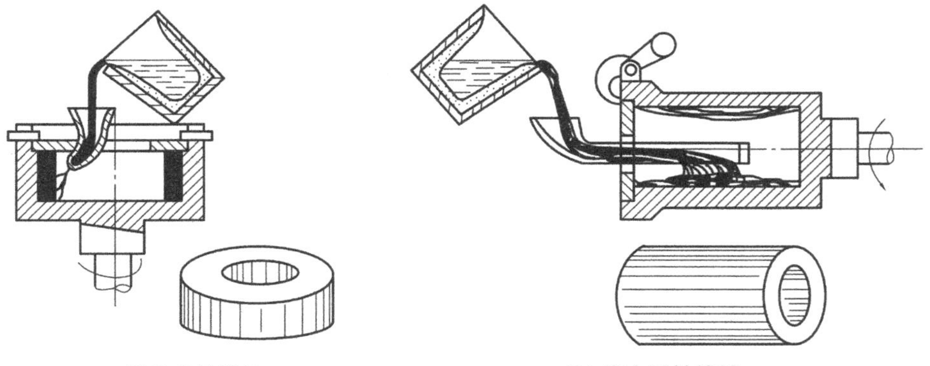

图2.21 离心铸造

(1)离心铸造的特点

①离心铸造的铸件是在离心力的作用下结晶的,其内部晶粒组织致密,无缩孔、气孔及夹

渣等缺陷,力学性能较好。

②铸造管形铸件时,可省去型芯和浇注系统,提高了金属利用率和简化了铸造工艺。

③可铸造“双金属”铸件,如钢套内镶铜轴瓦等。

④铸件内表面质量较粗糙,内孔尺寸不准确,需采用较大的加工余量。

(2)离心铸造的应用

目前,离心铸造广泛用于制造铸铁水管、气缸套、同轴套,也用来铸造成形铸件。

复习思考题

2.1 论述砂型铸造的工艺过程。

2.2 什么称为分型面,选择分型面时必须注意什么问题?

2.3 手工造型有哪些主要方法?各适用于什么场合?

2.4 铸件的主要缺陷有哪些?试述产生原因。

2.5 何谓特种铸造?常用的特种铸造方法有哪些?

第3章
锻　压

锻造是对金属坯料施加外力,使其产生塑性变形,从而改变形状、尺寸及力学性能,用以制造零件或毛坯的一种成形加工方法,它是锻造和冲压的总称。

锻压包括自由锻、模锻和冲压三种生产方式,如图3.1所示。

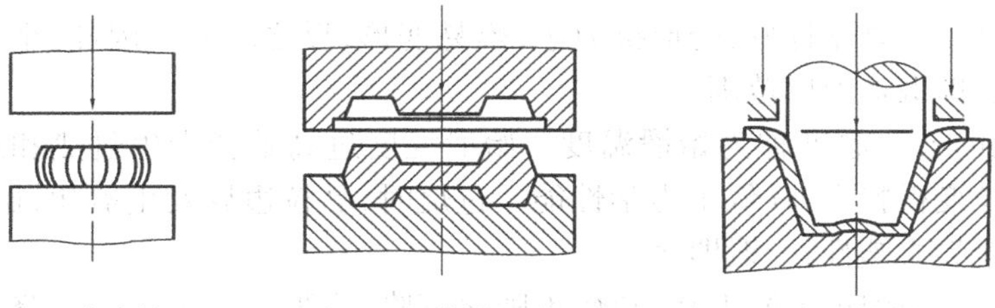

(a)自由锻　(b)模锻　(c)冲压

图3.1　锻压生产方式

锻压与铸造生产方式相比,其区别在于:

①锻压所用的金属材料应具有良好的塑性,以便于在外力的作用下能产生塑性变形而不破裂。常用的金属材料中,铸铁的塑性很差,属脆性材料,不能用于锻压。钢和非铁金属中的铜、铝及其合金等塑性好,可用于锻压。

②通过锻造加工能消除锭料的气孔、缩松等铸造组织缺陷,压合微裂纹,能获得较致密的结晶组织,可改善金属的力学性能。

③锻压加工是固态成形,对制造形状复杂的零件,特别是具有复杂内腔的零件较困难。

金属材料经锻造后,其力学性能提高,因此承受重载荷和复杂载荷的机器零件一般采用锻造方法制成毛坯,再经机械加工而成。

锻压安全操作规程:

①开始工作前,应检查所用的工具是否良好、齐备,气压是否符合规定。

②工作中应经常检查设备和工具上受冲击力部分是否有损伤,松动或裂纹产生,并及时修理。

③不准用手去摸锻件。必要时,应洒水确认温度不高后方可拿取。

④操作时,锤柄或夹钳都不可对着腹部。

⑤不要站在离操作者太近的位置,更不得站在切割操作中料头飞出的方向。切割时,当料头将切断时应轻打。

3.1 自由锻

3.1.1 基本知识

自由锻造是利用冲击力或压力,使加热的金属坯料在上、下砧块之间产生塑性变形,以获得所需锻件的加工方法。由于金属坯料在砧块平面之间能够自由流动,故称为自由锻造。

自由锻分为手工自由锻和机器自由锻。手工自由锻用的是手工工具,只能生产小锻件。机器自由锻则利用锻锤或水压机等设备,是自由锻的主要生产方法。

(1)金属的加热

金属坯料锻造前,为提高其塑性、降低变形抗力,使金属在较小的外力作用下产生较大的变形,必须对金属坯料加热。锻造前对金属坯料进行加热是锻造工艺过程中的一个重要环节。

1)锻造的温度范围

金属锻造温度高,则塑性好,变形抗力小,容易变形,反之亦然。因此,金属锻造时,要有一定的温度范围,即锻造温度范围。

允许加热到的最高温度称为始锻温度。始锻温度过高就会产生过热和过烧两种缺陷。过热时,会使晶粒变得粗大,降低了力学性能。过烧时,晶粒边界发生氧化,破坏晶粒之间的联系,使金属完全失去塑性,一锻即碎。

锻造过程中,坯料温度不断下降,塑性也随之下降,变形抗力增大。当降到一定温度时,不仅变形困难,而且容易开裂,此时必须停止锻造,或重新加热后再锻。停止锻造的温度称为终锻温度。

金属的始锻温度和终锻温度之间的一段温度间隔,称为金属的锻造温度范围。金属的锻造温度范围越大,越可以减少加热次数,加热次数越少,有利于提高生产率,降低成本。锻造温度范围取决于坯料金属的种类和化学成分,几种常见钢材的锻造温度范围见表3.1。

表3.1 常见钢材的锻造温度范围

序　号	钢材种类	始锻温度/℃	终锻温度/℃	序　号	钢材种类	始锻温度/℃	终锻温度/℃
1	低碳钢 Q235、15	1 250	750	3	高碳钢 T7、T8	1 150	850
2	中碳钢 45	1 200	780	4	合金钢 40Cr	1 200	800

2)锻件的冷却

锻件应缓慢冷却到室温。冷却速度过快会引起变形、开裂或表面过硬而不易切削加工等缺陷,特别是合金钢锻件最显著。常用的冷却方法有三种:

①空冷。空冷是指锻件锻后置于无风的空气中,放在干燥的地面上冷却。这种方法适用于中小型的低、中碳钢及合金结构钢的锻件。

②坑冷。坑冷是指锻件锻后置于充填有石棉灰、沙子或炉灰等绝热材料的坑中冷却。这种方法适用于合金工具钢锻件。碳素工具钢锻件应先空冷至650～700 ℃后再坑冷。

③炉冷。炉冷是指锻件锻后放入500~700 ℃的加热炉中,随炉缓慢冷却,这种方法适用于高合金钢及厚截面的大型锻件。

(2)自由锻设备——空气锤

空气锤是生产中、小型锻件的通用锻造设备,其构成和原理如图3.2所示。它有两个平行的气缸,即压缩缸和工作缸。压缩缸中的活塞由电动机经曲柄连杆机构带动作上下往复运动,使活塞上部或下部的空气分别受到压缩。压缩空气经上、下转阀交替进入工作缸的上部或下部,从而推动工作缸内的活塞,使活塞、锤头和上砧一起上下运动。活塞、锤头和上砧合称为落下部分。

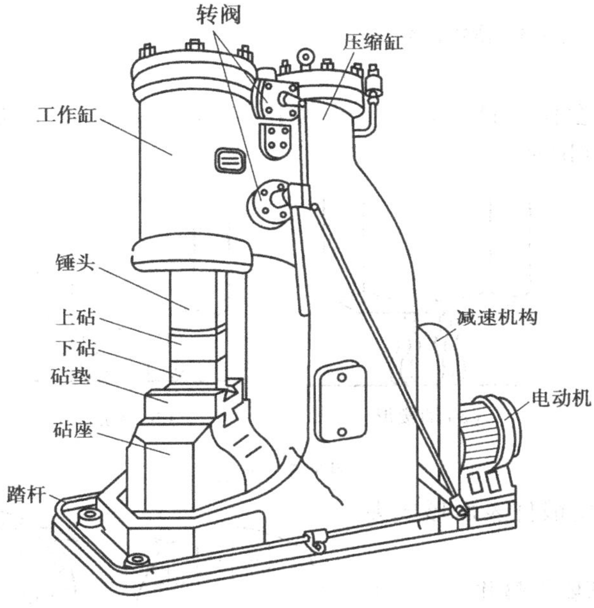

(a)外形图

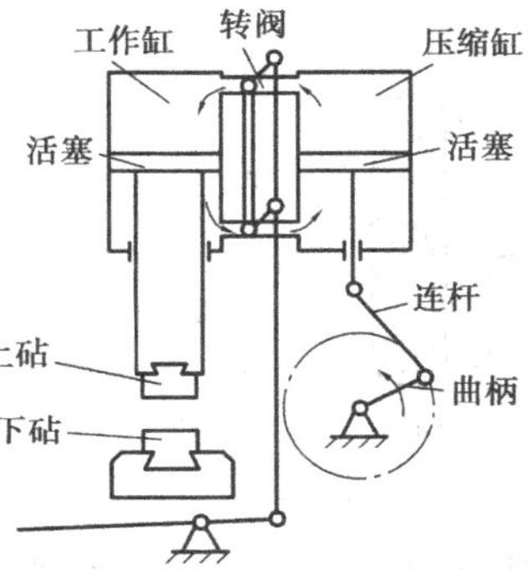

(b)工作原理

图3.2 空气锤

空气锤的规格是以落下部分即工作活塞、锤头、上砧的质量表示,也可称为锻锤的吨位。国产空气锤的规格为40~750 kg,空气锤产生的打击力约为落下部分质量的1 000倍左右,可以锻造的质量范围为2.5~84 kg的小型锻件。

3.1.2 自由锻造的工序

自由锻的基本操作工序主要有:墩粗、拔长、冲孔、弯曲和切断等。

(1)墩粗

镦粗是使坯料高度减小、横截面积增大的锻造工序,用于锻制齿轮坯、法兰盘等圆盘工件,也可作为冲孔前的预备工序,以减小冲孔深度。

镦粗分完全镦粗和局部镦粗两种。局部镦粗又分端部局部镦粗和中间局部镦粗两种,如图3.3所示。

镦粗应注意以下几点:

①坯料不能太长,镦粗部分的高度与直径之比(即高径比)应小于2.5,否则容易镦弯,如

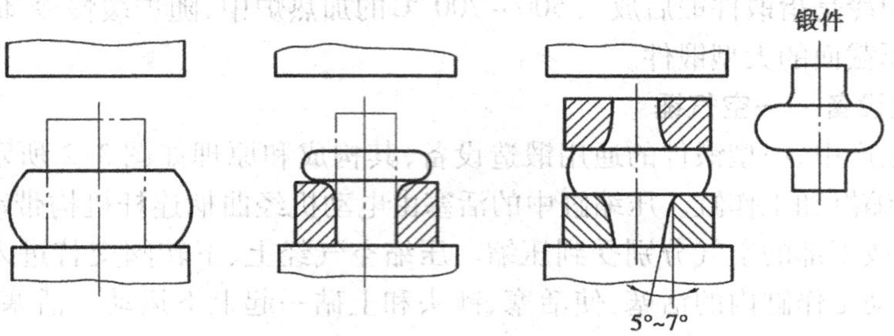

图 3.3 镦粗种类

图 3.4 所示。

②镦粗力要足够,如锤击力不足,会使坯料镦成细腰形,如图 3.5(a)所示;若不及时纠正,继续镦粗,便会产生夹层,如图 3.5(b)所示。

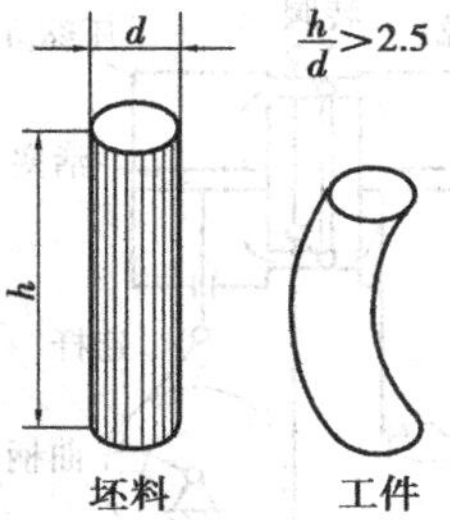

图 3.4 镦弯

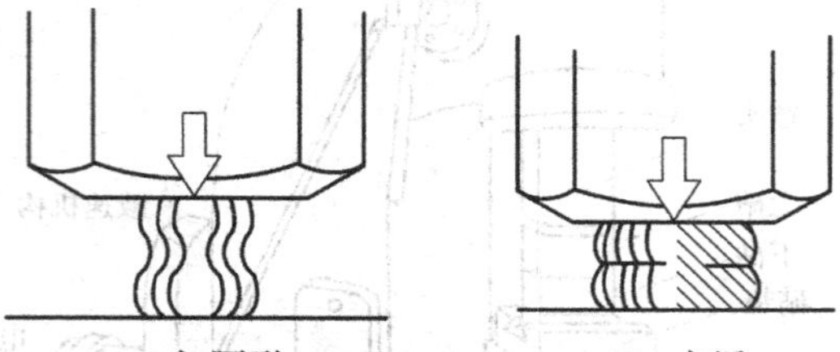

图 3.5 夹层

③坯料必须是圆形截面,否则易使锻件表面形成夹层,如图 3.6 所示。

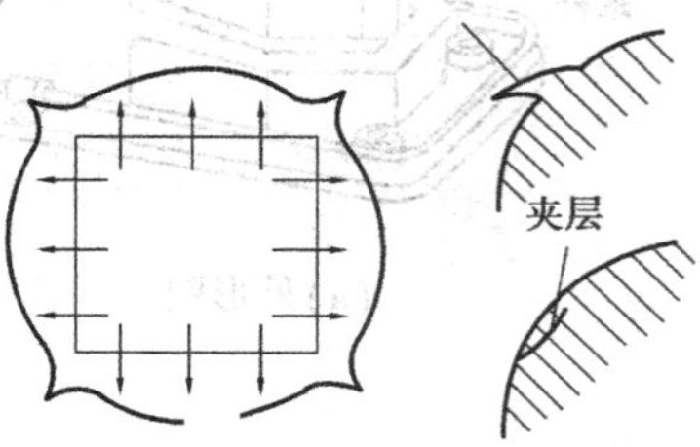

图 3.6 方形截面镦粗

④坯料加热温度要高、均匀,其端部要平整并与轴线垂直,镦粗时要不断地绕中心转动,以便获得均匀的变形,而不致镦偏或镦歪。坯料表面不得有凹孔、裂纹等缺陷。

(2)拔长

拔长是使坯料截面减小、长度增加的锻造工序,如图 3.7(a)所示,常用于锻制轴类和杆类锻件。如果锻制空心轴、套筒等锻件,坯料先镦粗、冲孔,再套上芯轴进行拔长,称为芯轴拔长,如图 3.7(b)所示。

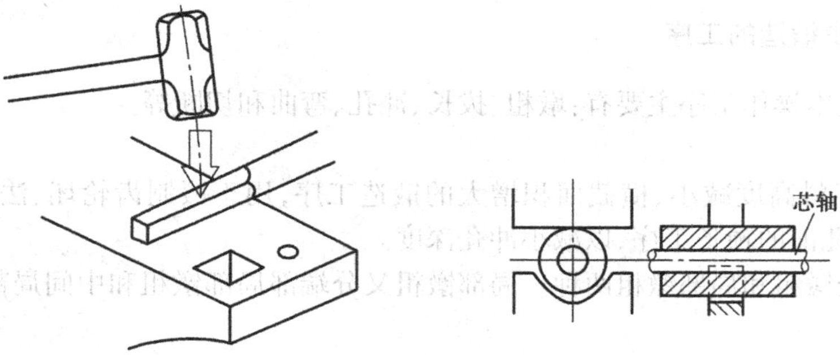

图 3.7 拔长

拔长时应注意以下几点：

①拔长时应不断翻转坯料，使坯料截面经常保持近于方形，直至方形的边长接近所要求的直径后，再将方形锻成八角形，最后经倒棱滚圆，如图3.8所示。

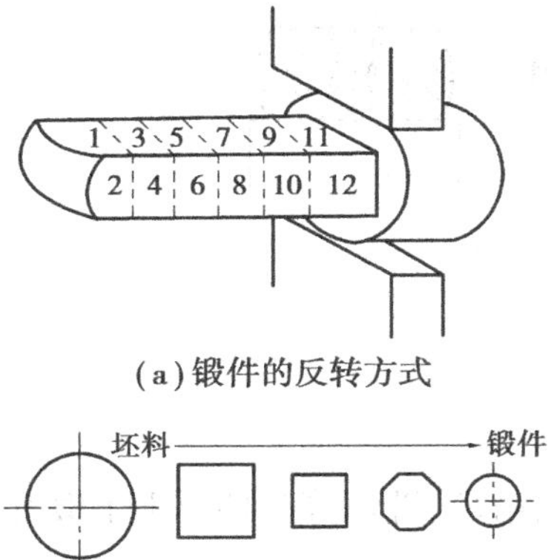

(a)锻件的反转方式

(b)圆料拔长方式

图3.8　拔长过程

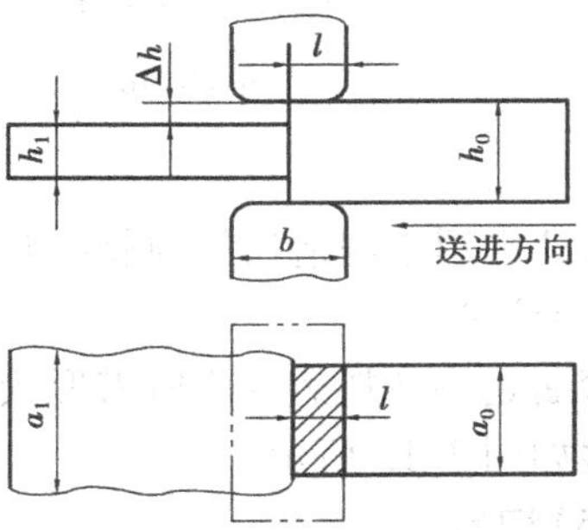

图3.9　拔长中的送进量和压下量

②应控制适当的送进量和压下量。送进量不得小于单面压下量的1/2，如图3.9所示。

③每次拔长后，锻件的宽度与高度之比应小于2～2.5，以保证下次拔长。

④局部拔长时，必须先压肩，然后再拔长，以获得平整的过渡部分。

⑤拔长后，由于表面不平整，必须修光。平面修光用平锤，圆柱面修光用型锤，如图3.10所示。

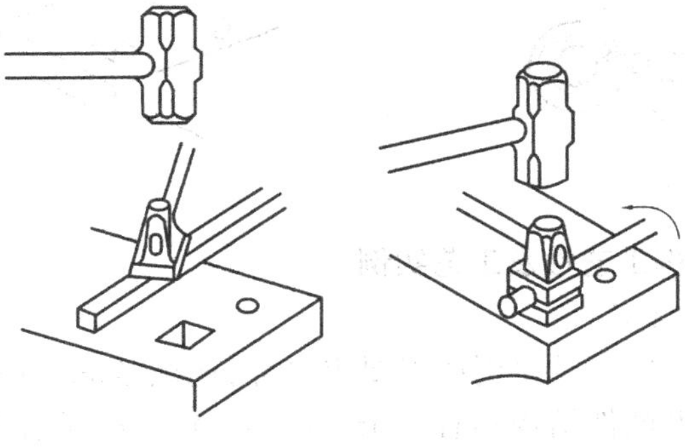

(a)平面的修正　　(b)圆柱面的修正

图3.10　修光

(3)冲孔

冲孔是用冲头在坯料上冲出通孔或不通孔的锻造工序。冲孔的基本方法有：

1)实心冲头冲孔

此方法用于冲小于450 mm的通孔。实心冲头冲孔可分为单面冲孔和双面冲孔，如图3.11所示。

2)空心冲头冲孔

此方法用于冲大于450 mm的通孔。冲孔时，冲子头部要不断蘸水冷却，以免受热变软。直径小于25 mm的孔一般不冲。

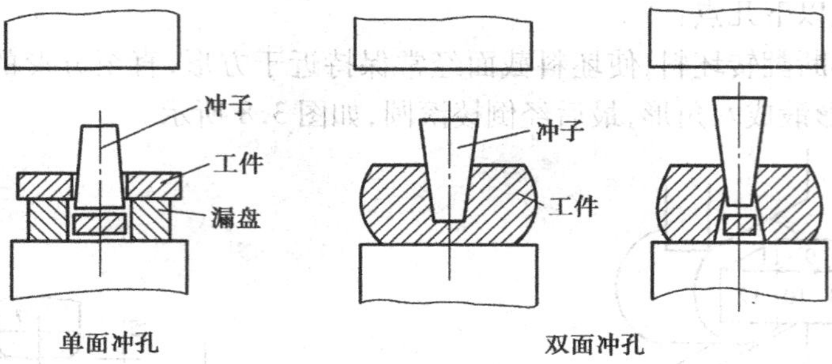

图 3.11　冲孔

冲孔常用于制造齿轮、圆环、套筒、空心轴等锻件。

(4)弯曲

弯曲是将坯料锻弯成所需形状的操作,用于锻造吊钩、吊环、链环等工件。手工锻弯钩环的步骤如图 3.12 所示。

(5)切断

切断用于下料、切除料头和多余的金属等工作。手工切断棒料如图 3.13 所示。

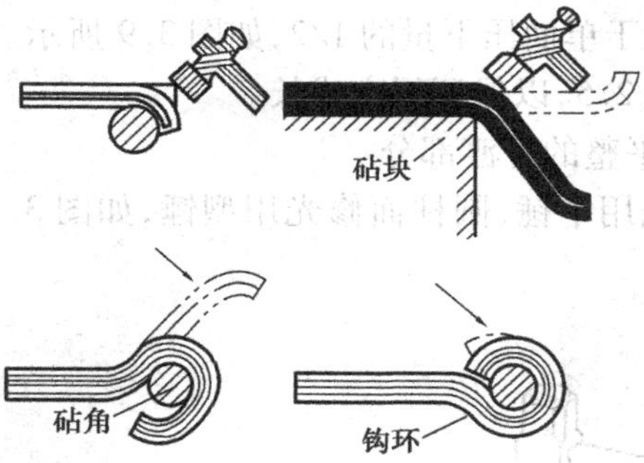

图 3.12　弯曲

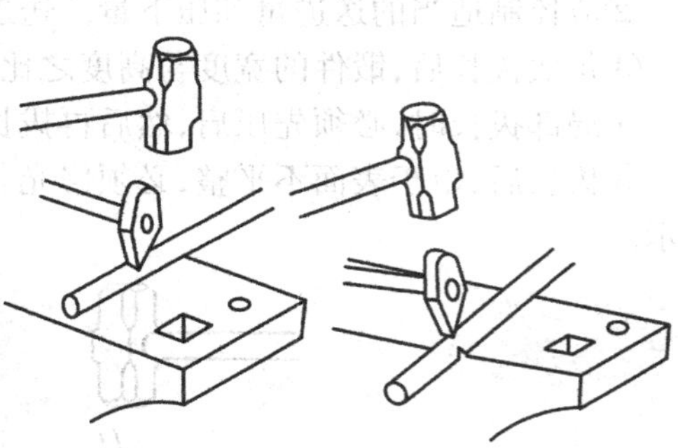

图 3.13　切断

(6)自由锻锻件的结构工艺性及工艺实例

1)自由锻锻件的结构工艺性

设计自由锻锻件时,除应满足使用性能要求之外,还须考虑自由锻件成形的特点。由于受设备工具的限制,自由锻锻件结构不宜复杂。许多在铸造时是合理的零件结构,在自由锻时则不一定合理,因此在设计自由锻件时,应考虑结构工艺性的要求,使锻件结构合理,达到方便锻造、节约金属、保证锻件质量和提高生产率的目的。具体要求见表 3.2。

表 3.2　零件的自由锻结构工艺性要求

要　求	举　例	
	不合理的结构	合理的结构
1. 避免锥面或斜面	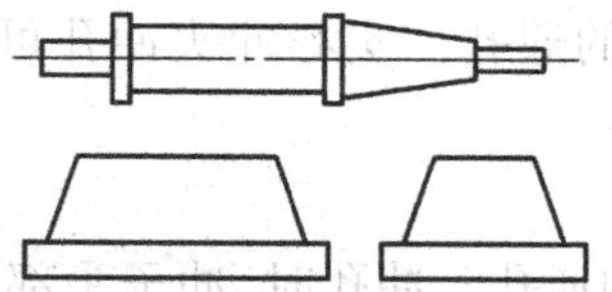	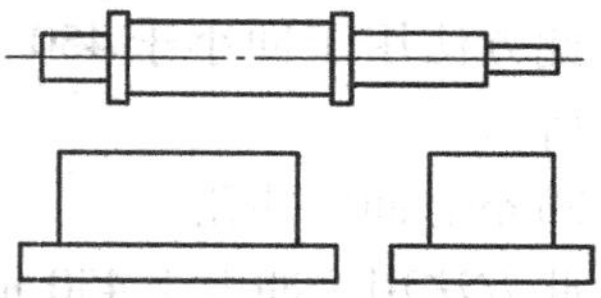

续表

<table>
<tr><th rowspan="2">要 求</th><th colspan="2">举 例</th></tr>
<tr><th>不合理的结构</th><th>合理的结构</th></tr>
<tr><td>2. 避免圆柱面与圆柱面相交</td><td>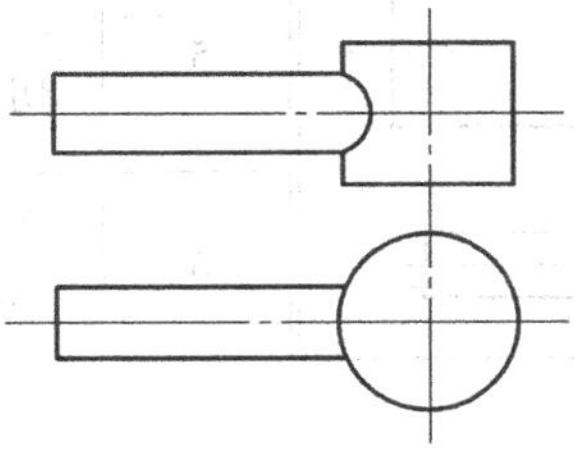</td><td>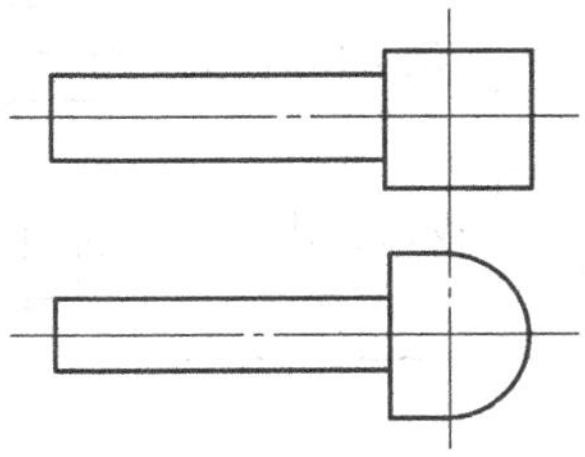</td></tr>
<tr><td>3. 避免非规则截面与非规则外形</td><td>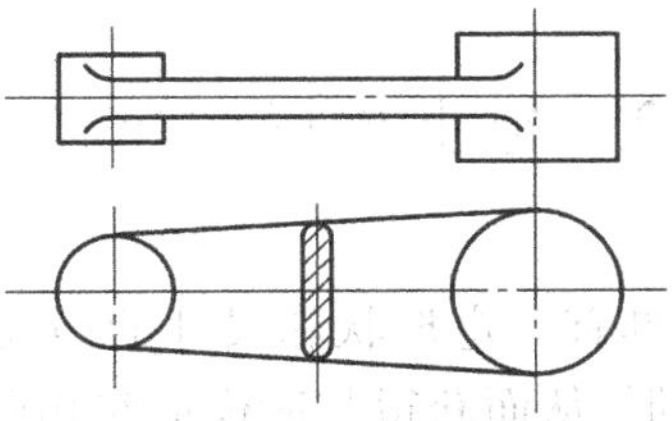</td><td>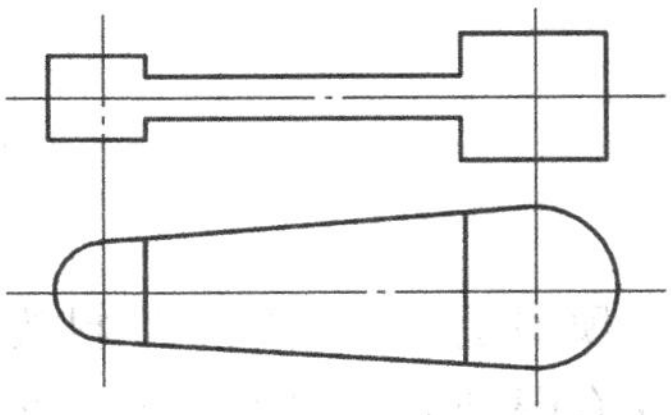</td></tr>
<tr><td>4. 避免筋板和凸台等结构</td><td>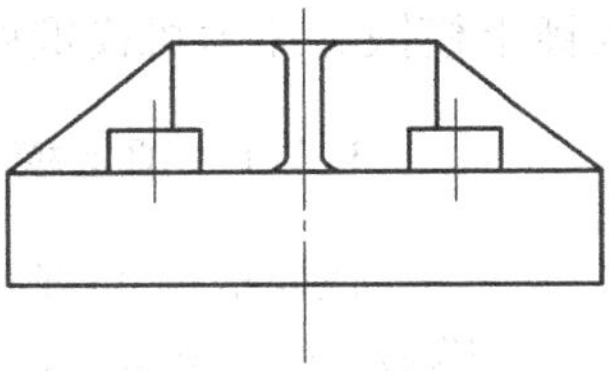</td><td>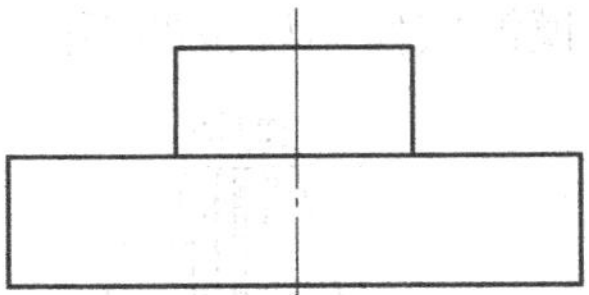</td></tr>
<tr><td>5. 截面有急剧变化或形状复杂的零件，可分段锻造，再用焊接或机械连接组成整体</td><td>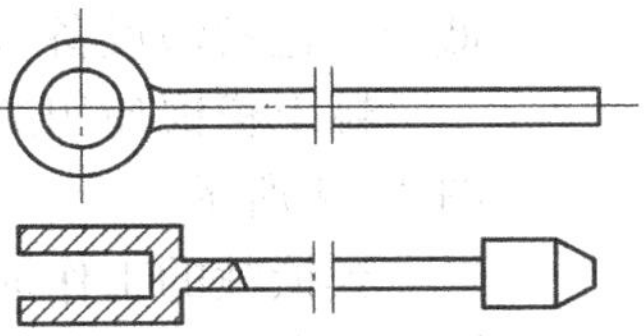</td><td>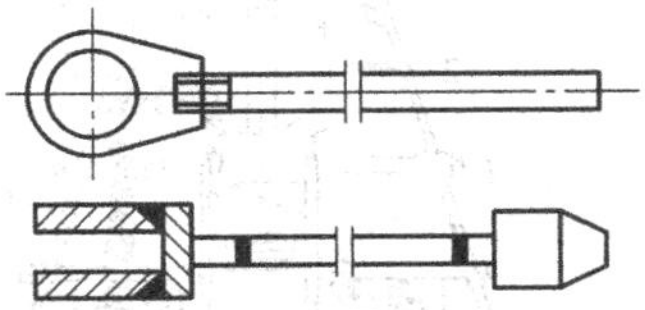</td></tr>
</table>

2）自由锻锻件工艺实例

锻件的自由锻工艺应根据锻件的形状、尺寸等要求，结合生产实践经验来安排工序。表3.3列出了典型的阶梯轴自由锻造工艺过程。表中压肩位置尺寸需经过计算确定。

表3.3 阶梯轴的自由锻造工艺

<table>
<tr><td colspan="3">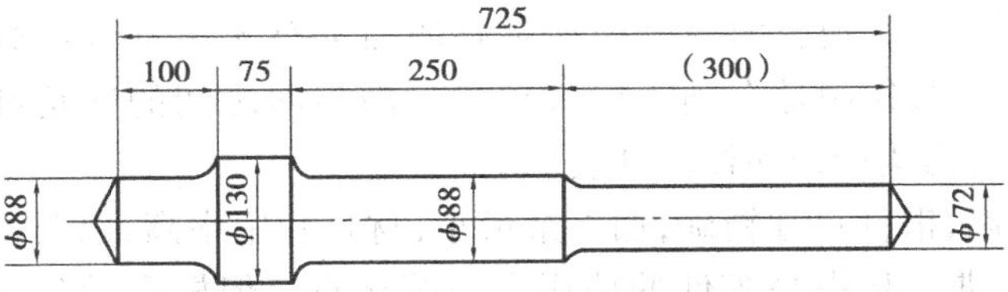
</td><td colspan="3">锻件名称：轴
坯料重量：40 kg
坯料规格：Φ140 mm × Φ340 mm
锻件材料：45 钢
锻造设备：750 kg 空气锤</td></tr>
<tr><th>序号</th><th>操作方法</th><th>简 图</th><th>序 号</th><th>操作方法</th><th>简图</th></tr>
<tr><td>1</td><td>压肩</td><td>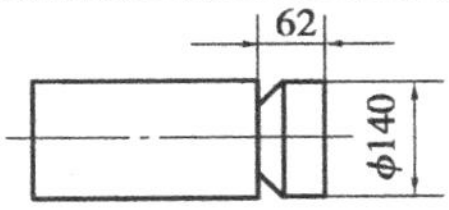
</td><td>2</td><td>拔长一端
切去料头</td><td>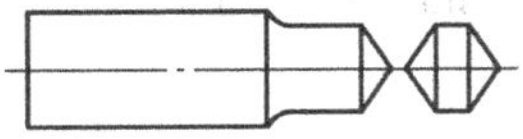</td></tr>
</table>

续表

序　号	操作方法	简　图	序　号	操作方法	简　图
3	调头压肩	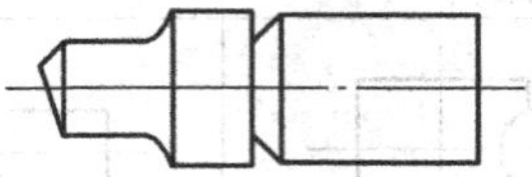	5	端部拔长切去料头	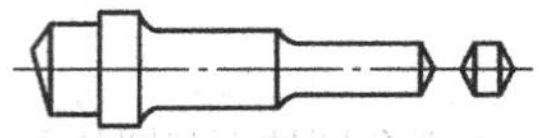
4	拔长、倒棱、滚圆	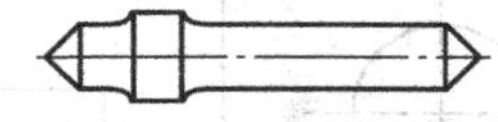	6	全部滚圆并校直	

3.2　锤上模锻和胎模锻

模锻是将加热后的坯料放入具有一定形状和尺寸的锻模模腔内，施加冲击力或压力，使其在有限制的空间内产生塑性变形，从而获得与锻模形状相同的锻件的加工方法。

模锻按使用设备的不同可分为锤上模锻和压力机模锻两种。

3.2.1　**锤上模锻**

在模锻锤上进行模锻生产锻件的方法称为锤上模锻。锤上模锻因其工艺适应性强，且模锻锤的价格低于其他模锻设备，是目前应用最广泛的模锻工艺。

锤上模锻使用的主要设备是蒸汽-空气模锻锤，如图 3.14 所示。

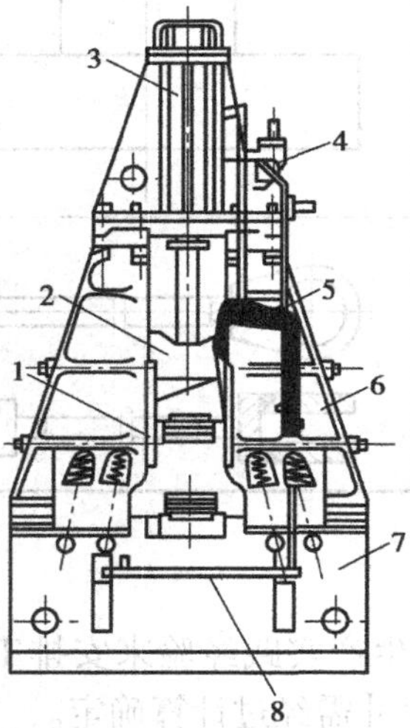

图 3.14　蒸汽-空气模锻锤

1—导轨；2—锤头；3—气缸；4—配气机构；5—操纵杆；6—锤身；7—砧座；8—踏板

模锻锤的工作原理与蒸汽-空气自由锻锤基本相同，主要区别是模锻锤的锤身直接与砧座连接，锤头与导轨间的间隙较小，保证了锤头上下运动准确，使上、下模对准。

锻模由带燕尾的上下模组成，通过紧固楔铁分别固定在垂头和模垫上。上下模之间的模膛如图 3.15 所示。

模膛内与分模面垂直的面都有 5° ~ 10° 的斜度，其作用是有利于锻件出模。面与面之间的交角都是圆角，以利于金属充满模膛以及防止应力集中而使模膛开裂。

模锻与自由锻相比，具有生产率高，锻件尺寸精确，加工余量小，材料利用率高，以及可使锻件的金属纤维组织分布更为合理，进一步提高零件的使用寿命等优点。但模锻设备投资大，锻模成本高，生产准备周期长，且受设备吨位的限制，因此模锻仅适用于锻件质量在150 kg 以下的大批量生产中、小型的锻件。

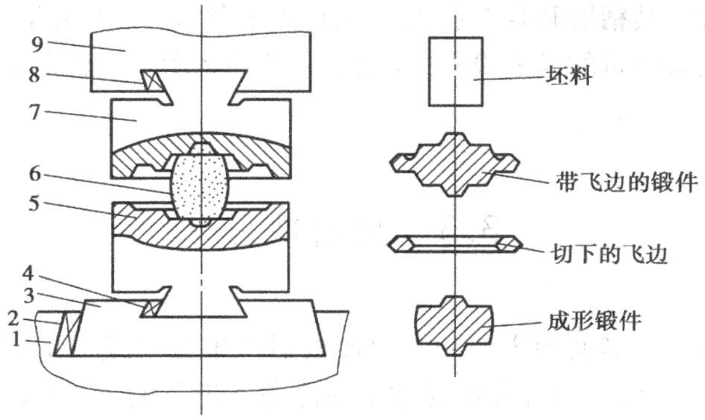

图3.15 单模膛锻模及锻件形成过程

1—砧座;2—楔铁;3—模座;4—楔块;5—下模;

6—坯料;7—上模;8—楔铁;9—锤头

3.2.2 胎模锻

胎模锻是自由锻和模锻相结合的一种加工方法,通常是先用自由锻制坯,然后在胎膜中锻造成形,整个锻造过程在自由锻设备上进行。

胎模锻时,下模置于气锤的下砧上,但不固定,如图3.16所示。坯料放在胎模内,合上上模,用锤头打击上模,待上、下模合拢后,便形成锻件。图3.17所示为榔头锻件的胎模锻过程。

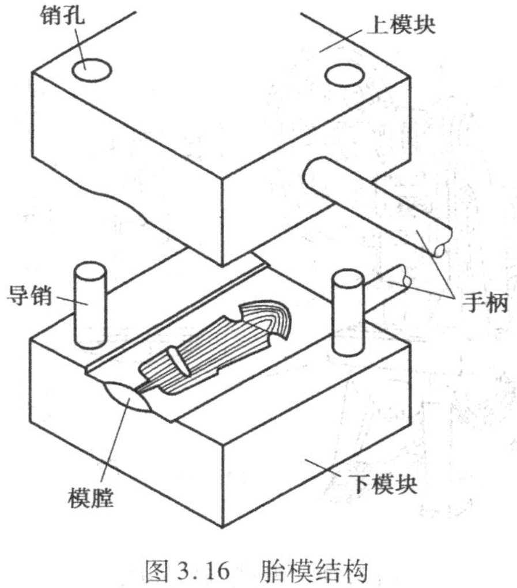

图3.16 胎模结构

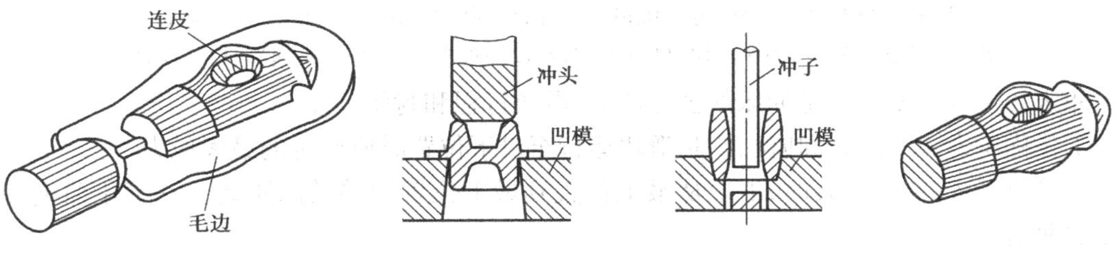

(a)用胎模锻出的锻件有毛边和连皮 (b)用切边模切边 (c)用冲子冲掉连皮 (d)锻件

图3.17 胎模锻过程

经胎模锻出的锻件，其精度和复杂程度均比自由锻件高，加工余量少，节约金属，而且胎模的制造也方便，又无需昂贵的模锻设备，故它是一种经济而又简便的锻造方法，在中小批生产中得到了广泛应用。

3.3 板料冲压

板料冲压是利用模具，借助冲床的冲击力使板料产生分离或变形，从而获得具有所需形状和尺寸的制件的加工方法。这种方法通常是在冷态下进行的，所以又称为冷冲压。所用板料厚度一般不超过 6 mm。

用于板料冲压的材料应具有较高的可塑性。常用的金属材料有低碳钢、铜、铝及其合金，此外还有许多非金属材料，如胶木、云母、石棉和皮革等。

冲压件的质量轻、强度高、刚性好、精度高、表面光洁，一般不需要经切削加工就可装配使用。冲压工作也容易实现机械化和自动化，生产率很高，因此应用很广泛。

3.3.1 冲压设备

(1) 冲床

冲床是冲压加工的基本设备，其结构和工作原理如图 3.18 所示。

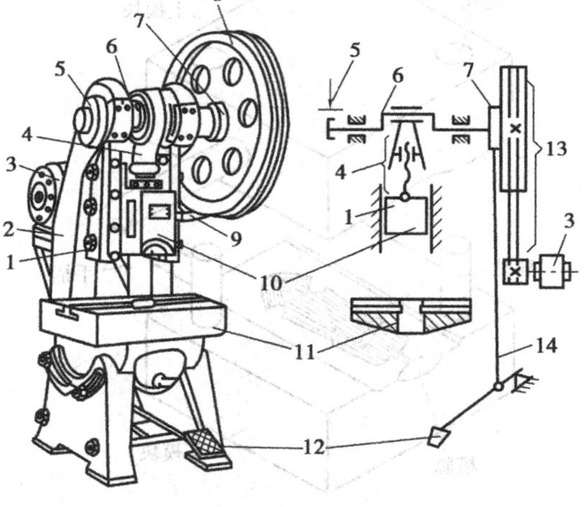

图 3.18 开式双柱冲床

1—导轨；2—床身；3—电动机；4—连杆；5—制动器；6—曲轴；7—离合器；
8—带轮；9—V 带；10—滑块；11—工作台；12—踏板；13—V 带减速器；14—拉杆

冲床的主要技术参数是冲床的公称压力、滑块行程和封闭高度。

①公称压力：即冲床的吨位，它是滑块运行至最下位置时所产生的最大压力。

②滑块行程：曲轴旋转时，滑块从最上位置到最下位置所移动的距离。它等于曲柄回转半径的两倍。

③封闭高度：滑块在行程达到最下位置时，其下表面到工作台间的距离。冲床的封闭高度应与冲模的高度相适应。

(2)剪板机

剪板机是下料用的基本设备。其主要参数是所能剪切的最大板厚和宽度。其传动机构和剪切示意图如图3.19所示。

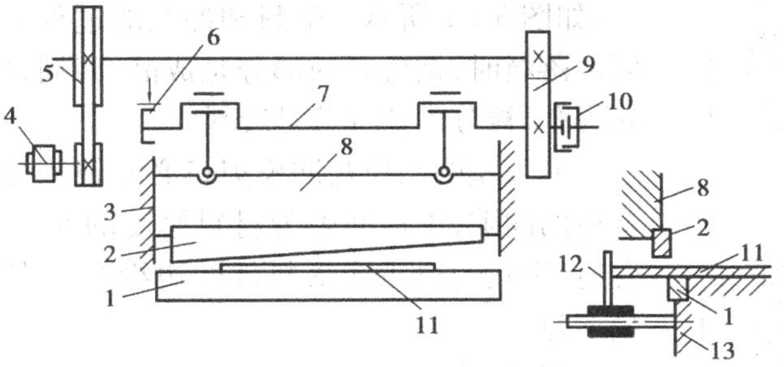

图3.19 剪床结构及剪切示意图

1—下刀刃;2—上刀刃;3—导轨;4—电动机;5—带轮;6—制动器;7—曲轴;8—滑块;9—齿轮;10—离合器;11—板料;13—挡铁;13—工作台

3.3.2 冲压模具

冲压模具(简称冲模)是使坯料分离或变形的工艺装备,如图3.20所示。

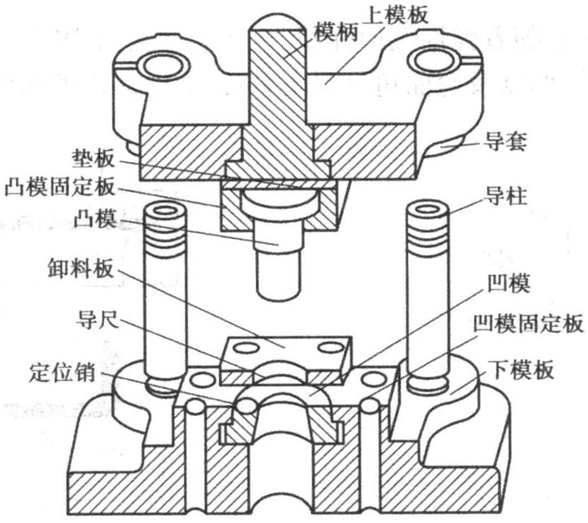

图3.20 冲模

冲模分上模(凸模)和下模(凹模)两部分,上模借助模柄固定在冲床滑块上,随滑块上下移动;下模通过下模板由凹模压板和螺栓安装紧固在冲床工作台上。

凸模亦称冲头,与凹模配合使坯料产生分离式变形,是冲模的主要工作部分。导套和导柱分别固定在上下模板上,保证冲头与凹模对准。导板控制坯料的进给方向,定位销控制坯料的进给长度。当冲头回程时,卸料板使冲头从工件或坯料中脱出,实现卸料。

3.3.3 冲压的基本工序

(1)切断

切断是使板料沿不封闭轮廓分离的冲压程序。通常是在剪板机上将大板料或带料切断成适合生产的小板料、条料。

(2)冲裁

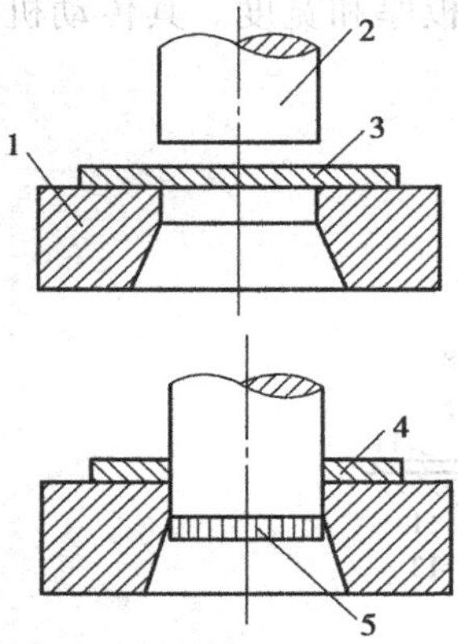

图 3.21　冲裁
1—凹模;2—冲头;3—板料;
4—废料或成品;5—成品或废料

冲裁是使板料沿封闭轮廓分离的冲压程序,包括落料和冲孔,如图 3.21 所示。落料和冲孔的过程完全一样,只是用途不同。落料时,被分离的部分是成品,四周是废料;冲孔则是为了获得孔,被分离的部分是废料。

冲裁模的凸模与凹模刃口必须锋利,凸模与凹模之间要有合适的间隙,单边间隙为材料厚度的 5% ~10%。如果间隙不合适,则孔的边缘或落料件的边缘会带有毛刺,且冲裁断面质量下降。

(3)弯曲

弯曲是将板料弯成具有一定曲率和角度的冲压变形工序,如图 3.22 所示。弯曲时,板料被弯曲部分内测被压缩,外侧被拉伸,弯曲半径越小,拉伸和压缩变形就越大,故过小的弯曲半径有可能造成外层材料被拉裂,因此对弯曲半径有所规定(弯曲的最小半径约为(0.25 ~1)×板厚)。另外,弯曲模冲头的端部与凹模的边缘,必须加工出一定的圆角,以防止工件弯裂。

由于塑性变形过程中伴随着弹性变形,因此弯曲后冲头回程时,弯曲件有回弹现象,回弹角度的大小与板料的材质、厚度及弯曲角等因素有关,故弯曲件的角度比弯曲模的角度略大。

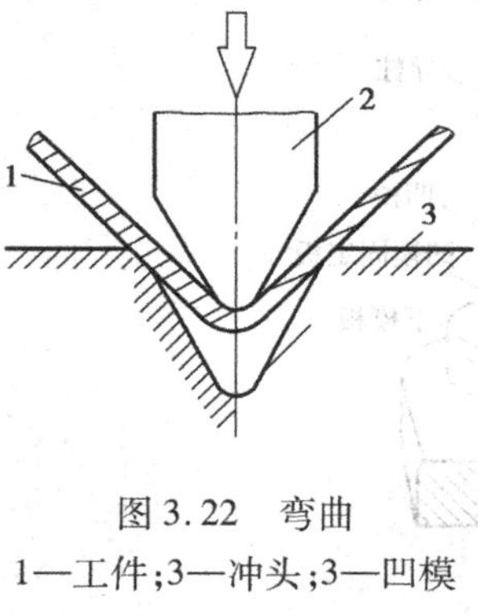

图 3.22　弯曲
1—工件;3—冲头;3—凹模

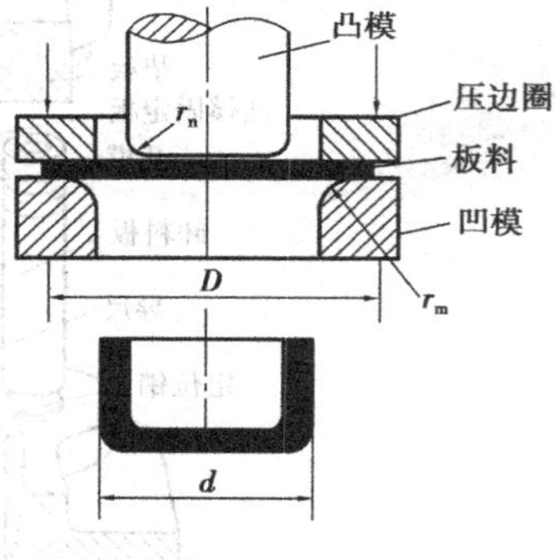

图 3.23　拉深

(4)拉深

拉深是将板料加工成空心筒状或盒状零件的工序,如图 3.23 所示。拉深所用的坯料通常用落料获得。

拉深模的凸模和凹模边缘必须是圆角。凸模与凹模之间应有比板料厚度略大的间隙。为了防止皱褶,坯料的边缘常用压边圈压住后,再进行拉深。

复习思考题

3.1 工件在锻造前为什么要加热?

3.2 什么是锻造温度范围、始锻温度和终锻温度?

3.3 什么是自由锻?有哪几种基本工序?

3.4 胎模锻的种类有哪些?

3.5 冲压的基本工序有哪些?

第 4 章
焊 接

焊接是通过加热或加压或两者并用，使焊件产生原子间的结合，形成不可拆卸接头的连接方法。

根据工艺特征不同，焊接方法分为熔焊、压焊和钎焊三大类，在每类方法中又分成若干小类。

熔焊是在不施加压力的情况下，将待焊处的母材加热至熔化状态而形成焊缝的焊接方法。熔焊包括手焊条电弧焊、埋弧焊、气体保护焊、电子束焊、等离子焊等，其中应用最多的为焊条电弧焊和气体保护焊。

压焊是在焊接过程中必须对焊件施加压力（加热或不加热）才能完成的焊接方法。压焊包括电阻焊、摩擦焊、扩散焊、爆炸焊等，应用最多的为电阻焊。

钎焊是焊接时采用比母材熔点低的钎料，将焊件和钎料加热至高于钎料熔点但低于母材熔点的温度，利用液态钎料润湿母材，填充接头间隙，并与母材相互扩散而形成焊缝的焊接方法。钎焊包括软钎焊和硬钎焊。

焊接安全操作规程：

(1)手工电弧焊安全技术

①防止触电。焊前必须检查焊机是否接地良好，不能用手直接触及裸露的导电部分。

②防止弧光烧伤或烫伤。不能用手去拿刚好焊过的焊件；敲渣时，防止烫伤脸或者眼睛。

③防止中毒。焊接现场应该保持通风良好，焊接铝或黄铜时要戴好口罩。

④防火防爆。焊接周围不能有易燃易爆物品。

(2)气焊的安全技术

①氧气瓶必须离焊接地点 5 m 以上，并平稳可靠，防止暴晒，严禁火烤。

②乙炔瓶只能立放，表面温度不能超过 30～400 ℃，并严禁在漏气情况下使用。

③操作安全技术：每个减压器只允许接一把焊具，操作前或操作过程中要随时检查乙炔和氧气导管是否漏气或堵塞；点火用火柴或专用的打火枪；回火时，应迅速关闭乙炔阀，再关闭氧气阀，找出原因，采取措施，消除隐患。

4.1 手工电弧焊

手工电弧焊又称焊条电弧焊，它以焊条和焊件作为两个电极，被焊金属称为焊件或母材。焊接时，因电弧的高温和吹力作用使焊件局部熔化，在被焊金属上形成一个椭圆形充满液体金属的凹坑，这个凹坑称为熔池。随着焊条的移动，熔池冷却凝固后形成焊缝。焊缝表面覆盖的一层渣壳称为熔渣。焊条熔化末端到熔池表面的距离称为电弧长度。它是工人用手工操纵焊条进行焊接的电弧焊接方法，也是最常见的一种焊接方法，如图4.1所示。

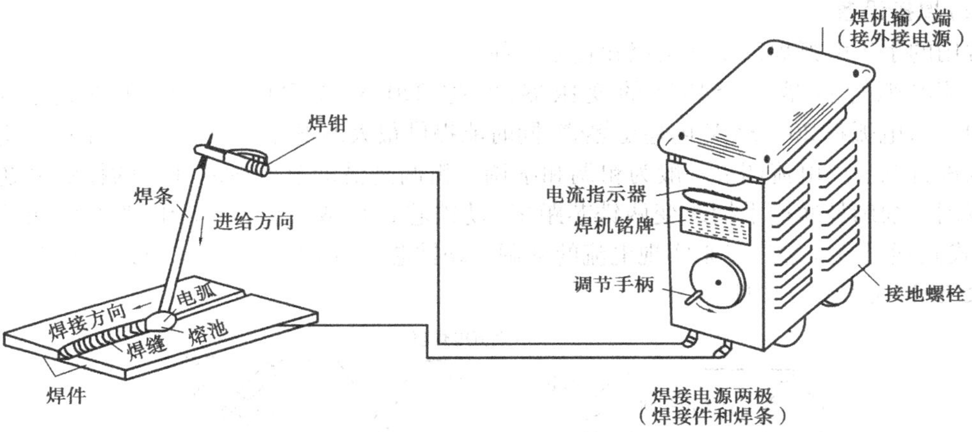

图4.1 手工电弧焊

手工电弧焊应用很广，设备简单，操作方便灵活，维护容易。手工电弧焊可用于高强度钢、铸钢、铸铁及非铁性金属的焊接。焊接接头的强度与母材相似，但是焊缝质量与工人的焊接水平和焊接技术密切相关，同时劳动量也很大。

4.1.1 电弧焊设备

(1)焊接电弧

焊接电弧如图4.2所示，是指在具有一定电压的两极间或电极与工件之间产生强烈而持久的稳定放电现象。直流焊接电弧的结构可分为三个部分，即阳极区，阴极区和弧柱区，各区的热量与温度也不相同。许多研究表明，阴极区和阳极区产生的热量是相近的，但是阴极区因要释放出大量的电子，消耗部分热量，热量约为36%，温度约为2 400 K；阳极区不但不释放电子，还要接受电子释放出的能量，热量约为43%，其温度约为2 600 K；其余21%的热量是在弧柱中产生，而弧柱中心的温度最高，可达6 000 ~8000 K。图4.3为手工电弧焊温度分布情况。在手工电弧焊中，大约65% ~80%的热量用于加热金属和熔化金属，其余热量散失在电弧周围或飞溅的金属熔滴中。

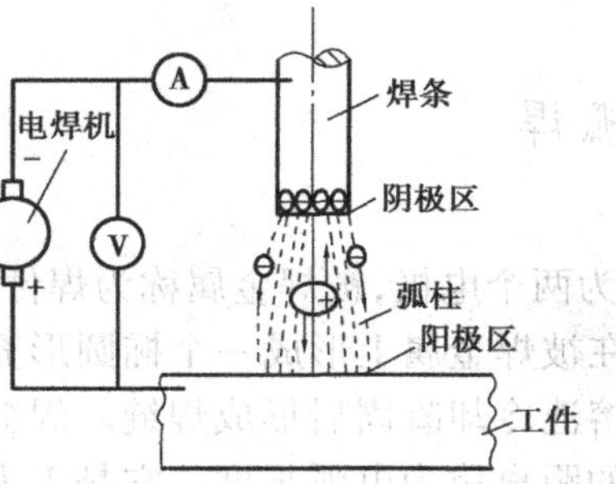

图 4.2 焊接电弧

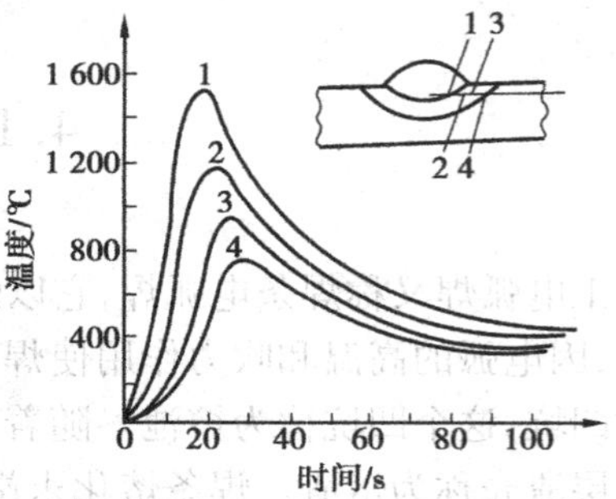

图 4.3 手工电弧焊熔池温度分布情况

(2)焊接设备

常用的手工电弧焊设备有交流和直流两种。

交流电弧焊机是一个特殊的变压器，它把 220 V 或 380 V 降低到空载电压(为 60 ~70 V)，电弧在 20 ~35 V 内稳定燃烧，同时能提供很大的电流，并且能让电流在一定范围内可以进行调节。电流调节一般为粗调和细调。粗调是借助改变线圈抽头的接法来初选电流的范围。细调是通过手柄改变两铁芯距离(动铁芯式)，或改变漏磁量即改变两圈的距离(动圈式)，通过改变漏磁量来实现电流的细调。动铁芯式有 BX1 系列，动圈式有 BX3 系列，B 代表交流，X 代表下降特性。

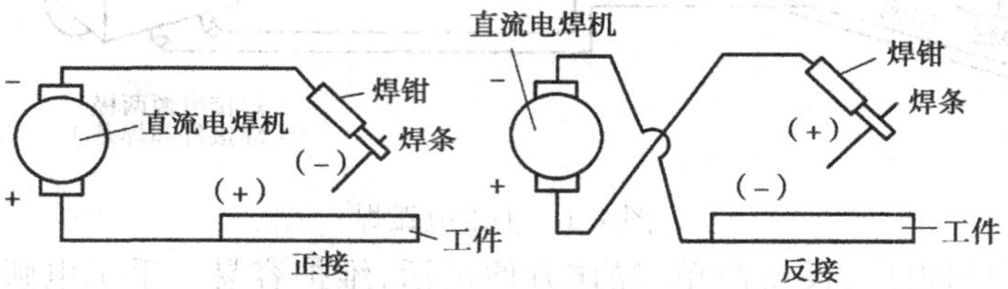

图 4.4 直流电源时的正接和反接

除交流弧焊机设备外，对一些重要的焊接件，一般不用交流弧焊机，应采用直流弧焊设备，如焊条、E5015 碱性低氢型抗裂焊条，才能使电弧稳定燃烧。由于电弧产生的热量，在阳极和阴极上有一定的差异，使用直流电弧焊机时，有正接和反接两种接线方法，常见的直流焊接设备有 ZXG1 -160，ZXG1 -250。

正极焊接是将工件接到正极上，手把线接负极；反接是将手把线接到正极上，工件接负极上，如图 4.4 所示；交流弧焊机设有正负接法之分，每秒钟变化 100 次，两极的温度相差不大，一般都在 2 500 K 左右。

4.1.2 手工电弧焊焊条

(1)焊条的组成

涂有药皮，供手弧焊用的熔化电极称为焊条。焊条由焊芯和药皮组成，并有国家统一编号。

1)焊芯

焊芯(埋弧焊时称为焊丝)是组成焊缝金属的主要材料。焊芯的化学成分及非金属夹杂物的多少直接影响到焊缝质量。结构钢焊条的焊芯应符合国家标准 GB/T 14957—1994《熔化焊用钢丝》的规定,常用的结构钢焊条焊芯的牌号和化学成分见表4.1。焊芯除对化学成分有要求外,还要对其外观质量有要求,不应有锈铁,氧化皮等。

表4.1 常用结构钢焊条焊芯的牌号和成分

钢 号	化学成分/%							用 途
	C	Mn	Si	Cr	Ni	S	P	
H08	≤0.1	≤0.3~0.55	≤0.3	≤0.2	≤0.3	<0.04	<0.04	一般焊接结构
H08A	≤0.1	≤0.3~0.55	≤0.3	≤0.2	≤0.3	<0.03	<0.03	重要的焊接结构
H08MnA	≤0.1	≤0.8~1.1	≤0.07	≤0.2	≤0.3	<0.03	<0.03	用作埋弧自动焊钢丝

焊芯的含碳量均较低,均小于0.1%,并要求有一定的锰含量;对硅的含量控制较严,要求硫、磷含量均小于0.03%。焊芯直径最小为 $\phi 1.6$ mm,最大为 $\phi 8$ mm,其中以 $\phi 3.2 \sim \phi 5$ mm应用较广。

不同的钢材应选用相应的焊条。焊接低合金钢应选低合金钢焊条;焊奥氏体不锈钢应选奥氏体不锈钢焊条;焊紫铜,应选紫铜焊条。

2)药皮

表4.2 焊条药皮原料的种类、名称及其作用

原料种类	原料名称	作 用
稳弧剂	碳酸钾、碳酸钠、长石、大理石、钛白粉、钠钾水玻璃	改善引弧性能,提高电弧燃烧的稳定性
造气剂	淀粉、木屑、纤维素、大理石	造成一定量的气体、隔绝空气、保护焊接熔滴与熔池
造渣剂	大理石、萤石、萤苦土、长石黏土、钛白粉、锰钛铁矿	造渣,保护焊缝、碱性渣中的CaO还可起脱硫、脱磷作用
脱氧剂	锰铁、硅铁、钛铁、铝铁、石墨	脱除金属中的氧、锰,还起脱硫作用
合金剂	锰、硅、铬、钼、钒、钨铁	焊缝金属合金化
稀渣剂	萤石、长石、钛白粉、钛铁	降低熔渣的黏性
粘结剂	钾水玻璃、钠水玻璃	将药皮牢固粘在钢芯上

药皮由稳弧剂、造气剂、造渣剂、脱氧剂、合金剂、稀渣剂、粘接剂组成,主要作用是:提高电弧燃烧的稳定性,防止空气中的氧、氢等有害气体进入熔池,对熔池进行保护;合金剂起脱氧作用,补充被烧损的合金元素,保证焊缝具有良好的力学性能。

药皮的类型较多,按其药皮熔化后所生成的熔渣性质可分为酸性和碱性两大类。熔渣中呈酸性氧化物多的叫酸性焊条,熔渣中呈碱性氧化物多的称为碱性焊条。

3)焊条的种类和牌号

焊条牌号用焊条的第一个特征字的汉语拼音字首个字母E或J表示该焊条的类别,后面的两位数字表示焊缝的最小抗拉强度，第三位数字表示焊条药皮的类型和焊接电流的要求。例如 J506 焊条，“J”表示结构钢焊条，其焊缝的抗拉强度不小于 490 MPa，“6”表示焊条药皮类型为低氢钾型碱性焊条，电流的性质为交直两用。

根据国家标准 GB/T 5117—1995《碳钢焊条》和 GB/T 5118—1995《低合金钢焊条》的规定，两种焊条型号均用大写字母“E”和数字表示，中间两位数字表示熔敷金属的抗拉强度最小值，单位为 MPa；第三位数字为焊接位置（“0”及“1”表示全位置焊，“2”表示平焊，“4”表示适合向下立焊）；第三位、四位数字组合表示焊接电流种类及药皮类型，例如 E5016：“E”表示焊条，“50”表示熔敷金属抗拉强度的最小值 ≥490 MPa，“1”表示焊条适用于全位置（第三位数字），“6”表示焊条药皮为低氢钾型，碱性焊条，可交直流两用。焊条药皮类型和电源种类编号见表 4.3。

表 4.3　焊条药皮类型和电源种类编号

编　号	1	2	3	4	5	6	7	8
药皮类型	钛型	钛钙型	钛铁矿型	氧化铁型	纤维素型	低氢钾型	低氢钠型	石墨型
电源种类	直流或交流	交、直流	交、直流	交、直流	交、直流	交、直流	直流	交、直流

（2）焊条的选用原则

首先是根据工件的化学成分、力学性能、抗裂性能、耐腐性能及高温性能等要求，选用相应的焊条种类；其次考虑焊件机构、形状、受力情况、焊接设备和焊条售价选定具体型号。

①等强度原则：对于低碳钢、低合金钢构件，一般都要求焊缝金属与母材等强度。要注意的是，钢材是按屈服强度等级确定的，而焊缝金属的强度要按抗拉强度的最低值来确定。

②同一强度等级的酸性焊条或碱性焊条选择，应依据焊件的结构的复杂或简单、钢板的厚度、载荷的性质（动载或静载）及钢材的抗裂性能而定。碱性焊条一般用于焊接结构要求塑性好，冲击韧性高，抗裂能力强或低温性能好的构件。对焊件清理要求也较高，不能有油污、铁锈。对于一般焊件，由于受力情况不复杂，母材塑性好、强度不太高，可选用酸性焊条，经济实惠。

③对于异种钢材的焊接，应选择两者中强度较低的一种钢材相应焊条；对于不锈钢、耐热钢和具有特殊性能要求的钢，应选专用焊条；对于铸钢的焊接，因铸钢含碳量较高，一般情况下，结构较为复杂，厚度也比较大，焊接时应力较大，很容易产生裂纹，焊接一般选用低氢抗裂碱性焊条。

④铸铁含碳量更高，焊接时易产生并白铁组织和裂纹，应选用镍基焊条，焊后可以进行切削加工。

4.1.3　焊接参数的选择

（1）焊条直径的选择

应主要依据焊件厚度，按头形式和焊接位置等来选择焊条直径。对于多层焊，第一层焊接时，通常选用小直径的焊条，保证根部焊透，最后一层应选用大直径焊条焊接，以便提高生产效率。手工电弧焊时焊条直径的选择见表 4.4。

表4.4 焊条直径的选择

焊件厚度/mm	≤1.5	2	3	4～7	8～12
焊条直径/mm	1.6	1.6～2	2.5～3.2	3.2～4	4～5

(2)焊接电流的选择

焊接电流,主要取决于焊条直径、焊接次序、焊接位置。手工电弧焊时焊碳钢时,焊接电流与焊条直径的关系是:

$$I = (30 \sim 55)d$$

式中 I——焊接电流,A;

d——焊条直径,mm。

应当指出,上式只是一个焊接电流的大概选择范围。施焊时,还要考虑焊件强度、焊接位置、接头形式、焊接次序、工人操作水平和习惯。电流过大易使药皮失效或烧毁,同时热影响区变大、变形大;电流过小则生产率低,同时会产生熔深不够、夹渣、未焊透等缺陷。

(3)电弧电压和焊接速度

电弧电压取决于电弧长度,并与弧长成正比。

在保证焊透且成形良好的前提下,尽量提高焊接速度。薄件焊应当快,以免烧穿。施焊时应采用短弧焊,电弧短、熔深大、电弧稳定、成型美观;而电弧长则电弧不稳定、飞溅大、成形不美观,易产生气孔。

4.1.4 手工电弧焊的操作

(1)焊前清理

为了易于引弧,稳定电弧燃烧,保证焊缝质量,焊前清理是必不可少的工序。清理接头处的铁锈、油垢和污物,对中碳钢的焊接尤为重要。清理方法包括用钢丝刷、用火焰烧和用砂轮砂等。

(2)引弧

引弧的方式包括:划擦式、点击式、按触式等多种方式,常用划擦式,如图4.5所示。此方法是将焊条夹在焊钳上,在工件上离焊缝不远的地方轻轻擦一下,离开2～4 mm,电弧即引燃,再引致焊道;当第一根焊条焊完后,立即换上焊条,靠近未冷却的接头部位,因为热发射性强,电弧立即引燃。不管用何种方式引弧,不允许在已加表面上进行,以防止表面烧损、划伤。接触式引弧,高频高压和高压脉冲引弧,适用于自动焊接。

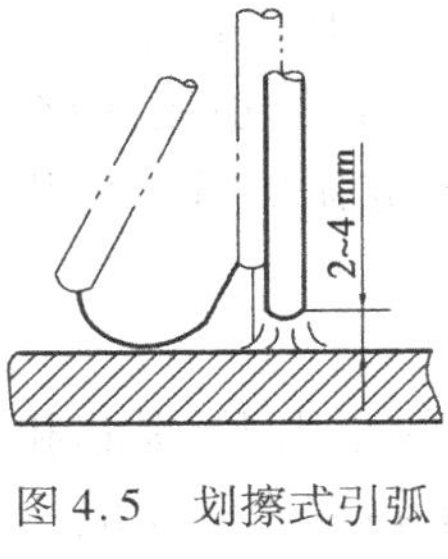

图4.5 划擦式引弧

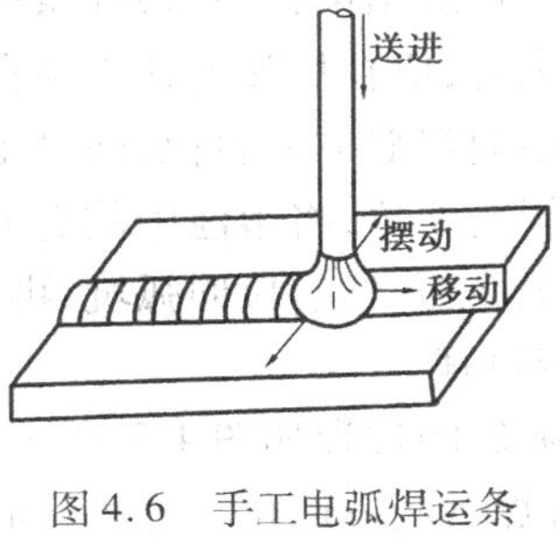

图4.6 手工电弧焊运条

(3)运弧

运条有三个基本动作。运弧也有多种形式,有直线形、直线往复形、锯齿形、月牙形、三角形、圆环形和八字形等多种,见表4.5。

表4.5 运条方法及应用范围

运条方法		运条示意图	适用范围
直线形			(1)3~5mm厚度,I形坡口对接平焊 (2)多层焊的第一层焊道 (3)多层多道焊
直线往返形		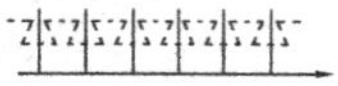	(1)薄板焊 (2)对接平焊(间隙较大)
锯齿形			(1)对接接头(平焊、立焊、仰焊) (2)角接接头(立焊)
月牙形			(1)对接接头(平焊、立焊、仰焊) (2)角接接头(立焊)
三角形	斜三角形		(1)角接接头(仰焊) (2)对接接头(开V形坡口横焊)
	正三角形		(1)角接接头(立焊) (2)对接接头
圆圈形	斜圆圈形		(1)角接接头(平焊、仰焊) (2)对接接头(横焊)
	正圆圈形	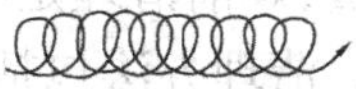	对接接头(厚焊件平焊)
八字形		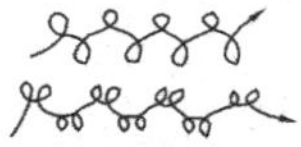	对接接头(厚焊件平焊)

直线形多用于多道焊的第一道,锯齿形多用于多道焊缝的中间,圆环形、弧形多用在多道焊的最后一道盖面焊。运条有三个基本方向:送进、摆动、沿焊缝移动,如图4.6所示。

(4)熄弧

熄弧是指焊缝结束,或一根焊条用完准备连接后一根焊条时的收尾动作。

焊缝结束时,应在熄弧前让焊条在熔池处作短暂停顿或做几次环形运条,使熔池填满,然后将焊条逐渐向焊缝前方斜拉,同时抬高焊条,使电弧自动熄灭。连续熄弧:应在熄弧前减少焊条与焊件间的夹角,将熔池中的金属和上面的熔渣向后赶,形成弧坑后再熄弧。连接时的引弧应在弧坑前面,然后拉回弧坑,再进行正常焊接。

(5)焊接过程

焊条电弧焊的过程如图4.7所示。电弧引燃后,在电弧热的作用下,焊芯和工件熔化形成熔池,同时焊条药皮熔化与分解,药皮熔化后与液态金属发生物理化学反应所形成的熔渣不断从熔池中浮起,药皮产生大量的CO_2、CO和H_2等保护气体,熔渣和围绕在电弧周围的气体防止空气中氧和氢气的侵入，起到保护熔化金属不受氧化和氢化作用。同时药皮中的有用合金元素不断融入熔池，起到渗合金作用，保证焊缝中的合金元素不低于母材的合金元素。

焊条焊芯熔化后，在重力和电弧吸力的作用过渡到熔池，起到填充作用，同时也起到渗合金作用，保证焊缝合金成分不低于母材甚至更高，保证焊缝质量。

当电弧向前移动，工件和焊条不断熔化，形成新的熔池，而先形成的溶液不断冷却结晶，形成连续的焊缝，覆盖在焊缝表面的熔渣冷却逐渐形成渣壳，保护还处在高温下的焊缝不被氧化，并对减缓冷却速度、防止裂纹产生有着重要作用。

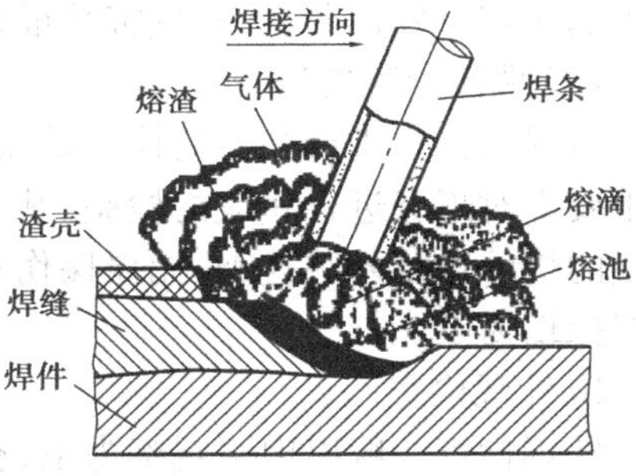

图4.7 手工电弧焊焊接过程

(6)手弧焊操作注意事项

①引燃电弧后要迅速提起2～4 mm，避免焊条粘在焊件上形成短路烧坏焊机。发生焊条与焊件粘连时，应左右摆动焊条，使其脱离焊件；如果左右摆动焊条也无法将焊条取下，应立即将焊钳与焊条分开，关闭电源，待焊条冷却后再将其取下。

②平焊过程中要掌握好“三度”，即电弧长度、焊条角度、焊接速度。一般合理的电弧长度约为焊条直径；焊缝宽度方向与焊条的夹角为90°(平板时)，焊缝与焊条运动方向的夹角在70°左右；合适的焊接速度应使得焊道的熔宽约等于焊条直径的两倍，表面平整，波纹细密。

初学者练习时应注意：电流要合适，焊条要对正，电弧要短，焊速不要快，力求均匀。

4.1.5 常见焊接缺陷与检验

(1)常见焊接缺陷

在焊接生产中，由于材料选择不当，焊前准备工作做得不好，焊接规范不合适或操作不熟练等原因，常会造成各种焊接缺陷，影响焊接接头性能。手工电弧焊常见的缺陷有以下几种：

①焊缝尺寸不符合要求，如焊缝超高、超宽、过窄、高低差过大、焊缝过渡到母材不圆滑等。

②焊接表面缺陷，如咬边、焊瘤、内凹、满溢、未焊透、表面气孔、表面裂纹等。

③焊缝内部缺陷，如气孔、夹渣、裂纹、未熔合、夹钨、双面焊的未焊透等。

④焊接接头性能不符合要求，因过热、过烧等原因导致焊接接头的机械性能、抗腐蚀性能降低等。

焊接缺陷对焊接构件的危害，主要有以下几方面：

①引起应力集中。焊接接头中应力的分布是十分复杂的。凡是结构截面有突然变化的部位，应力的分布就特别不均匀，在某些点的应力值可能比平均应力值大许多倍，这种现象称为应力集中。造成应力集中的原因很多，而焊缝中存在工艺缺陷是其中一个很重要的因素。焊缝内存在的裂纹、未焊透及其他带尖缺口的缺陷，使焊缝截面不连续，产生突变部位，在外力作用下将产生很大的应力集中。当应力超过缺陷前端部位金属材料的断裂强度时，材料就会开裂破坏。

②缩短使用寿命。对于承受低周疲劳载荷的构件，如果焊缝中的缺陷尺寸超过一定界限，循环一定周次后，缺陷会不断扩展、增大，直至引起构件发生断裂。

③造成脆裂，危及安全。脆性断裂是一种低应力断裂，是结构件在没有塑性变形情况下

产生的快速突发性断裂，其危害性很大。焊接质量对产品的脆断有很大的影响。

(2)焊接检验方法

对焊接接头进行必要的检验是保证焊接质量的重要措施。因此，工件焊完后应根据产品技术要求对焊缝进行相应的检验，凡不符合技术要求所允许的缺陷，需及时进行返修。焊接质量的检验包括外观检查、无损探伤和机械性能试验三个方面。这三者是互相补充的，而以无损探伤为主。

1)外观检查

外观检查一般以肉眼观察为主，有时用5~20倍的放大镜进行观察。通过外观检查，可发现焊缝表面缺陷，如咬边、焊瘤、表面裂纹、气孔、夹渣及焊穿等。焊缝的外形尺寸还可采用焊口检测器或样板进行测量。

2)无损探伤

对于隐藏在焊缝内部的夹渣、气孔、裂纹等缺陷的检验，目前使用最普遍的是采用X射线检验，还有超声波探伤和磁粉探伤等。X射线检验是利用X射线对焊缝照相，根据底片影像来判断内部有无缺陷、缺陷多少和类型，再根据产品技术要求评定焊缝是否合格。超声波束由探头发出，传到金属中，当超声波束传到金属与空气界面时，它就折射而通过焊缝。如果焊缝中有缺陷，超声波束就反射到探头而被接受，这时荧光屏上就出现了反射波。根据这些反射波与正常波比较、鉴别，就可以确定缺陷的大小及位置。超声波探伤比X光照相简便得多，因而得到广泛应用。但超声波探伤往往只能凭操作经验作出判断，而且不能留下检验根据。对于离焊缝表面不深的内部缺陷和表面极微小的裂纹，还可采用磁粉探伤。

3)水压试验和气压试验

对于要求密封性的受压容器，须进行水压试验和(或)进行气压试验，以检查焊缝的密封性和承压能力。其方法是向容器内注入1.25~1.5倍工作压力的清水或等于工作压力的气体(多数用空气)，停留一定的时间，然后观察容器内的压力下降情况，并在外部观察有无渗漏现象，根据这些可评定焊缝是否合格。

4)焊接试板的机械性能试验

无损探伤可以发现焊缝内在的缺陷，但不能说明焊缝热影响区的金属的机械性能如何，因此有时对焊接接头要作拉力、冲击、弯曲等试验。这些试验由试验板完成。所用试验板最好与圆筒纵缝一起焊成，以保证施工条件一致。然后将试板进行机械性能试验。实际生产中，一般只对新钢种的焊接接头进行这方面的试验。

4.2 埋弧焊

4.2.1 埋弧焊的焊接过程

埋弧焊又称焊剂层下自动焊，如图4.8所示。埋弧焊以连续送进焊丝，代替手工电弧焊用的焊条，以颗粒状的焊剂代替焊条药皮，其电弧始终保持选定好的弧长。焊接过程中，电弧的引燃、焊丝送进、电弧移动一气呵成，全部自动完成，故称埋弧自动焊。也有埋弧半自动焊，其电弧的移动靠手工移动。

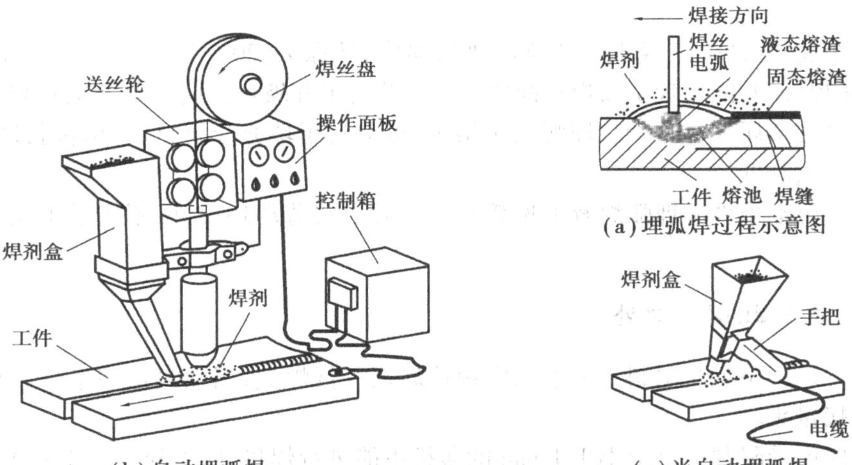

(b)自动埋弧焊　　(c)半自动埋弧焊

图4.8　埋弧焊过程示意图

图4.9是埋弧焊的纵截面图。电弧热使焊剂、焊丝、母材熔化形成较大面积(可达20 cm^2)的熔的池。熔化后的颗粒焊剂与熔池会发生物理化学作用。金属蒸汽、焊剂蒸汽和冶金过程所析出气体,在电弧周围形成一封闭空间,使电弧和熔池与外界空气隔开,阻止空气中有害物质的侵入,起到了有效的保护作用。电弧向前移动,熔池金属被电弧气体排挤向后堆积,形成焊缝。熔化后的焊剂变成熔渣,覆盖在焊缝表面形成渣壳对焊缝进行保护,使其不受氧化。

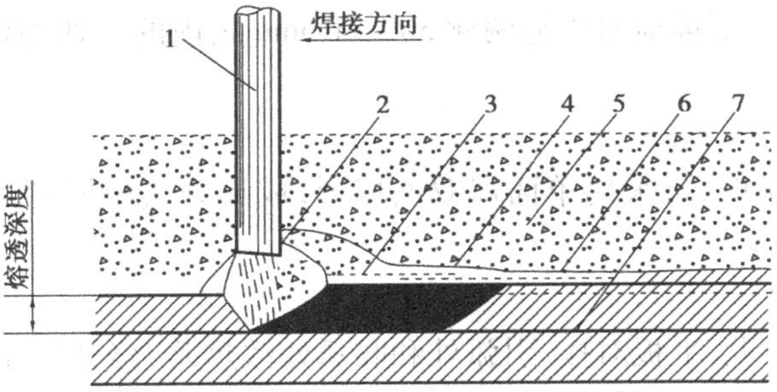

图4.9　埋弧焊的纵剖面图

1—焊丝;2—电弧;3—熔池金属;4—熔渣;

5—焊剂;6—焊缝;7—焊件;8—渣壳

在焊接过程中,焊剂不仅起着保护作用,还起到了冶金处理作用,即通过冶金反应清除有害杂质和渗合金作用,保证焊缝的力学性能。

4.2.2　埋弧焊的特点

①生产率高。埋弧焊的电流可达1 000 A以上,比电弧焊高6~8倍,比手弧焊的熔深能力和焊材熔敷效率高;不用换焊条,节省了更换焊条的时间,使埋弧焊焊接速度大大提高。以板厚8~10 mm为例,手弧焊速度不超过6~8 m/h,而埋弧自动焊可达30~50 m/h;采用双丝焊,焊速可再提高一倍以上。

②焊接质量好,成形美观。埋弧焊的焊接参数可自动调节,保持电弧燃烧稳定,焊剂充足,保护效果好,熔池保持时间长,能充分进行冶金反应,气体杂质易浮出,使焊缝力学性能显

著提高。

③节省金属,降低生产成本。埋弧焊热量集中,熔深大,20 ~ 25 mm 以下焊件不用开坡口,可以直接焊接,并能实现单面焊双面成形。即节约了开坡口的时间和开坡口损失的金属,又使填充焊缝的金属大大减少。埋弧飞溅很少,也节省了填充金属材料,单位长度焊缝所消耗的能量也大大降低。

④改善了劳动条件。埋弧焊看不见弧光,烟雾很少,劳动环境好,不用手工操作,降低了劳动强度。

4.2.3 埋弧焊的不足之处

①埋弧焊适用位置受限制。由于采用颗粒焊剂进行焊接,因而只适用平焊和环焊,如平焊对接和角接接头。

②焊接厚度受限制。对于小于 1 mm 的薄板不能进行焊接,因电流小于 120 A,电弧燃烧的稳定性差,焊接质量不好。

③对焊件坡口加工和装配及轨道调整,要求严格。因埋弧焊不能直接观察电弧与坡口的相对位置,故必须保证坡口和装配的精度或采用自动跟踪装置,才能不焊偏,一般只适用于批量生产。

4.2.4 埋弧焊工艺

(1)清理

为了保证焊接质量,焊前应对焊缝两侧 50 ~ 60 mm 之内的一切油污和铁锈清除掉,以免产生气孔。

(2)焊接厚度

板厚在 20 mm 以下时,可采用单面焊双面成形;成形方式板厚超过 20 mm,可采用双面焊,也可以开坡口单面焊。

(3)引弧和收弧

埋弧焊焊接电流很大,平板对接,引弧处和收弧处散热差,容易烧穿或成形不好。应当采用引弧板和引出板,如图 4.10 所示,焊后去掉。

筒体对焊如图 4.11 所示,不论是外环缝还是内环缝,焊丝均应偏中心线一定的距离。其大小视筒直径与焊速而定,一般值为 35 ~ 40 mm。

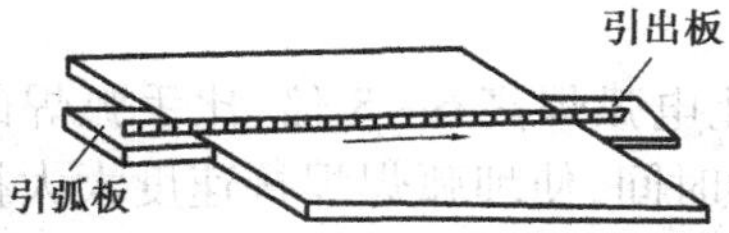

图 4.10 埋弧焊的引弧板和引出板

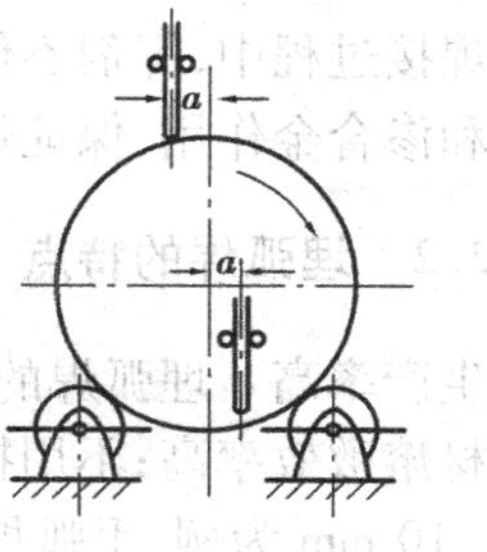

图 4.11 环缝埋弧焊示意图

(4)焊接材料的选择

1)焊剂的选择

焊接低碳钢和强度等级低的合金钢,一般选用高锰高硅焊剂(如HJ431,HJ433和HJ430)与低碳焊丝(H08A)或含锰焊丝(H08MnA)相配。焊接低合金高强度钢时,除使焊缝与母材等强度外,还应特别注意保证焊缝的塑韧性,可选用中锰中硅型焊剂,或低锰中硅型焊剂(如HJ250,施焊前,对焊剂要进行烘烤,因熔炼焊剂易吸潮)。

2)焊丝选择

焊丝选择除要求其化学成分符合要求外,还要求其外观满足要求,无锈蚀、氧化皮等。送丝要好,还要求挺直度。

4.3 气体保护焊

气体保护焊包括钨极惰性气体保护焊、熔化极氩弧焊、CO_2气体保护焊及等离子弧保护焊等焊接方法。其中,手工钨极氩弧焊和CO_2气体保护焊应用最广泛。本节主要介绍手工钨极氩弧焊和CO_2气体保护焊。

4.3.1 氩弧焊

氩弧焊是以氩气为保护气体的熔化焊,如图4.12所示。氩气是惰性气体,它不与熔池金属起反应,也不熔于金属,而能有效地对焊缝金属进行保护,焊缝质量比较高。

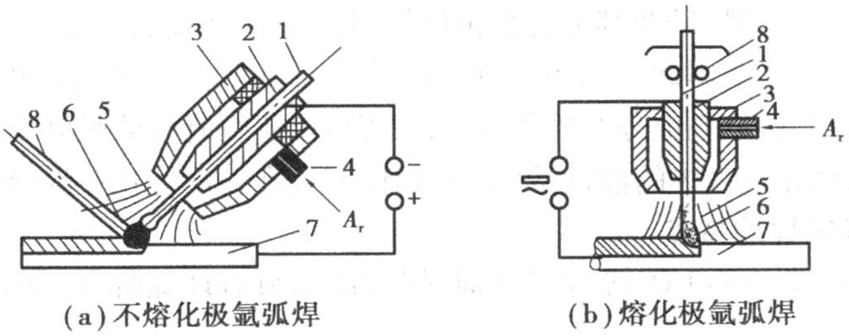

图4.12 氩弧焊示意图

1—焊丝或钨极;2—导电嘴;3—喷嘴;4—进气管;5—氩气流;6—电弧;7—工件;8—填充焊丝;9—送丝辊轮

氩弧焊按电极熔化与不熔化分为钨极氩弧焊(TIG)、熔化极氩弧焊(MIG);按电弧焊机的电流性质,又分为直流氩弧焊、交流氩弧焊钨极和脉冲氩弧焊,它们各自有自己的适用范围。

(1)钨极氩弧焊(TIG)

它又称为手工钨极氩弧焊,是用熔点很高的钍钨极或铈钨极作为电极。它适用范围很广,可以实现全位置焊。焊接时,电极不熔化,只起导电与产生电弧作用,易于实现机械化和自动化。

手工钨极氩弧焊的操作与气焊相似,常用于焊3 mm以下的焊件,最低可以焊到0.3 mm左右。不加填料,称为自熔焊接,只要运弧稳,成形就很美观。焊接较厚的工件时,可以开坡口预留或不留间隙。开坡口需要手工填加焊料。该焊接方法可以作为厚件的打底焊接,既保证焊透，又不烧穿，然后用手工电弧焊进行单道和多道焊，既保证了强度和气密性，又提高了生产效率。

不熔化极氩弧焊一般采用直流正接。焊接铝、镁及其合金时，则采用交流焊机。

(2)熔化极氩弧焊

熔化极氩弧焊(MIG)利用金属焊丝作为电极并兼做填充金属。焊接时，焊丝和焊件间在氩气保护下产生电弧，且焊丝要连续送进，金属熔滴呈很细的颗粒喷射进入熔池中。为使电弧稳定，熔化极氩弧焊通常采用直流反接。

熔化极氩弧焊适于焊接较厚的铝及铝合金、铜及铜合金、钛及钛合金、耐热钢及不锈钢焊件。

4.3.2 CO_2 气体保护焊

(1)CO_2气体保护焊机理

CO_2气体保护焊是利用CO_2气体作为保护气体的焊接。它是以焊丝作为熔化电极，靠焊丝和工件之间产生的电弧熔化工件与熔化后的焊丝形成熔池，熔池冷却后形成焊缝。焊丝靠送丝机构来实现，CO_2保护焊过程如图4.13所示。

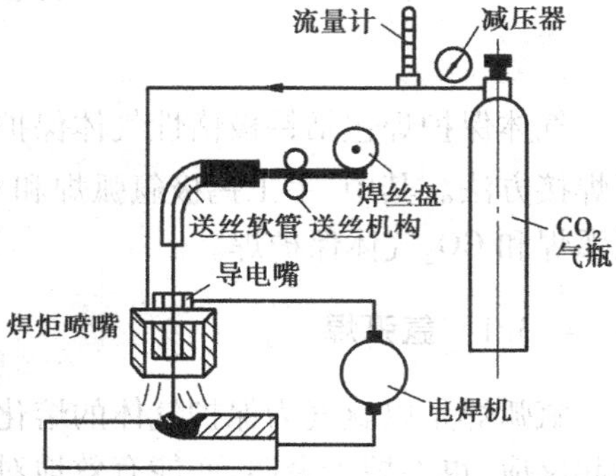

图4.13　二氧化碳气体保护焊焊接装置示意图

CO_2气体经喷嘴喷出，包围电弧和熔池，起隔离空气和保护焊接熔池、防止空气中有害气体对高热金属氧化和侵害的作用。CO_2电弧在电弧热的作用下分解为CO和O_2，使钢中的碳、锆、硅及其他合金金属烧损，难以保证焊缝的力学性能。因此应采用含有一定量的脱氧剂焊丝或采用带有脱氧剂成分的药芯焊丝，在焊接中进行有效的脱氧，清除CO_2及其他的熔化作用的不良影响；防止氢气体的侵害，阻止氢气孔、氮气孔、CO气孔在焊缝中的形成。

(2)CO_2气体保护焊的特点

①成本低。因用廉价的CO_2代替了焊剂，焊接成本只有埋弧焊的40%左右，耗电量比焊条电弧焊低2/3左右。

②生产率高。CO_2保护焊采用自动化或机械自动化送丝，电流密度大，热量集中，焊接速度快，而且灵活方便，适用于全位置焊接。

③焊缝质量好。它与氩弧焊一样，电弧是在气流压缩下燃烧，热量集中，热影响区小、变形小、裂纹倾向小。CO_2保护焊是低氢型焊接方法，焊缝含氢量较低，抗锈能力强，不易产生冷裂纹。

④CO_2气体保护焊属于明弧焊，焊接过程中易监视和控制电弧和熔池，因此成形美观。

⑤CO_2气体保护焊适用范围广，大量用于造船、机车车辆、汽车、农业机械等。

⑥不足之处：CO_2保护气体焊熔滴短路过渡，引起飞溅。当焊接参数、焊接电流、电弧电压、电感值选择不当时，也会引起飞溅。

(3)对焊接电源的要求

1)电源的外特性的要求

在采用等速送丝时，应具有平或缓降的特性；采用不等速送丝时，应采用下降外特性。

2）对电源动特性要求

自由过渡焊接时对动特性没有什么要求。当短路过渡时，要求具有良好的动态品质。其含义指两个方面，一是要有足够的短路电流增长速度、短路峰值 I_{max} 和焊接电压增长速度；二是当焊丝成分和直径不同时，短路电流增长速度能在一定范围进行调节。

3）焊接电流和焊接电压在一定范围能调节

焊接采用的是直流焊接电源反接法，熔滴过渡平稳，飞溅少，成形美观；如果是逆变式焊接电源，效果更佳。而对于正接法，因工件熔化速度快，电弧很不稳定，很少采用。

4.4 气焊与气割

4.4.1 气焊

气焊是利用可燃气体与助燃气体混合燃烧生成的火焰为热源，熔化焊件和焊接材料，使之达到原子间结合的一种焊接方法，其工作原理如图4.14所示。助燃气体主要为氧气，可燃气体主要采用乙炔。气焊设备主要包括氧气瓶、乙炔瓶（如采用乙炔作为可燃气体）、减压器、焊枪、胶管等。由于所用储存气体的气瓶为压力容器、气体为易燃易爆气体，所以气焊是所有焊接方法中危险性最高的。

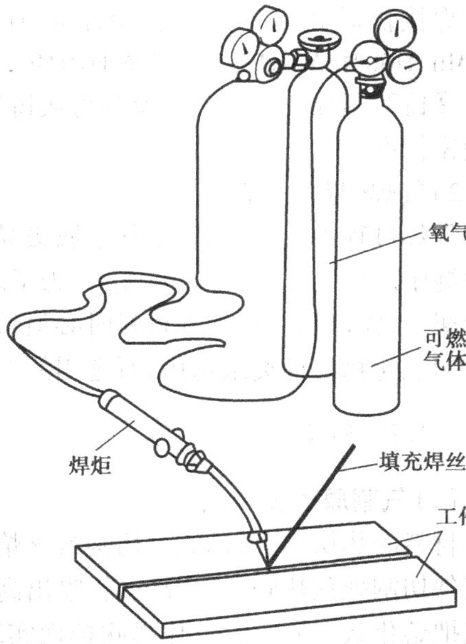

图4.14 气焊原理图

（1）气焊特点及应用

气焊火焰易于控制，操作简便，适用性强，特别适用于野外施工。但由于火焰温度较电弧低且热量较分散，加热缓慢，生产率低，应用不如电弧焊。气焊适用于焊接厚度3 mm以下的低碳钢薄板、高碳钢、铸铁以及非铁金属及其合金。

（2）气焊火焰

按氧与乙炔的不同比值，可将氧炔焰分为中性焰、碳化焰（也叫还原焰）和氧化焰三种。

1）中性焰

中性焰燃烧后无过剩的氧和乙炔。它由焰芯、内焰和外焰三部分组成。焰芯呈尖锥形，色白而明亮，轮廓清楚。离焰芯尖端2～4 mm处化学反应最激烈，因此温度最高，为3 100～3 200 ℃。内焰呈蓝白色，有深蓝色线条；外焰的颜色从里向外由淡紫色变为橙黄色。这种火焰应用很广，适用于低碳钢、中碳钢、普通低合金钢、合金钢、紫铜和铝合金等材料的焊接。

2）氧化焰

氧化焰中有过量的氧。由于氧化焰在燃烧中氧的浓度极大，氧化反应又非常剧烈，因此焰芯、内焰和外焰都缩短，而且内焰和外焰的层次极为不清，我们可以把氧化焰看作由焰芯和外焰两部分组成。它的最高温度可达3 100～3 300 ℃。由于火焰中有游离状态的氧，因此整个火焰有氧化性,会造成金属材料的烧损和氧化,故一般不采用。

3)碳化焰

此火焰的氧和乙炔的混合比小于1,燃烧后的气体中尚有部分乙炔未燃烧。其火焰明显,分为焰芯、内焰和外焰三部分。温度较低,最高温度约3 000 ℃。此火焰焊接时对焊缝金属具有增碳作用,故应用很少,只有在焊接高碳钢、铸铁、高速钢和硬质合金时,才采用轻微的碳化焰,利用其增碳作用以补充碳的烧损。

(3)焊丝和气焊焊剂

1)焊丝

气焊时,焊丝不断地送入熔池内,并与熔化的基本金属熔合形成焊缝。焊缝的质量在很大程度上与气焊丝的化学成分和质量有关。常用气焊丝的型号和用途如下:

①结构钢焊丝。一般低碳钢焊件采用的焊丝有 H08A;重要的低碳钢焊件用 H08Mn 和 H08MnA;中强度焊件用 H15A;强度较高的焊件用 H15Mn。

焊接强度等级为 300 ~ 350 MPa 的普通碳素钢时,采用 H08A、H08Mn 和 H08MnA 等焊丝。

焊接优质碳素钢和低合金结构钢时,可采用碳素结构钢焊丝或合金结构钢焊丝,如 H08Mn、H08MnA、H10Mn2 以及 H10Mn2MoA 等。

②铸铁用焊丝。铸铁焊丝分为灰铸铁焊丝和合金铸铁焊丝,其型号、化学成分可参见相关国家标准。

2)气焊焊剂(气焊粉)

气焊过程中,被加热的熔化金属极易与周围空气中的氧或火焰中的氧化合生成氧化物,使焊缝中产生气孔和夹渣等缺陷。为了防止金属的氧化及消除已经形成的氧化物,在焊接有色金属、铸铁以及不锈钢等材料时必须采用气焊剂。气焊剂应根据母材金属在气焊过程中所产生的氧化物的种类来选用,所选用的焊剂应能中和或溶解这些氧化物。

4.4.2 气割

(1)气割原理及特点

材料的热切割,又称氧气切割或火焰切割,是利用可燃气体与氧气混合燃烧的火焰热能将工件切割处预热到一定温度后,喷出高速切割氧流,使金属剧烈氧化并放出热量,利用喷射氧流把熔化状态的金属氧化物吹掉而实现切割的方法。金属的气割过程实质是金属材料在纯氧中的燃烧过程,而不是熔化过程。

气割比一般机械切割效率高、成本低,设备简单,能够切割 500 mm 以上大厚度的钢板。手工气割能在各种位置进行,能切割成各种外形复杂的零件。目前气割是各个工业部门常用的金属热切割方法,特别是手工气割使用灵活方便,是工厂零星下料、废品废料解体、安装和拆除工作中不可缺少的工艺方法。

(2)气割要求

气割时应用的设备器具除割炬外均与气焊相同。气割过程是预热—燃烧—吹渣过程,但并不是所有金属都能满足这个过程的要求,只有符合下列条件的金属才能进行气割:

①金属在氧气中的燃烧点应低于其熔点;

②气割时金属氧化物的熔点应低于金属的熔点;

③金属在切割氧流中的燃烧应是放热反应；

④金属的导热性不应太高；

⑤金属中阻碍气割过程和提高钢的可淬性的杂质要少。

符合上述条件的金属有纯铁、低碳钢、中碳钢和低合金钢以及钛等。其他常用的金属材料，如铸铁、不锈钢、铝和铜等，则必须采用特殊的气割方法（例如等离子切割等）。等离子弧切割是利用高温高速的等离子弧作为热源，将被切割工件局部熔化并立即吹除，随着割炬向前移动而形成狭窄切口来完成切割过程的切割方法，其原理如图4.15所示。等离子弧切割是目前常用的切割方法中切割速度最快的，且切口窄而平整，产生的热影响区和变形都比较小，所以切割边可直接用于装配焊接。由于等离子弧的温度高、能量集中，所以能切割大部分金属材料，如不锈钢、铸铁、铝、镁、铜等。在使用非转移型等离子弧时还能切割非金属材料，如石块、耐火砖、水泥块等。

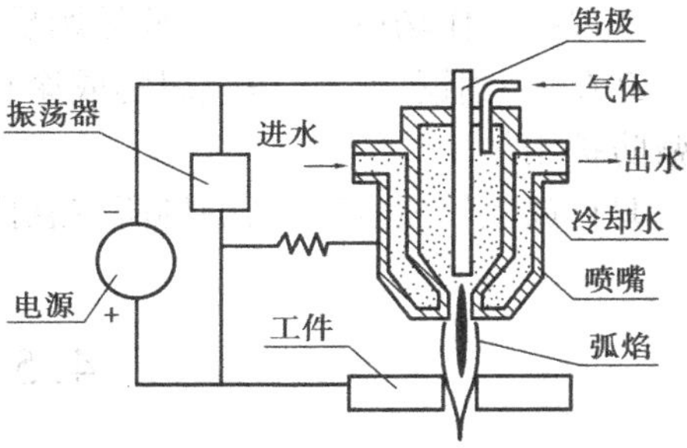

图4.15 等离子弧切割原理图

4.4.3 气焊与气割的操作注意事项

(1)气焊与气割的安全特点

1)火灾、爆炸和灼烫

气焊与气割所应用的乙炔、液化石油气、氢气和氧气等都是易燃易爆气体；氧气瓶、乙炔瓶、液化石油气瓶都属于压力容器。在补焊燃料容器和管道时，还会遇到其他许多易燃易爆气体及各种压力容器，同时又使用明火，如果设备和安全装置有故障或者操作人员违反安全操作规程等，都有可能造成爆炸和火灾事故。

在气焊与气割的火焰作用下，氧气射流的喷射使火星、熔珠和铁渣四处飞溅，容易造成灼烫事故。较大的熔珠和铁渣能引着易燃易爆物品，造成火灾和爆炸。因此，防火防爆是气焊、气割的主要任务。

2)金属烟尘和有毒气体

气焊与气割的火焰温度高达3 000 ℃以上，被焊金属在高温作用下蒸发、冷凝成为金属烟尘。在焊接铝、镁、铜等有色金属及其他合金时，除了这些有毒金属蒸气外，焊粉还散发出燃烧物；黄铜、铅的焊接过程中都能散发有毒蒸气。在补焊操作中，还会遇到其他毒物和有害气体。尤其是在密闭容器、管道内的气焊操作，可能造成焊工中毒事故。

(2)气焊与气割操作规程

①电焊工学员必须在指导老师的指导下操作。

②工作前应穿戴好防护用品，查看工作环境是否符合安全要求。

③焊枪嘴应避免碰击，使用前应检查有无堵塞。发生回火现象时，不得用手握折导管制止回火，应立即将乙炔气门关闭，并及时检查。

④乙炔、氧气胶皮管，其长度应在15 m以上，装过油类或补过的胶管禁止使用。

⑤胶皮导管两端接头应用卡子卡紧，保证严密不漏气，乙炔与氧气导管其颜色应有区别。

⑥氧气瓶标记要清楚，使用前要仔细检查，开启氧气瓶或乙炔气瓶时动作应缓慢，并使用

专用工具。

⑦禁止焊接承有压力的容器和装过易燃易爆等危险化学品的容器,焊接时应先除压、清洗、晾干,并将所有能打开的泄压口、通风口全部打开,经检查后方可焊接。

⑧焊接工作场所内不准存放易燃易爆物品,焊接工件上不能有油迹。

⑨在焊、割铜、锌、铅等金属物或涂有油漆、颜料工件时,工作地点必须通风良好,操作者须戴防护用品。

⑩存放氧气瓶、乙炔瓶的场所应悬挂“严禁烟火”的警示牌,并配备灭火器材。

4.5 压焊与钎焊

4.5.1 压焊

压焊是通过加压、加热或不加热来连接工件的焊接方法。因此,压焊过程中必须要有加压装置,故设备的一次投资大,工艺过程较复杂。但不用加填充材料,易于实现自动化生产,且接头质量较好。压焊中,目前应用最多的是电阻焊。

电阻焊是利用通过工件接触表面及邻近区产生的电阻热,把工件加热到塑性或局部熔化状态,断电同时加压形成接头的焊接方法。

电阻焊产生的热量可利用焦耳-楞次定律计算:

$$Q = I^2 Rt$$

式中 Q——电阻焊时所产生的电阻热,J;

I——焊接电流,A;

R——工件电阻和工件之间的按触电阻,Ω;

t——通电时间,s。

电阻焊具有以下特点:

①焊接电压低($V \leqslant 12$ V),焊接电流大($10^3 < I < 10^5$ A),生产率高,每点的焊接时间为($10^{-2} \sim 10^5$ s);

②接头在压力下结晶,接头强度高;

③劳动条件好,节省金属,不需加填充金属;

④设备的复杂而且耗电量大,适用的接头形式和过程不受到限制。

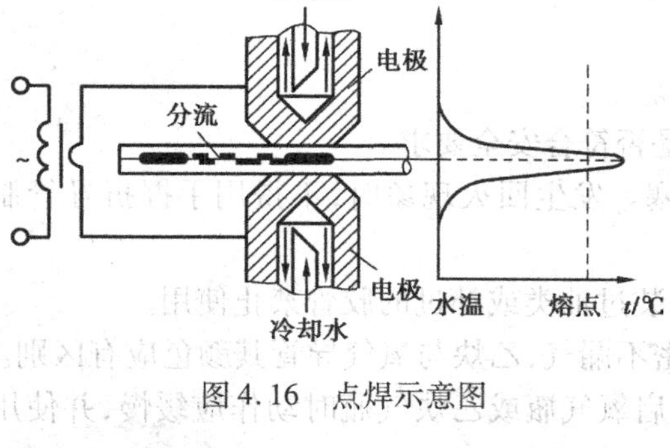

图 4.16 点焊示意图

电阻焊主要有点焊、缝焊、对焊。

(1)点焊

点焊是将工件装配成搭按接头,在两柱状极之间利用电阻热熔化母材,在压力结晶形成致密焊点的方法,如图 4.16 所示。点焊电极材料一般是黄铜、铬青铜。

①焊接参数的选择。影响点焊质量的因素主要有焊接电流、通电时间、电极压力和工件表面清理及电极的修整等。

根据焊接时间的长短和电流大小，常规点焊规范分为硬规范和软规范。硬规范通电时间短，焊接电流大，特点是生产率高，工件变形小，电极磨损慢，但要求设备功率大，适合导热性好的金属。软规范正好相反，其通电时间长，电流较小，生产率低，设备功率小，适合焊接淬硬倾向大的金属。

②焊点质量的检测：选择和焊件同等厚度的板料，进行试焊3~4点，再用钢丝钳将两件分开；如果断处在焊点中间，说明焊点强度不够高，假焊，应当增加焊接电流。如果焊点撕开，将从母材撕开成一个洞，说明电流、电极压合格。如果两件的焊点压坑很深，说明电极压力过大，电流大；如果没有明显的压坑，说明电流小、压力小，应重新调节焊接参数。

③电极修整：电极表面不平将严重影响焊接质量。表面烧损过重，点焊时飞溅很大，不仅焊接质量不好，还可能会引起灼伤。焊接0.3~0.5 mm的焊件时，对电极表面要求较严，要随时检查修整。一般用锉刀端平进行修错，严重不平整时可车削修整表面。

④点焊主要用于4 mm以下的薄板、冲压件及线材的焊接，因此广泛用于汽车、车厢、飞机（尾喷管）等薄壁结构或轻工、生活用品的焊接。点焊的接头形式以搭接为主，图4.17为几种典型的点焊接头形式。

(2)缝焊

缝焊过程与点焊相似，如图4.18所示。它只是用施转的圆盘状滚动电极代替柱状电极。焊接时，盘状电极压紧工件并转动带动工件向前移动。配合连续或断续送电，即形成连续的焊缝。如果要求密性好的焊缝，焊点重叠面积必须在30%以上。

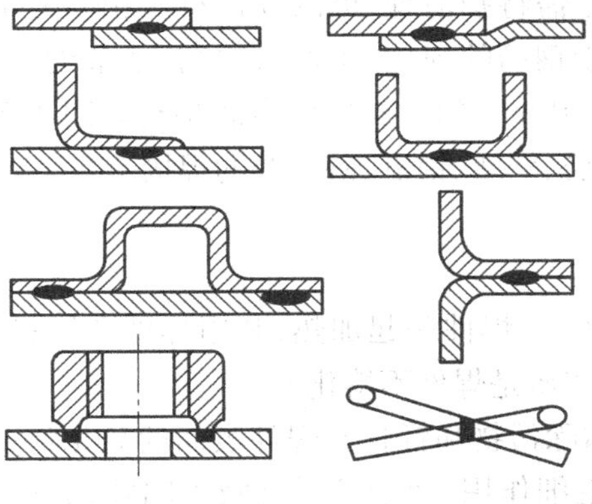

图4.17 点焊接头形式

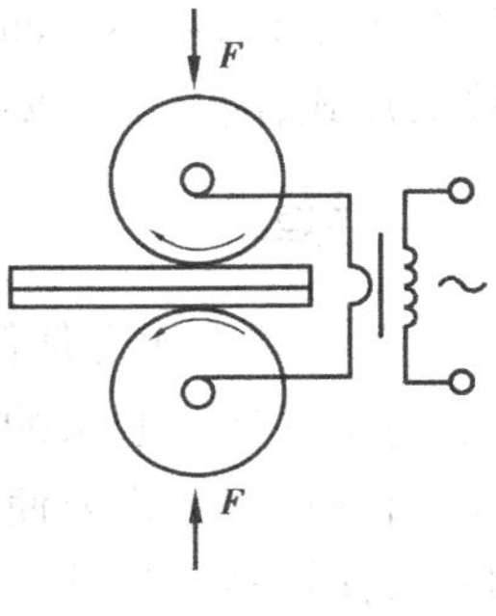

图4.18 缝焊示意图

(3)对焊

对焊是利用工件在两接触面上产生的电阻热来加热工件表面，断电施压，将两工件连接起来的方法。如图4.19所示。按照操作方法不同，对焊分为电阻对焊和闪光对焊。

1)电阻对焊

将工件夹紧在铜质钳口中，成对接接头，施加预压力，使两件截面紧密接触，然后通电加热，将工件接触面加热到塑性状态，即1 000~1 250 ℃，再突然增大压力，进行预锻，并断电形成牢固接头，如图4.19(a)所示。

2)闪光对焊

将两工件夹在钳口内形成对接接头（工件并未接触），通电并使工件微接触。由于工件表面并非想象中那么平整，首先接触的点的电流很大，被迅速加热形成“熔桥”，甚至蒸发，在蒸汽力和压力的作用下,液态金属发生爆炸,以形成火花从接触处飞出形成"闪光"。此时工件保持匀速送进,保持一定的闪光时间,待工件端面全部熔化(闪光匀速连续)时,加压、顶锻,并同时断电,工件在压力下产生塑性变形,并结晶形成焊。如图 4.19(b)。

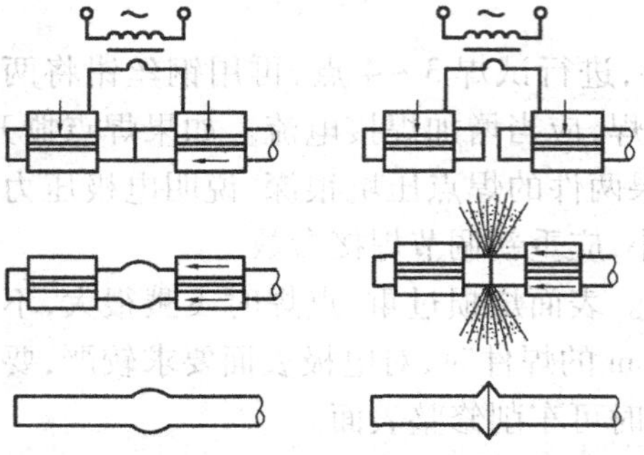

(a)电阻对焊　(b)闪光对焊

图 4.19　电阻对焊示意图

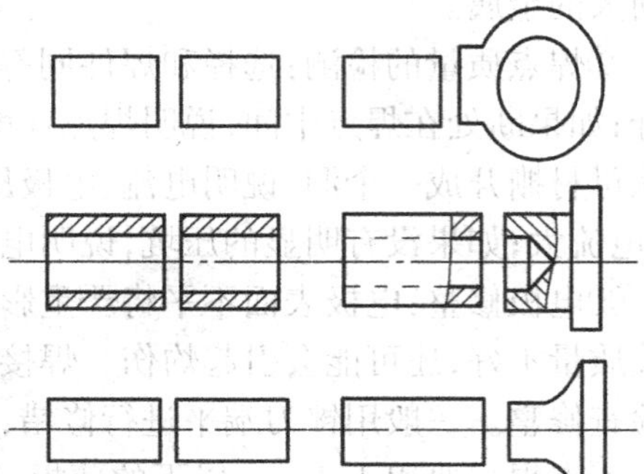

图 4.20　对焊接头形式

3)电阻对焊与闪光对焊比较

①电阻对焊的接头处光滑,焊口强度不高,焊前要对端面认真清洗,多适用于焊接截面简单、直径(或边长)小于 20 mm 和强度不高的工件。

②闪光对焊表面不光滑,强度较高、质量高。因为端面氧化物和杂质一部分烧掉,被闪光带去,另一部分被加压时随液体金属挤出,所以不需特别清理,可以焊接材质相同或不相同、质量要求高的焊件。闪光焊在建筑行业广泛用于钢筋的焊接,生产效率高,还节约钢材。被焊工件直径可小到 $\phi 0.01$ mm 的金属丝,截面为 20 mm^2 的金属棒和金属型材。图 4.20 为几种对焊接头形式,闪光焊主要用于刀具、管子、钢筋、钢轨、锚链、链条等的焊接。

4.5.2　钎焊

钎焊是利用熔点比焊件低的钎料作填充金属,与焊件一起加热,利用焊件和钎料相互扩散,冷却后将工件连接起来的焊接方法。钎焊的实质是焊件不熔化。

钎焊过程中,一般都要使用钎剂,其作用是清除污物和钎料与焊件表面的氧化物,提高钎料的湿润性,使钎料在焊件接头平处铺展,借助毛细作用,便于钎料被吸入间隙,通过钎料向焊件扩散,焊件向钎料溶解的相互作用,冷却、凝固后形成钎焊接头,并保护钎接过程不被氧化形成光滑接头。

根据钎料熔点和焊接强度不同,钎焊分为软钎焊和硬钎焊。

(1)软钎焊

钎料熔点在 450 ℃以下,接头强度一般不大于 70 MPa。这种钎焊只适用于接头受力不大、工作温度不高的焊件。最常见的钎料是锡铅合金钎料,通常称为锡焊,适用于锡焊的钎剂有松香、氧化锌、磷酸等。

软钎焊广泛用于受力不大、常温下工作的仪表和电子元件。根据批量大小,钎焊的种类可分为:

①电烙钎焊:加热是靠电烙铁,钎剂常用松香或用松香焊丝,一般适用于单件、小批生产和修复等手工钎接。

②浸沉焊:加热靠超声波加热炉,将钎料加热熔化。清洗时用氧化锌喷洒,吹干后再浸入熔化好的钎料溶液中,浸入时间为2~3 s,适用于小批量生产。

③波峰焊:属全自动钎接。它是把插件好的印刷线路板置于自动线上,当焊件从钎料熔池上面走过时,与熔池中两个锡波峰接触,达到焊接目的。波峰焊生产率高、质量好,适用于大批量生产,但设备昂贵。

(2)硬钎焊

硬钎焊钎料熔点在450 ℃以上,焊缝接头的抗拉性强度超过200 MPa以上。用于硬钎焊的钎料有铜基、银基、镍基钎料。

铜钎料常用于钎接刀具、碳钢、铸铁和紫铜的焊接,焊缝成形良好、美观。

银基钎料常用于不锈钢的钎接。因不锈钢表面有一层Cr_2O_3,钎接时必须用机械或化学方法清除。机械方式是用软砂轮或手工砂纸打磨。化学方法最好用磷酸溶液。焊剂用氯化锌溶液或磷酸。钎料用含银量为45%的Ag为最好,其熔化温度不太高,流动性是三种(25% Ag、45% Ag 、70% Ag)银基钎料中最好的,而且成本比含70%的Ag低。钎接质量与加热方法有关。较大工件的钎接件是靠氧－乙炔焰加热,火焰为轻微碳化焰,火焰要不断在工件上移动,决不能只在一处长期加热达到钎接温度,温度过高则不能形成良好的焊接接头。焊环形焊缝时,加热工件要轻微转动。火焰要由外焰逐步移至内焰,为了防止被焊件氧化,钎焊过程是决不能用内焰加热,长期在一点加热,焊件氧化严重,影响焊接质量。为了防止钎件氧化,先将焊剂调成糊状,均匀涂在焊缝上。见焊剂熔化即可加入少量的焊料,将火焰稍微离开一点,焊料会自动流入焊缝,焊料不够再少加一点,这样焊接出来的焊缝光滑平整。加料时间很关键,绝对不能让焊件发红,一旦见焊件发红再也无法焊好,这是不锈钢银钎接的关键所在。

根据加热方法不同,硬钎焊分为:

①火焰钎接:常用氧-乙炔火焰加热进行铜、银钎料钎接刀具、工具、不锈钢、碳钢等结构。

②电阻、电感高频钎焊:利用接触电阻或高频加热工件与焊件钎料。钎接质量好、效率高、成本稍高。

③高温炉钎焊:将被焊工件和钎料、钎剂装配固定好,钎料钎剂置于箱式炉中进行钎接。如果要求被焊工件(如不锈钢、耐热钢)不氧化,可用真空炉钎接,也可以把被焊工件置于气体保护盒中,通以流动的氩气进行钎接。用此方法曾经成功地钎接了环形蜂窝结构密封环。

钎焊与熔化焊相比有如下特点:

①工件加热温度低,母材并未熔化,故组织和力学性能变化小,变形小。接头平整光滑、尺寸精确。

②钎焊可焊焊接性差异很大的异种金属,同时对厚度差别较大的工件也没有严格要求。

③能对多条复杂结构进行钎接,但一定要根据钎料的熔化温度排序,先焊钎料熔化温度高的,后焊熔化温度低的钎料。

④钎焊一般不用于受力大的钢结构件、动载零件。钎焊主要用于制造精密仪器、电器部件及异种金属构件和复杂薄壁结构,如夹层结构、蜂窝结构等。

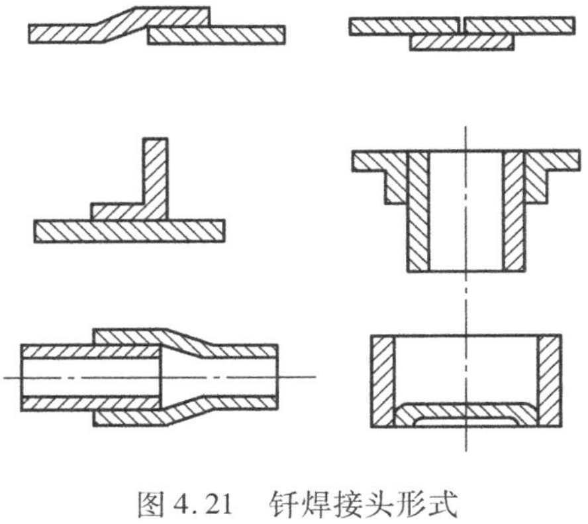

图4.21 钎焊接头形式

⑤钎焊的接头形式以搭接为主不适用于焊接对接结构。常用接头形式如图 4.21 所示。

复习思考题

4.1 什么是焊接？焊接如何分类？

4.2 什么是焊条,它由哪几部分组成？试分析焊芯和药皮的作用。

4.3 焊条牌号由哪几部分组成,字母和数字的含义是什么？

4.4 焊接结构选择材料的原则是什么？

4.5 焊接接头的形式和坡口形式有哪些？

4.6 焊缝的布置原则是什么？

4.7 焊接缺陷主要有哪些？如何检测焊接缺陷？

4.8 埋弧焊为什么质量较高？它有何优缺点？

4.9 常用气体保护焊分几种？各适用于焊接什么金属材料？

4.10 氩弧焊和 CO_2 保护焊的特点是什么？对自动氩弧焊设备的控制有什么基本要求？

4.11 气焊的火焰有哪些？各有什么特点？

4.12 为什么铸铁、铜、铝不能进行常规的氧气切割？

4.13 电阻焊有哪些方法？其中电阻对焊与高频焊有何不同之处？

4.14 电阻对焊与闪光对焊的质量有何不同？为什么？

4.15 钎焊实质是什么？钎焊有哪些方法？大量生产的印刷线路板和蜂窝结构用什么方法焊接？

第5章 切削加工基本知识

切削加工虽有多种不同的形式，但它们在很多方面（如切削时的运动、切削工具以及切削过程的物理实质等），都有着共同的现象和规律。这些现象和规律是认识各种切削加工方法的共同基础。

切削加工（或冷加工）是指用切削工具从坯料或工件上切除多余材料，以获得所要求的几何形状、尺寸精度和表面质量的零件的加工方法。在现代机械制造中，绝大多数的机械零件，特别是尺寸公差和表面粗糙度的数值要求较小的零件，一般都要经过切削加工而得到。在各种类型的机械制造厂里，切削加工在生产过程中所占用的劳动量均较大，是机械制造业中使用最广的加工方法。

5.1 切削加工的基本概念

5.1.1 刀具和工件的运动

机床的切削加工是靠刀具和工件之间作相对运动来完成的。机床的运动分为表面成形运动和辅助运动。

(1)表面成形运动

表面成形运动是机床最基本的运动，亦称工作运动。表面成形运动包括主运动和进给运动，这两个不同性质的运动和不同形状的刀具配合，可以实现轨迹法、成形法和展成法等各种不同的加工方法，构成不同类型的机床。主运动和进给运动的形式和数量取决于工件要求的表面形状和所采用的工具形状。通常，机床主要采用结构上易于实现的旋转运动和直线运动实现表面成形运动，且主运动只有一个，进给运动可有一个或几个。

(2)辅助运动

机床在加工过程中，加工工具与工件除工作运动以外的其他运动称为辅助运动。辅助运动用以实现机床的各种辅助运动，主要包括以下几种：

1)切入运动

切入运动用于保证工件被加工表面获得所需要的尺寸，使工具切入工件表面一定深度。

2)各种空行程运动

空行程运动主要是指进给前后的快速运动,例如:

趋近——进给前加工工具与工件相互快速接近的过程;

退刀——进给结束后加工工具与工件相互快速离开的过程;

返回——退刀后加工工具或工件回到加工前位置的过程。

3)其他辅助运动

其他辅助运动包括分度运动、操纵和控制运动等。例如刀架或工作台的分度转位运动,刀库和机械手的自动换刀运动,变速、换向,部件与工件的夹紧与松开,自动测量、自动补偿等。

5.1.2 加工中的工件表面

切削加工过程中,工件上同时形成三个不同的变化着的表面。

(1)已加工表面

工件上经刀具切削后产生的表面称为已加工表面。

(2)待加工表面

工件上有待切除的表面称为待加工表面。

(3)过渡表面

工件上由切削刃形成的那部分表面,它在下一切削行程刀具或工件的下一转里被切除,或者由下一切削刃切除的表面,称为过渡表面。它也可以是工件上正被切削刃切削着的表面。

5.1.3 切削用量

切削用量是切削时各参数的合称,包括切削速度、进给量和背吃刀量(切削深度)三要素,它们是设计机床运动的依据。

(1)切削速度 v

切削速度表示在单位时间内,刀具和工件在主运动方向上的相对位移,单位为 m/s。若主运动为旋转运动,则计算公式为:

$$v = \frac{\pi d_w n}{1\,000 \times 60}$$

式中 d_w——工件待加工表面或刀具的最大直径,mm;

n——工件或刀具每分钟转数,(r/min)

若主运动为往复直线运动(如刨削),则常用其平均速度 v 作为切削速度,即

$$v = \frac{2Ln_r}{1\,000 \times 60}$$

式中 L——往复直线运动的行程长度,mm;

n_r——主运动每分钟的往复次数,(次/min)。

(2)进给量 f

在主运动每转一转或每一行程时(或单位时间内),刀具和工件之间在进给运动方向上的相对位移,单位是 mm/r(用于车削、镗削等)或 mm/行程(用于刨削、磨削等)。进给量还可以

用进给速度 v_f(单位是 mm/s)或每齿进给量 f_z(用于刨削、磨削等多刃刀具,单位为 mm/齿)表示。一般情况下:

$$v_f = nf = nzf_z$$

式中　n——主运动的转速,(r/s);

z——刀具齿数。

(3)背吃刀量 a_p(切削深度)

背吃刀量是指待加工表面与已加工表面之间的垂直距离(mm)。车削外圆时为:

$$a_p = \frac{d_w - d_m}{2}$$

式中　d_w,d_m——待加工表面和已加工表面的直径,mm。

5.2　切削刀具

任何刀具都是由夹持部分和切削部分所组成。刀具夹持部分的主要作用是保证刀具切削部分处于正确的工作位置。为此,刀具夹持部分的材料要求有足够的强度和刚度,一般使用中碳钢制造。刀具切削部分是用来直接对工件进行切削加工的,是在很大的切削力和很高的温度下工作,并且与切屑和工件都产生摩擦,工作条件极为恶劣。为使刀具具有良好的切削能力,刀具切削部分必须选用合适的材料和合理的几何参数。下面主要介绍刀具切削部分的材料和几何参数。

5.2.1　刀具材料

(1)刀具材料应具备的基本性能

1)高硬度

刀具材料的硬度必须高于工件的硬度,以便切入工件。在常温下,刀具材料的硬度一般应该在 60HRC 以上。

2)高耐磨性

耐磨性即抵抗磨损的能力。一般情况下,刀具材料硬度越高,耐磨性越好。

3)高耐热性

耐热性是指刀具材料在高温下仍能保持其切削性能(硬度、强度、韧性等)的能力,又称热硬性,常用维持切削性能的最高温度来评定。

4)足够的强度和韧性

刀具材料只有具备足够的强度和韧性,才能承受切削力以及切削时产生的冲击和振动,以免刀具产生脆性断裂或崩刃。

5)良好的工艺性和经济性

为便于刀具本身的制造和刃磨,刀具材料还应具备一定的工艺性能,如锻造性能、焊接性能及切削加工性能等。同时刀具材料应尽可能满足资源丰富、价格低廉的要求。

(2)常用的刀具材料

常用的刀具材料有碳素工具钢、合金工具钢、高速钢和硬质合金,此外还有新型刀具材料如陶瓷、人工聚晶金刚石等。

1)碳素工具钢与合金工具钢

碳素工具钢是含碳量最高的优质钢(碳的质量分数为0.7%～1.2%),如T10A。碳素工具钢淬火后具有较高的硬度,而且价格低廉。但这种材料的耐热性较差,当温度达到200 ℃时,即失去它原有的硬度,并且淬火后容易产生变形和裂纹。

合金工具钢是在碳素工具钢中加入少量的Cr、W、Mn、Si等合金元素形成的刀具材料(如9SiCr)。由于合金元素的加入,与碳素工具钢相比,其热处理变形有所减小,耐热性也有所提高。

以上两种刀具材料因其耐热性都比较差,所以常用于制造手工工具和一些形状较简单的低速刀具,如锉刀、锯条、铰刀等。

2)高速钢

高速钢又称白钢、锋钢。它是一种加入了较多的钨、铝、铬、钒等合金元素的高合金工具钢。高速钢有很高的强度和韧性,热处理后的硬度为63～69HRC。其热处理变形小,工艺性能好,具有较高的热稳定性,热硬温度达500～650 ℃,允许采用的切削速度为40 m/min左右。与硬质合金相比,它的硬度、耐热性和耐磨性低于硬质合金,但抗弯强度和韧性都高于硬质合金,且价格也较低。高速钢常用的牌号是W18Cr4V。

3)硬质合金

硬质合金是由高硬度、高熔点的金属碳化物(如WC,TiC等)粉末,以钴为粘结剂,用粉末冶金方法制成的。硬质合金的硬度很高,达74～82HRC,耐磨性好,耐热性也很高,最高温度达800～1 000 ℃,允许采用的切削速度达100～300 m/min,甚至更高,约为高速钢刀具的4～10倍,并能切削一般工具钢刀具不能切削的材料(如淬火钢、玻璃、大理石等)。当前,金属切除量的80%是由硬质合金刀具完成的。但它的抗弯强度低,只相当于W18Cr4V高速钢的1/4～1/2;冲击韧度低,约为W18Cr4V的1/30～1/4,因此不能承受大的冲击载荷。硬质合金目前多用于制造各种简单刀具,如车刀、刨刀的刀片等。

5.2.2 刀具的分类

(1)按切削运动方式和相应的切削刃形状分类

①通用刀具。如车刀、刨刀、铣刀、镗刀、钻头、铰刀、锯条等。

②成形刀具。这类刀具的切削刃形状与被加工工件界面相同或相近,如成形车刀、成形刨刀、成形铣刀、拉刀、圆锥铰刀和各类螺纹加工刀具等。

③范成法齿轮刀具。即采用范成法加工齿轮的齿面或类似的工件,如滚齿刀、插齿刀、剃齿刀等。

(2)按工件加工表面的形式分类

①外表面加工刀具。包括车刀、刨刀、铣刀、锉刀等。

②孔加工刀具。包括钻头、镗刀、铰刀、内孔拉刀等。

③螺纹加工刀具。包括丝锥、板牙、螺纹车刀、螺纹铣刀等。

④齿轮加工刀具。包括滚齿刀、插齿刀、剃齿刀等。

⑤切断刀具。包括切断车刀、锯片铣刀、带锯、弓锯等。

5.3　机械加工零件的技术要求

5.3.1　加工精度

零件的加工精度是指零件的实际几何参数与理想几何参数间的符合程度。加工精度分为尺寸精度、形状精度和位置精度。

加工精度的高低用公差来表示，零件公差包括尺寸公差和几何公差。标注示例如图5.1所示。

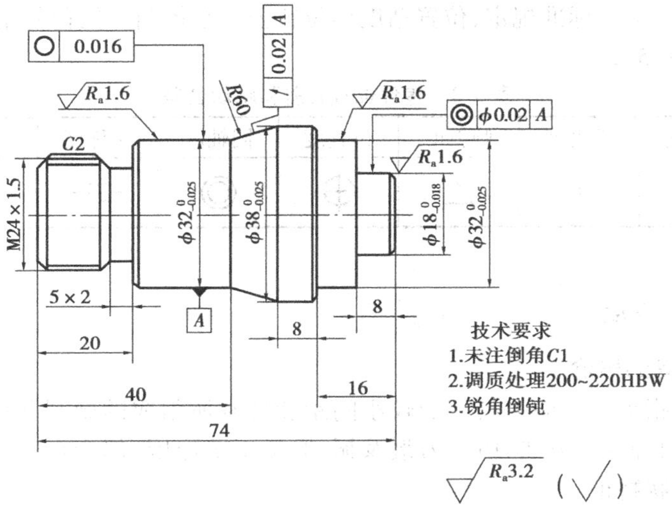

图5.1　标注示例

(1)尺寸精度

1)尺寸精度的概念

尺寸精度是指零件的直径、长度、表面间距离等尺寸的实际数值与理想数值的接近程度。

2)尺寸公差等级

尺寸精度是用尺寸公差来控制的。国标GB 800－79至GB 1084－79尺寸精度的标准公差等级分为20级，分别为IT01、IT0、IT1、…、IT18，其中IT01的公差值最小，尺寸精度最高。

(2)形状精度

1)形状精度的概念

形状精度是指同一表面的实际形状与理想形状的符合程度。

2)形状精度的种类

形状精度用形状公差来控制。GB 1182－80至GB 1184－80规定了六项形状公差，即直线度、平面度、圆度、圆柱度、线轮廓度和面轮廓度，前4种较为常用。其符号见表5.1。

表 5.1　零件表面形状精度

项　目	直线度	平面度	圆度	圆柱度	线轮廓度	面轮廓度
符号	⏤	▱	○	⌭	⌒	⌓

(3)位置精度

1)位置精度的概念

位置精度是指零件点、线、面的实际位置与理想位置的符合程度。

2)位置精度的种类

位置精度包括定向(平行度、垂直度、倾斜度)、定位(同轴度、对称度、位置度)以及跳动(圆跳动、全跳动)。国家标准规定,位置精度用位置公差来控制。位置公差有六项,跳动公差有两项,其符号见表 5.2。

表 5.2　零件位置公差和跳动公差

项　目	平行度	垂直度	倾斜度	位置度	同轴度	对称度	圆跳动	全跳动
符号	//	⊥	∠	⌖	◎	⌯	↗	⌰

5.3.2　表面粗糙度

(1)表面粗糙度的概念

表面粗糙度是指加工表面上具有的较小间距和峰谷所组成的微观几何形状特征。机械加工中,无论采用何种加工方法,由于刀痕及振动、摩擦等原因,都会在工件的已加工表面上留下凹凸不平的形状特征。

(2)表面粗糙度的评定参数

表面粗糙度的评定参数有很多,最常用的是轮廓算术平均偏差 R_a,其单位是 μm。常用的加工方法所能达到的表面粗糙度 R_a 值见表 5.3。

表 5.3　常用加工方法所能达到的表面粗糙度 R_a 值

加工方法	表面特征	R_a/μm
粗车、粗铣、粗刨、钻孔等	可见明显刀痕	50
	可见刀痕	25
	微见明显刀痕	12.5
半精车、精车、精铣、精刨、粗磨、铰孔等	可见加工痕迹	6.3
	微见加工痕迹	3.2
	不见加工痕迹	1.6
精铰、精磨等	可辨加工痕迹方向	0.8
	微辨加工痕迹方向	0.4
	不辨加工痕迹方向	0.2

5.3.3　常用量具

为控制零件的加工精度，在加工过程中要对工件进行测量；加工完成后对成品零件也要进行检验测量，用以确定零件几何尺寸的测量器具简称为量具。常用的量具有钢直尺、卡钳、游标卡尺、外径千分尺和内径百分表等。

(1) 钢直尺

钢直尺是最简单的长度量具，它的长度有 150 mm，300 mm，500 mm 和 1 000 mm 四种规格。图 5.2 是常用的 150 mm 钢直尺。

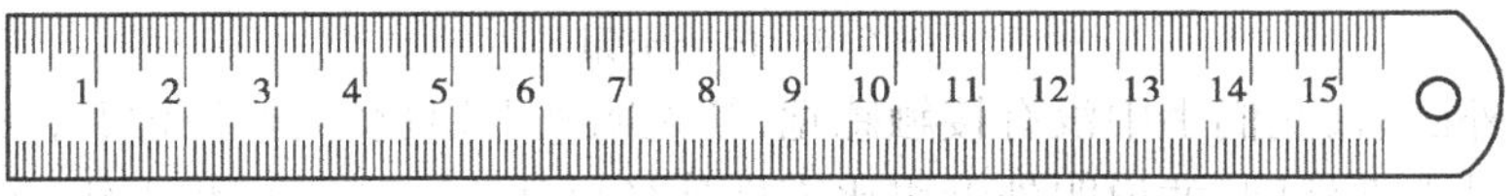

图 5.2　150 mm 钢直尺

钢直尺用于测量零件的长度尺寸，如图 5.3 所示，它的测量结果不太准确。这是由于钢直尺的刻线间距为 1 mm，而刻线本身的宽度就有 0.1 ~ 0.2 mm，所以测量时读数误差比较大，只能读出毫米数，即它的最小读数值为 1 mm，比 1 mm 小的数值只能估计而得。

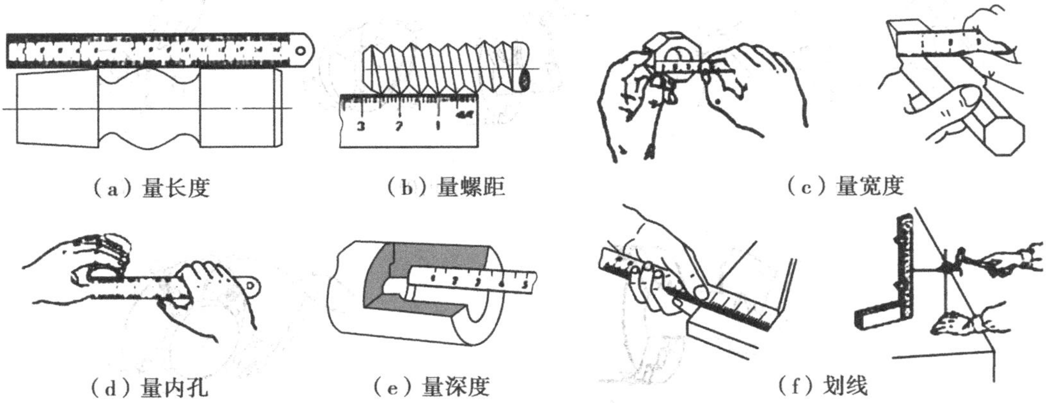

图 5.3　钢直尺的使用方法

(2) 卡钳

卡钳是一种用于间接测量的量具，它本身不能直接读出测量结果，而是把测得的尺寸，在钢直尺、游标卡尺或外径千分尺等刻线量具上进行读数，或在钢 直尺上先取下所需尺寸，再去检验零件的直径是否符合。卡钳分外卡钳和内卡钳两种，如图 5.4 所示。

1) 外卡钳的使用

外卡钳在钢直尺上取下尺寸时，如图 5.5(a) 所示，一个钳脚的测量面靠在钢直尺的端面上；另一个钳脚的测量面对准所需尺寸刻线的中间，且两个测量面的联线应与钢直尺平行，人的视线要垂直于钢直尺。

用已在钢直尺上取好尺寸的外卡钳去测量外径时，要使两个测量面的连线垂直于零件的轴线，靠外卡钳的自重滑过零件外圆时，我们手中的感觉应该是外卡钳与零件外圆正好是点接触。此时，外卡钳两个测量面之间的距离就是被测零件的外径。所以，用外卡钳测量外径，就是比较外卡钳与零件外圆接触的松紧程度，如图 5.5(b) 以卡钳的自重能刚好滑下为合适。

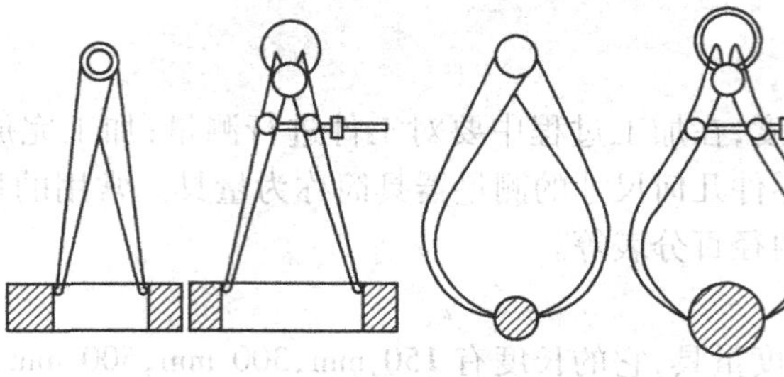

（a）内卡钳　　（b）外卡钳

图 5.4　内外卡钳

如当卡钳滑过外圆时,我们手中没有接触感觉,就说明外卡钳比零件外径尺寸大;如靠外卡钳的自重不能滑过零件外圆,就说明外卡钳比零件外径尺寸小。切不可将卡钳歪斜地放上工件测量,这样有误差,如图 5.5(c) 所示。由于卡钳有弹性,把外卡钳用力压过外圆是错误的,更不能把卡钳横着卡上去,如图 5.5(d) 所示。对于大尺寸的外卡钳,靠它自重滑过零件外圆的测量压力已经太大了,此时应托住卡钳进行测量,如图 5.5(e)所示。

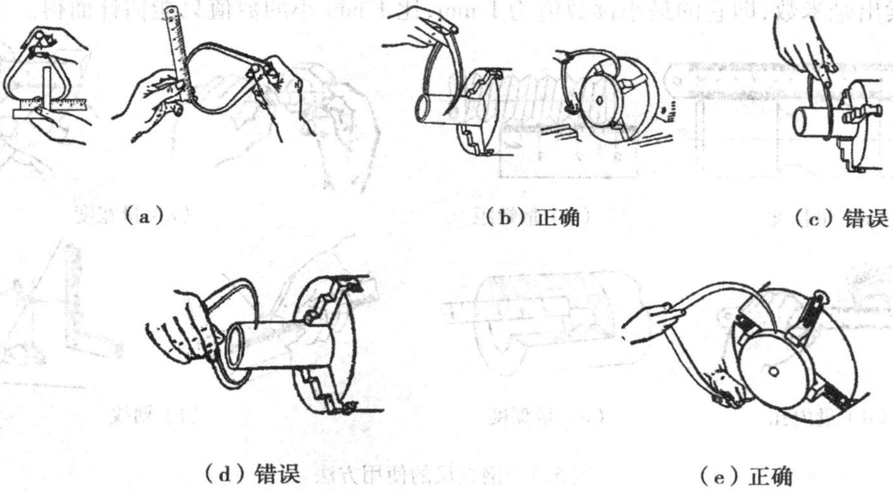

（a）　（b）正确　（c）错误

（d）错误　（e）正确

图 5.5　外卡钳测量方法

2)内卡钳的使用

用内卡钳测量内径时,应使两个钳脚的测量面的连线正好垂直相交于内孔的轴线,即钳脚的两个测量面应是内孔直径的两端点。因此,测量时应将下面的钳脚的测量面停在孔壁上作为支点,如图 5.6(a)所示,上面的钳脚由孔口略往里面一些逐渐向外试探,并沿孔壁圆周方向摆动。当沿孔壁圆周方向能摆动的距离为最小时,则表示内卡钳脚的两个测量面已处于内孔直径的两端点了。再将卡钳由外至里慢慢移动,可检验孔的圆度公差,如图 5.6(b)所示。

(3)游标卡尺

游标卡尺是一种常用的量具,具有结构简单、使用方便、精度中等和测量的尺寸范围大等特点,可以用它来测量零件的外径、内径、长度、宽度、厚度、深度和孔距等,应用范围很广,如图5.7所示。

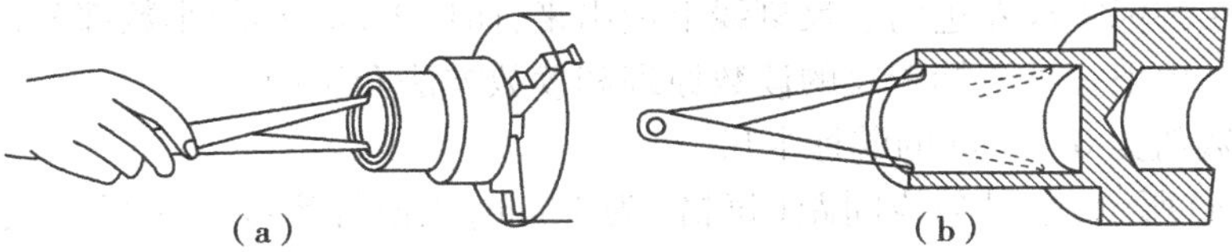

图 5.6　内卡钳测量方法

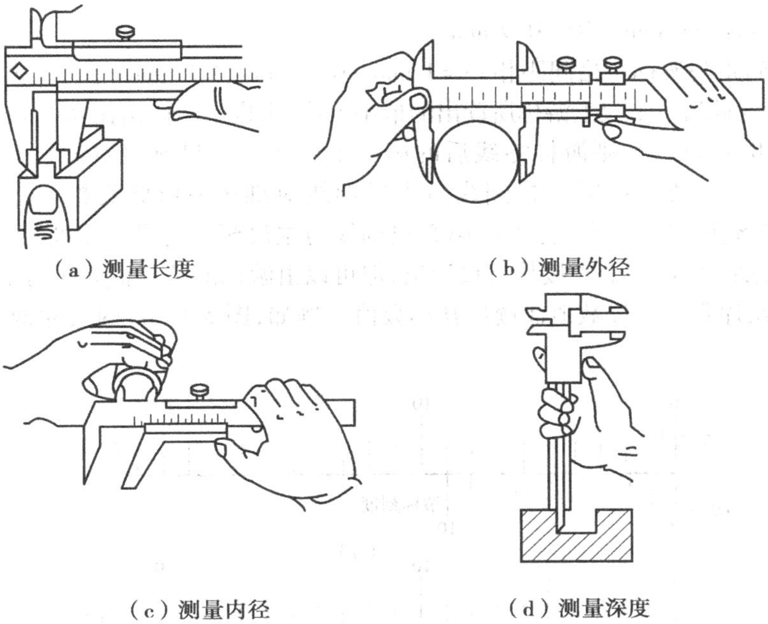

图 5.7　游标卡尺测量

游标卡尺是由尺身和游标两部分构成，如图 5.8 所示。尺身与固定卡脚制成一体；游标与活动卡脚制成一体，并能够在尺身上移动。游标卡尺的测量精度（游标的分度值）一般有 0.1 mm、0.05 mm、0.02 mm 三种，测量范围从 0 ~ 150 mm 到 0 ~ 1 000 mm 有多种规格。

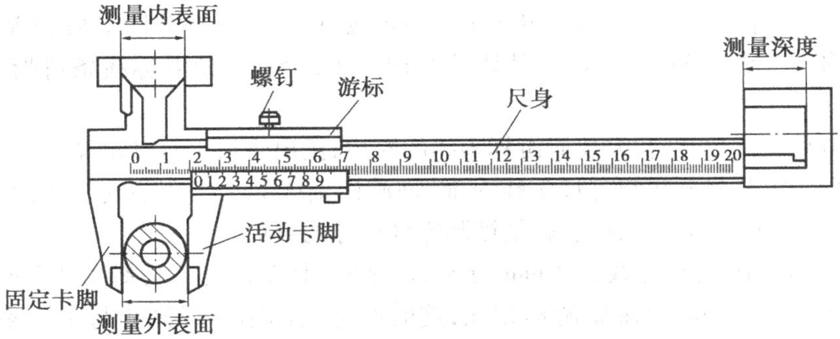

图 5.8　游标卡尺结构

游标卡尺的读数机构是由主尺和游标两部分组成。当活动量爪与固定量爪贴合时，游标上的“0”刻线（简称游标零线）对准主尺上的“0”刻线，此时量爪间的距离为“0”。当尺框向右移动到某一位置时，固定量爪与活动量爪之间的距离，就是零件的测量尺寸，此时零件尺寸的整数部分可在游标零线左边的主尺刻线上读出来，而比 1 mm 小的小数部分，可借助游标读数机构来读出。现把三种游标卡尺的读数原理和读数方法介绍如下。

1）游标读数值为 0.1 mm 的游标卡尺

如图 5.9(a) 所示，主尺刻线间距（每格）为 1 mm，当游标零线与主尺零线对准（两爪合并）时，游标上的第 10 刻线正好指向等于主尺上的 9 mm，而游标上的其他刻线都不会与主尺上任何一条刻线对准。

游标每格间距 =9 mm ÷10 =0.9 mm

主尺每格间距与游标每格间距相差 =1 mm －0.9 mm =0.1 mm

0.1 mm 即为此游标卡尺上游标所读出的最小数值，再也不能读出比 0.1 mm 小的数值。当游标向右移动 0.1 mm 时，则游标零线后的第 1 根刻线与主尺刻线对准。当游标向右移动 0.2 mm时，则游标零线后的第 2 根刻线与主尺刻线对准……依此类推。若游标向右移动 0.5 mm，如图 5.8(b) 所示，则游标上的第 5 根刻线与主尺刻线对准。由此可知，游标向右移动不足 1 mm 的距离，虽不能直接从主尺读出，但可以由游标的某一根刻线与主尺刻线对准时该游标刻线的次序数乘其读数值而读出其小数值。例如，图 5.9(b) 的尺寸即为：5 ×0.1 mm =0.5 mm。

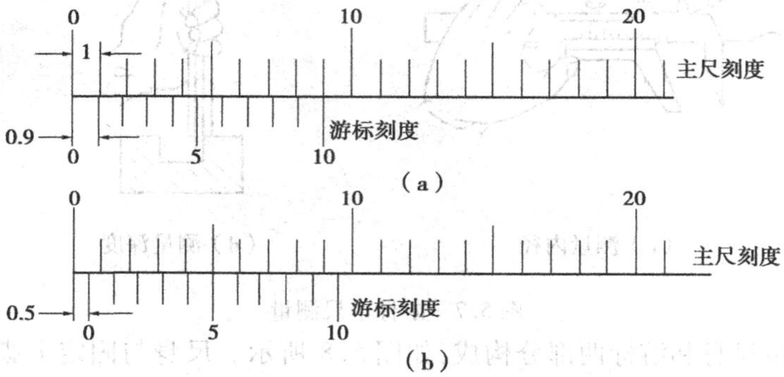

图 5.9　游标读数原理

另有 1 种读数值为 0.1 mm 的游标卡尺，图 5.10(a) 所示，是将游标上的 10 格对准主尺的 19 mm 刻线，则游标每格 = 19 mm ÷ 10 = 1.9 mm，使主尺 2 格与游标 1 格相差 = 2 － 1、9 = 0.1 mm。这种增大游标间距的方法，其读数原理并未改变，但使游标线条清晰，更容易看准读数。

在游标卡尺上读数时，首先要看游标零线的左边，读出主尺上尺寸的整数是多少毫米；其次是找出游标上第几根刻线与主尺刻线对准，该游标刻线的次序数乘其游标读数值，读出尺寸的小数；整数和小数相加的总值，就是被测零件尺寸的数值。

在图 5.10(b) 中，游标零线在 2 mm 与 3 mm 之间，其左边的主尺刻线是 2 mm，所以被测尺寸的整数部分是 2 mm；再观察游标刻线，这时游标上的第 3 根刻线与主尺刻线对准。所以，被测尺寸的小数部分为 3 ×0.1 mm =0.3 mm，被测尺寸即为(2 +0.3) mm =2.3(mm)。

2）游标读数值为 0.05 mm 的游标卡尺

如图 5.10 (c) 所示，主尺每小格为 1 mm。当两爪合并时，游标上的 20 格刚好等于主尺的 39 mm，则 游标每格间距 =39 mm ÷20 =1.95 mm 。

主尺 2 格间距与游标 1 格间距相差 =2 －1.95 =0.05(mm) 。0.05 mm 即为此种游标卡尺的最小读数值。同理,也有用游标上的 20 格刚好等于主尺上的 19 mm,其读数原理不变。

在图 5.10(d)中,游标零线在 32 mm 与 33 mm 之间,游标上的第 11 格刻线与主尺刻线对准。所以,被测尺寸的整数部分为 32 mm,小数部分为 11 ×0.05 mm =0.55 mm,被测尺寸为(32 +0.55)mm =32.55 mm。

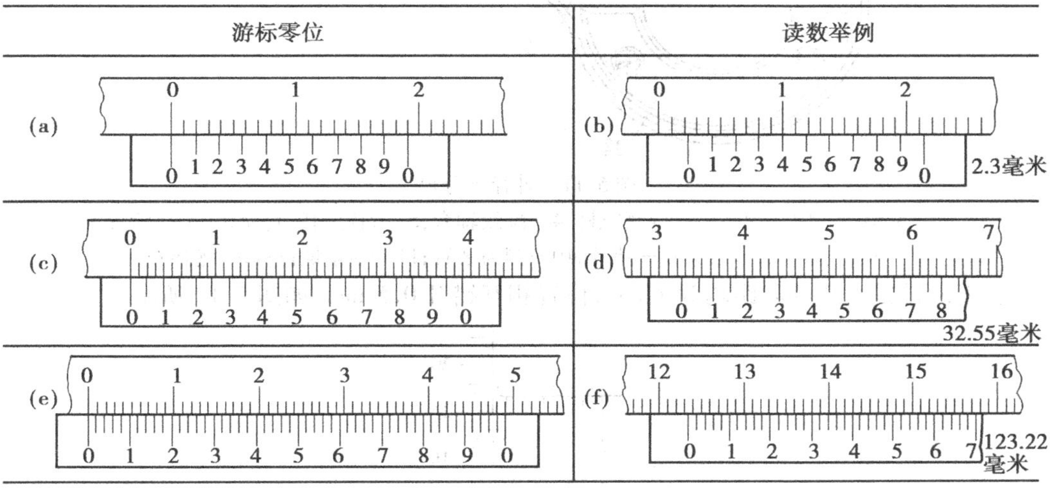

图 5.10　游标零位和读数举例

3)游标读数值为 0.02 mm 的游标卡尺

如图 5.10(e) 所示,主尺每小格为 1 mm。当两爪合并时,游标上的 50 格刚好等于主尺上的 49 mm,则 游标每格间距 =49 mm ÷50 =0.98 mm 。

主尺每格间距与游标每格间距相差 =(1 −0.98)mm =0.02 mm。0.02 mm 即为此种游标卡尺的最小读数值。

在图 5.10(f)中,游标零线在 123 mm 与 124 mm 之间,游标上的 11 格刻线与主尺刻线对准。所以,被测尺寸的整数部分为 123 mm,小数部分为 11 ×0.02 =0.22(mm),被测尺寸为 123 +0.22 =123.22(mm)。

我们希望直接从游标尺上读出尺寸的小数部分,而不要通过上述的换算,为此,把游标的刻线次序数乘其读数值所得的数值标记在游标上,这样就使读数更加方便了。

(4)外径千分尺

千分尺又称螺旋测微器或分厘卡,是基于精密螺旋副原理的通用长度测量工具。千分尺的种类很多,有外径千分尺、内经千分尺、螺旋千分尺等。通常所说的千分尺一般是指外径千分尺,主要用来测量精度较高的圆柱体外径和工件外表面长度尺寸,是一种比游标卡尺精度高、测量更灵敏的精密量具。

千分尺由尺架、测微头、测力装置和制动器等组成。图 5.11 是测量范围为 0 ~25 mm 的外径前分尺。尺架 1 的一端装着固定测砧,另一端装着测微头。固定测砧和测微螺杆的测量面上都镶有硬质合金,以提高测量面的使用寿命。尺架的两侧面覆盖着绝热板,使用千分尺时,手拿在绝热板上,防止人体的热量影响千分尺的测量精度。

1)刻线原理

千分尺弓架左端有固定砧座,右端的固定套筒在轴线方向上有一条水平中线(零基准

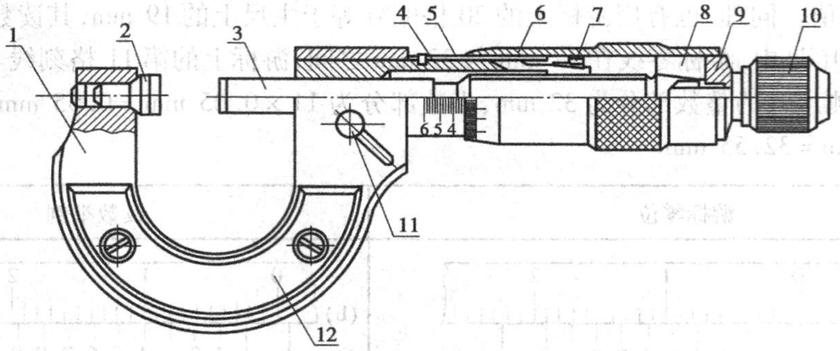

图 5.11　外径千分尺

—尺架;2—固定测砧;3—微测螺杆;4—螺纹轴套;5—固定刻度套筒;6—微分筒;
7—调节螺母;8—接头;9—垫片;10—测力装置;11—锁紧螺钉;12—绝热板

线),上、下两排刻度线的间距均为 1 mm,位置相互错开 0.5 mm,如图 5.12 所示。

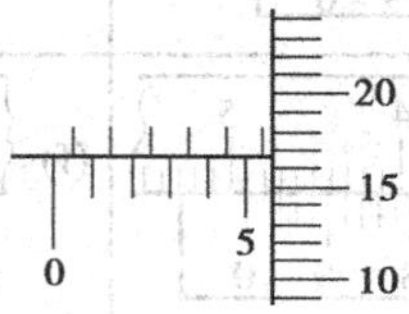

5.12　外径千分尺的刻线

千分尺螺旋副的螺杆在螺母中旋转一周,螺杆便沿着旋转轴线方向前进或后退一个螺距的距离。因此,沿轴线方向移动的微小距离,就能用圆周上的读数表示出来。千分尺的精密螺纹的螺距是 0.5 mm,活动套筒左端圆周上刻有 50 等分的刻度线。活动套筒每转一周,带动螺杆一起轴向移动 0.5 mm。所以,活动套筒每转一格,螺杆轴向移动 0.5/50 mm = 0.01 mm,即活动套筒每一小格表示 0.01 mm,即分度值为 0.01 mm。

2)读数方法

千分尺的具体读数方法可分为三步:

①读出固定套筒上露出的刻线尺寸,一定要注意不能遗漏应读出的 0.5 mm 的刻线值。

②读出微分筒上的尺寸,要看清微分筒圆周上哪一格与固定套筒的中线基准对齐,将格数乘 0.01 mm 即得微分筒上的尺寸。

③将上面两个数相加,即为千分尺上测得尺寸。

如图 5.13(a)所示,在固定套筒上读出的尺寸为 8 mm,微分筒上读出的尺寸为 27(格)× 0.01 mm =0.27 mm,上两数相加即得被测零件的尺寸为 8.27 mm;如图 5.13(b)所示,在固定套筒上读出的尺寸为 8.5 mm,在微分筒上读出的尺寸为 27(格)×0.01 mm =0.27 mm,上两数相加即得被测零件的尺寸为 8.77 mm。

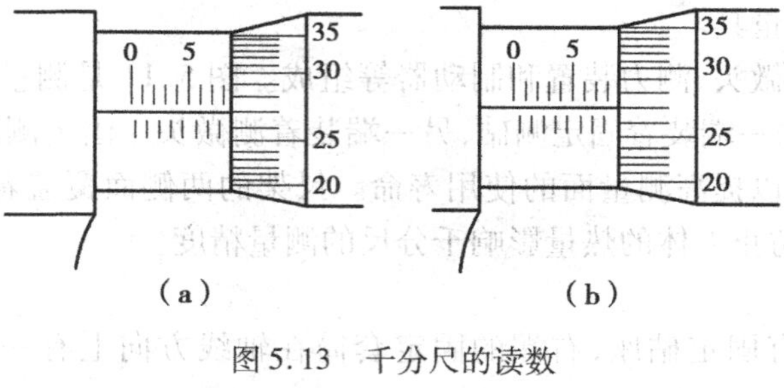

(a)　　(b)

图 5.13　千分尺的读数

(5)内径百分表

内径百分表是内量杠杆式测量架和百分表的组合,如图5.14所示,用以测量或检验零件的内孔、深孔直径及其形状精度。

内径百分表测量架的内部结构,由图5.14可见。在三通管的一端装着活动测量头,另一端装着可换测量头,垂直管口一端,通过连杆装有百分表。活动测头的移动,使传动杠杆回转,通过活动杆,推动百分表的测量杆,使百分表指针产生回转。由于杠杆的两侧触点是等距离的,当活动测头移动1 mm时,活动杆也移动1 mm,推动百分表指针回转一圈。所以,活动测头的移动量可以在百分表上读出来。

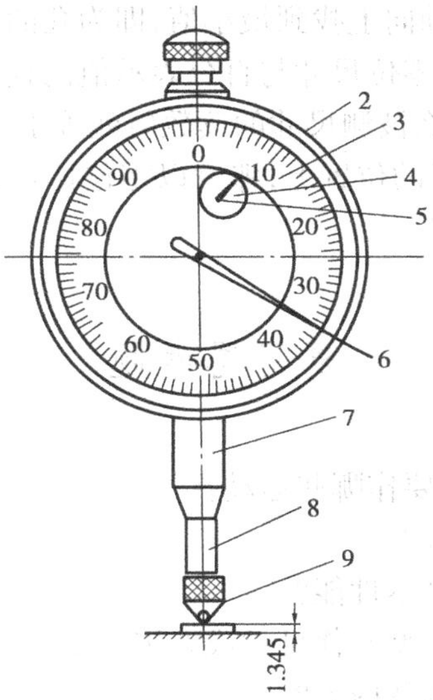

图5.14　内径百分表

头;2—测量头;3—三通管;4—连杆;5—百分表;

动杆;7—传动杠杆;8—定芯护桥;9—弹簧

两触点量具在测量内径时,不容易找正孔的直径方向,定芯护桥8和弹簧9就起到了帮助找正直径位置的作用,使内径百分表的两个测量头正好在内孔直径的两端。活动测头的测量压力由活动杆上的弹簧控制,保证测量压力一致。

内径百分表活动测头的移动量,小尺寸的 只有0~1 mm,大尺寸的可有0~3 mm,它的测量范围是由更换或调整可换测头的长度来达到的。因此,每个内径百分表都附有成套的可换测头。国产内径百分表的读数值为0.01 mm,测量范围有包括:10~18 mm;18~35 mm;35~50 mm;50~100 mm;100~160 mm;160~250 mm;250~450 mm。

用内径百分表测量内径是一种比较量法,测量前应根据被测孔径的大小,在专用的环规或百分尺上调整好尺寸后才能使用。调整内径百分尺的尺寸时,选用可换测头的长度及其伸出的距离(大尺寸内径百分表的可换测头是用螺纹旋上去的,故可调整伸出的距离,小尺寸的不能调整),应使被测尺寸在活动测头总移动量的中间位置。

内径百分表的指针摆动读数,刻度盘上每一格为0.01 mm。盘上刻有100格,即指针每转一圈为1 mm。

内径百分表的使用方法:

①选择和安装好可换测头，保证量表测量端的长度比零件的被测公称尺寸长0.5～1 mm，然后将螺母锁紧使可换测头固定。

②将百分表插入量表测杆的直管轴孔中，装妥百分表头并使其压缩近1 mm左右，并紧固好。

③根据被测尺寸的大小，用外径千分尺将内径百分表“对零位”。首先手握量表测杆将其测量端放入外径千分尺两测量面间，左右摆动直至找到最小值为止，此时另一只手转动表圈使刻度盘上的零刻线与大指针重合。

④将内径百分表测量端倾斜放入被测孔内，测量端放入孔内后将内径百分表竖直，然后左右摆动测杆，使内径百分表在轴向上找到最小值，即为孔的直径。

⑤被测尺寸的读数值应等于零位尺寸与百分表示值的代数和。测量时，当大指针与小指针都回到“对零位”时的位置，那么被测尺寸的读数值就等于“对零位”时千分尺上的尺寸（零位尺寸）；如果没有回到“对零位”的位置上，那就以零位这点为分界线，处在顺时针方向时为“负差”，处在逆时针方向为“正差”。

复习思考题

5.1　切削时，工件和刀具需要作哪些运动？

5.2　切削用量包括哪些内容？

5.3　刀具材料应具备哪些基本性能？

5.4　刀具材料主要有哪些类型？你见过或者用过哪些刀具材料？

5.5　零件的加工精度包括哪些内容？

5.6　千分尺如何读数？

第6章 车削

车削安全操作规程：

①操作者须穿戴合适的工作服，长发要压入帽内，不得戴手套进行操作。

②多人共用一台机床时，必须分段操作，严禁同时操作一台机床。

③开车前，检查手柄的位置是否到位，刀具和工件装夹是否牢固，确认正确后方可开动车床。

④开动车床后，不允许触摸和测量工件。

⑤严禁车削时变换车床主轴转速。机床运行中不得擅离岗位或委托他人看管，如遇机床异常，应立即停车检查。

⑥车削时，回转刀架应调整到合适位置，以防小滑板左端碰撞卡盘而发生事故。

⑦机动和横向进给时，严禁床鞍及横滑板超过极限位置，以防滑板脱落或碰撞卡盘而发生事故。

⑧发生事故时，应立即关闭电源。

6.1 概　述

车削加工是在车床上以工件的回转运动为主运动、以刀具的直线运动为进给运动来加工各种回转体表面的切削方法。车削加工可以加工各种回转体表面，主要包括：内外圆柱面、内外圆锥面、内外螺纹、端面、沟槽、滚花及成形表面等。采用特殊装置后，在车床上还可以加工非圆回转体表面，如凸轮、端面螺纹等。车床的加工范围如图6.1所示。

车削加工是机械加工方法中应用最广泛的方法之一，是加工轴类、盘类和套类零件的主要方法。无论是成批大量生产，还是单件小批生产，车削加工都占有非常重要的地位。车削加工既可以加工金属材料，也可以加工木、塑料、橡胶、尼龙等非金属材料。

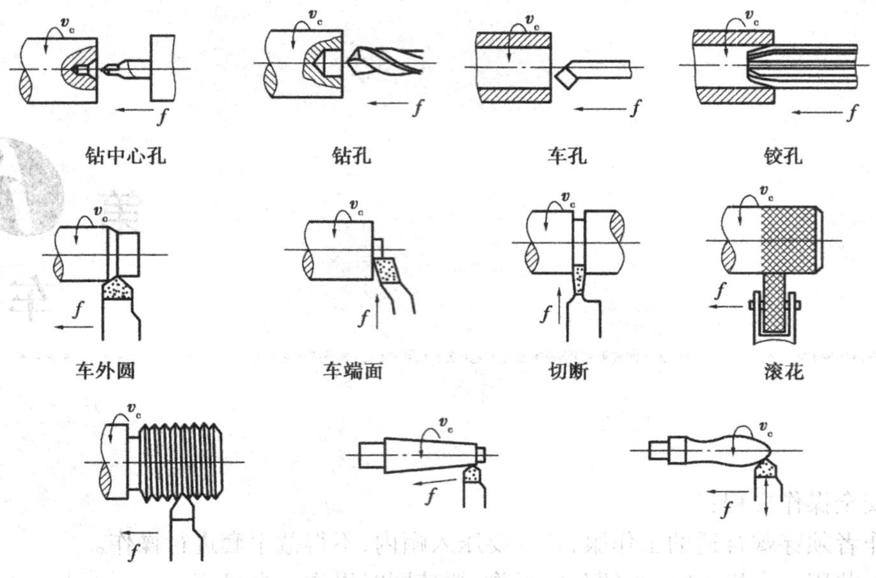

图 6.1　车床的加工范围

6.2 卧式车床的组成

车床是车削加工必需的工艺装备，它提供刀具和工件之间的相对运动，提供实现工件表面成形所需的成形运动，以及提供加工动力。

车床约占金属切削机床总数的40%，而且种类很多，根据其用途和功能不同主要分为卧式车床、立式车床、砖塔车床、多刀车床、自动及半自动车床、仿形车床以及专用车床等。应用最广泛的是卧式车床。

根据国标 GB/T 15375—1994 规定，车床型号由汉语拼音字母和数字组成，现以金工实习教学中应用比较广泛的 C6132 型车床为例进行说明：C——类别代号，属车床类型；6——组别代号，属普通落地及卧式车床组；1——型别代号，属普通卧式车床型；32——车床主要参数（车床能加工的工件最大直径的 1/10，即工件最大回转直径为 320 mm）。

6.2.1　卧式车床的组成

(1) 车床的外形及组成

卧式车床主要由床身、主轴箱、进给箱、溜板箱、刀架、尾座等六大部分组成，如图 6.2 所示。

1) 床身

床身用来支持和安装车床各部件，并保证各部件之间准确的相对位置。床身上面有保证刀架正确移动的三角导轨和供尾座正确移动的平导轨。

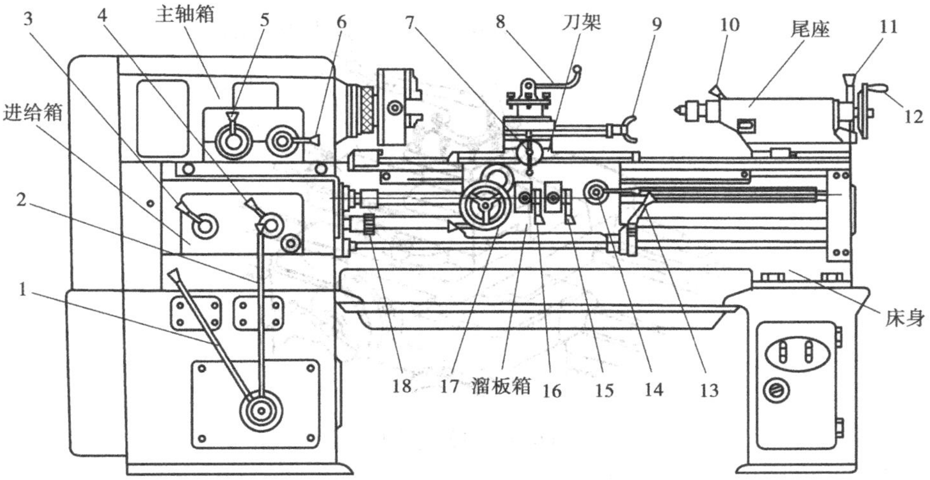

图6.2 C6132车床的外形及组成

、6—主运动变速手柄;3、4—进给运动变速手柄;5—刀架左右移动换向手柄;7—刀架横向手动手柄;
架锁紧手柄;9—小滑板移动手柄;10 尾座套筒锁紧手柄;11—尾座锁紧手柄;12—尾座套筒移动手轮;
轴正反转及停止手柄;14—“开合螺母”开合手柄;15—刀架横向自动手柄;16—刀架纵向自动手柄;
17—刀架纵向手动手轮;18—光杠、丝杠更换使用的离合器

2)主轴箱

主轴箱支承主轴且内有多组齿轮变速机构,将由变速箱传来的6种转速转变为12种转速,使主轴得到各种不同的转速。主轴多为空心结构,可以穿入圆棒料;主轴前端用于安装卡盘和夹具等附件来装夹工件,带动工件一起旋转。

3)进给箱

进给箱内装进给运动的变速机构,通过手柄改变进给箱内变速齿轮的位置,调整进给量和螺距,并将主轴的运动传递给光杠或丝杠,使光杠或丝杠得到各种不同的速度。

4)变速箱

变速箱内装变速机构。电动机的转速传递给变速箱,经变速箱传递到主轴箱获得6种不同的转速。不同的转速是通过改变变速箱上变速手柄的位置获得的。

5)溜板箱

溜板箱上安装有床鞍、横滑板、小滑板和刀架。能将光杠的转动转变为车刀的纵向或横向移动,通过“开合螺母”可将丝杠的转动转变为车刀的纵向移动,用以加工螺纹。

6)刀架

刀架用来装夹车刀,使其作横向、纵向或斜向进给。刀架组成如图6.3所示。

①床鞍与溜板箱连接,可带动车刀沿床身导轨作纵向移动。

②中滑板带动车刀沿床鞍上的导轨作横向移动。

③转盘与中滑板用螺栓紧固,松开螺母,可在水平面内扳转任意角度。

④小滑板可沿转盘上面的导轨作短距离移动,将转盘扳转一定角度后,小滑板可带动车刀作斜向移动。

⑤方刀架固定于小滑板上,作用是装夹刀具,最多可装4把车刀。松开锁紧手柄可转动以选用所需车刀。

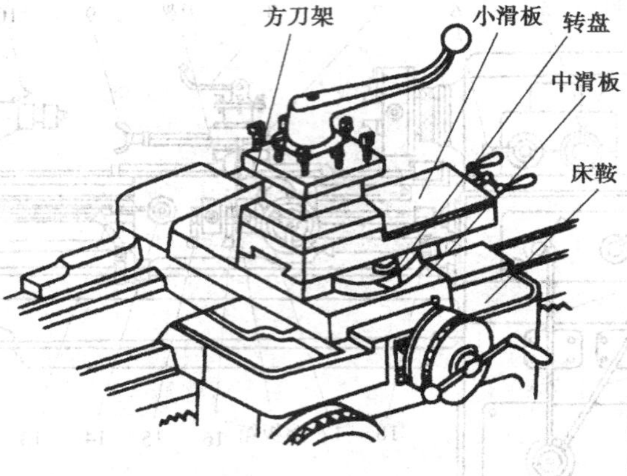

图6.3　刀架的组成

7)尾座

尾座安装于床身导轨上并可沿导轨移动。在尾座的套筒内可安装顶尖用以支承工件或安装钻头、扩孔钻、铰刀、丝锥等刀具,用以钻孔、扩孔、铰孔、攻螺纹。

8)光杠和丝杠

光杠用来传递动力,带动溜板、横滑板,使车刀作纵向或横向进给运动。丝杠用来车削螺纹。

(2)手柄

车床的手柄较多,操作车床时,手柄的使用非常重要,下面对照图6.2说明各手柄的作用及操作方法。

1)车床起动手柄

手柄控制主轴的正反转和停止。手柄向上扳,主轴正转;向下扳,主轴反转;手柄处于中间位置;则主轴停止。

2)主轴转速调整手柄

主轴的中转速依靠调整手柄1、2、6来获得。变速箱上的手柄1(短手柄)有左、右两个位置,变速箱上的手柄2(长手柄)有左、中、右三个位置,主轴箱上的手柄6有左、右两个位置。根据标牌将手柄1、2、6扳至一定位置,即可获得相应的转速。

3)进给量调整手柄

进给量是靠交换齿轮及调整进给箱上的手柄3、4获得的。当交换齿轮一定时,调整进给箱上的手柄3(可处于5个位置)、手柄4(可处于4个位置),根据标牌将手柄3、4扳至一定位置,可获得20种进给量。

4)刀架转移方向控制手柄

刀架的转移方向由手柄5、14、15、16控制。手柄15向上扳,刀架横向自动进给,向下扳则停止。手柄16向上扳,刀架纵向自动进给,向下扳则停止。根据标牌指示方向扳动主轴箱上的手柄5,可控制刀架向左还是向右移动。车螺纹时将“开合螺母”开合手柄14向上扳,“开合螺母”合上,则丝杠传来的运动将转变为车刀的纵向移动,向下扳则打开“开合螺母”。

5）手动控制手柄

这包括：刀架纵向手动手轮、刀架横向手动手柄、小滑板移动手柄、尾座套筒移动手轮。

6）离合器

光杠或者丝杠由离合器18来控制。将离合器18向左拉，则光杠旋转；向右拉则丝杠旋转。

7）锁紧手柄

这包括方刀架锁紧手柄、尾座套筒锁紧手柄、尾座锁紧手柄。

6.2.2 卧式车床的传动系统

C6132车床的传动系统如图6.4所示。

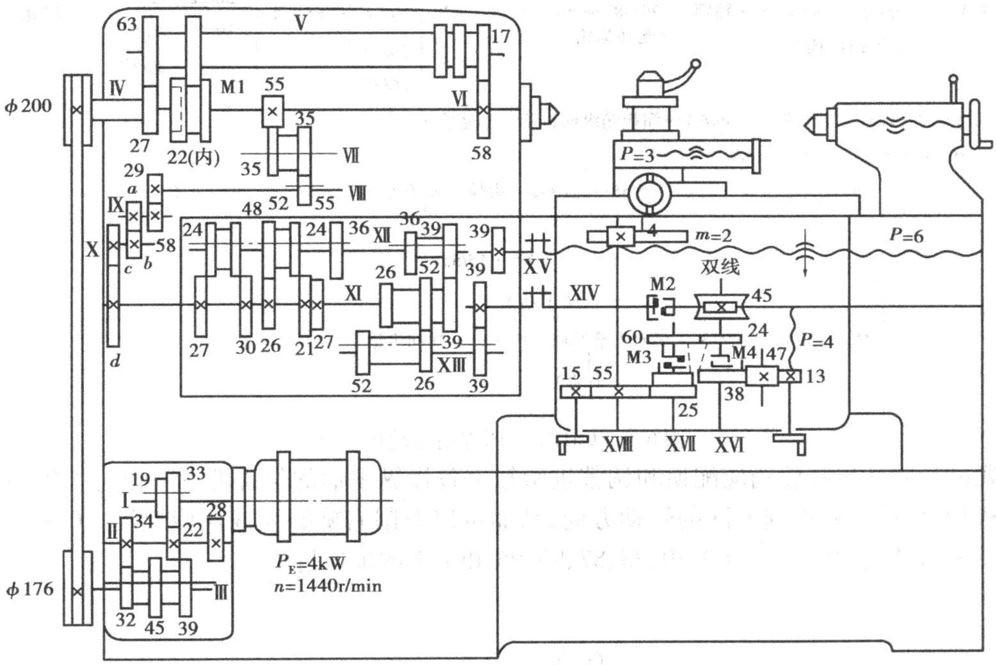

图6.4 C6132车床传动系统图

车床传动系统由主运动传动系统和进给运动传动系统组成。

（1）主运动传动

主运动传动是指从电动机到主轴之间的传动系统，其传动系统路线可用图6.5所示的传动链表示。

C6132车床主轴可获得45～1 980 r/min之间的12种转速，反转是通过电动机的反转来实现的。主轴的12种转速可根据上述传动链，按传动比的关系分别计算出来。

（2）进给运动传动

进给运动是由主轴至刀架之间的传动来实现的。车床的进给量是以工件（主轴）每转一周，刀具移动的距离来表示的，所以其传动链是以主轴为主动件，如图6.6所示。

C6132车床有20种进给量，纵向进给量为0.06～3.34 mm/r，横向进给量为0.04～2.45 mm/r。在车削外圆、端面和加工各种标准螺纹时，不需要计算进给量，只要根据进给量

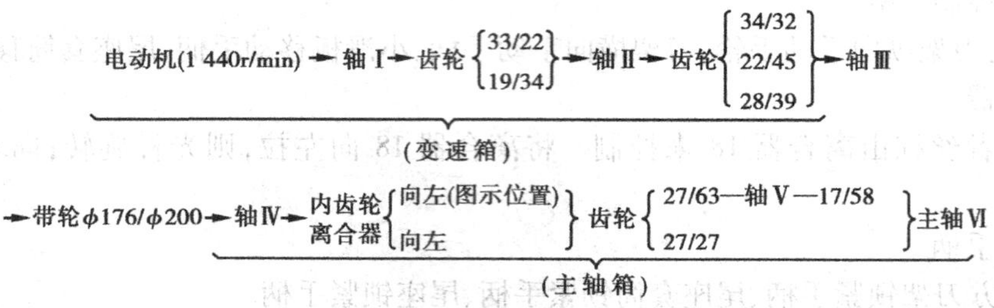

图 6.5　C6132 车床的传动链

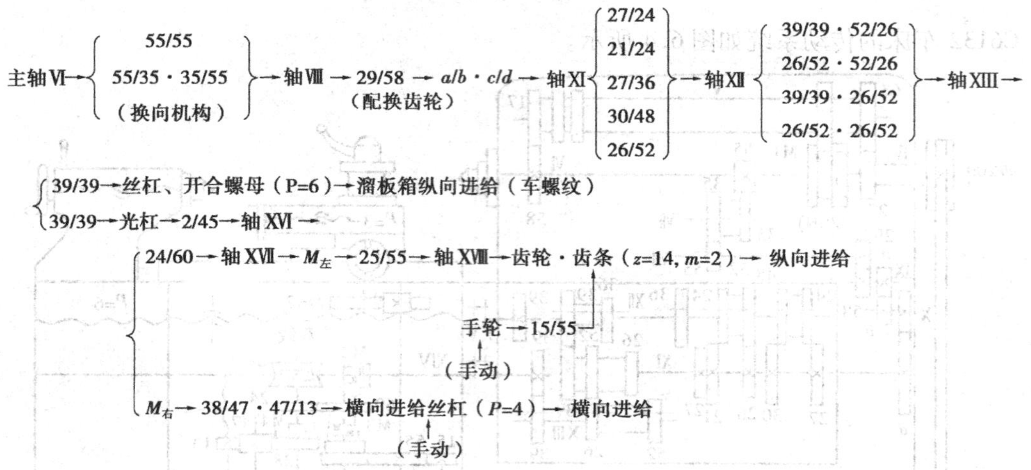

图 6.6　C6132 车床进给运动传动链

和螺距的标牌选出挂轮箱应配换和调整进给箱上各操纵手柄的位置即可。通过主轴箱中的换向机构,可使丝杠得到不同的转动方向,从而可以车削右旋螺纹或左旋螺纹。C6132 车床附有一套齿数为 30、45、55、60、70、75、87、90、95 和 127 的配换齿轮。

6.3　车　刀

车刀是车削加工所必需的工具,是一种单刃刀具。车刀的性能主要取决于刀具的材料、结构和几何参数等,刀具性能的优劣对车削加工质量、生产率有直接的影响。

6.3.1　车刀的组成

车刀是由刀头(切削部分)和刀体(夹持部分)组成的,如图 6.7 所示。车刀可用高速钢制成,目前常用的车刀采用高速钢车刀和在碳素结构钢的刀体上焊接硬质合金刀片而成。车刀的切削部分由三面二刃一尖组成。

①前刀面:刀具切削时切屑流经的表面。

②主后刀面:刀具上同前刀面相交形成主切削刃的后刀面。

③副后刀面:刀具上同前刀面相交形成副切削刃的后刀面。

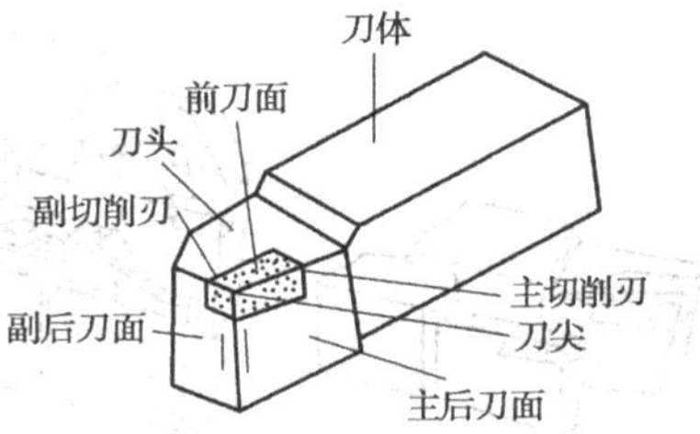

图6.7 刀具切削部分的结构

④主切削刃:起始于切削刃上主偏角为零的点,并至少有一段切削刃用来在工件上切出过渡表面的那段切削刃。对车刀来说,主切削刃是前刀面与主后刀面的交线,它担负着主要的切削工作。

⑤副切削刃:切削刃上除主切削刃以外的切削刃,亦起始于主偏角为零的点,但它向背离主切削刃的方向延伸,对车刀来说是前刀面与副后刀面的交线,参与少量的切削工作。

⑥刀尖:主切削刃与副切削刃的连接处相当少的一部分切削刃。为了强化刀尖,通常磨成一小段过渡圆弧或制成一小段直线过渡刃。

6.3.2 车刀的分类

(1)按用途分

不同的车刀用于加工不同的表面,其分类如图6.8所示。

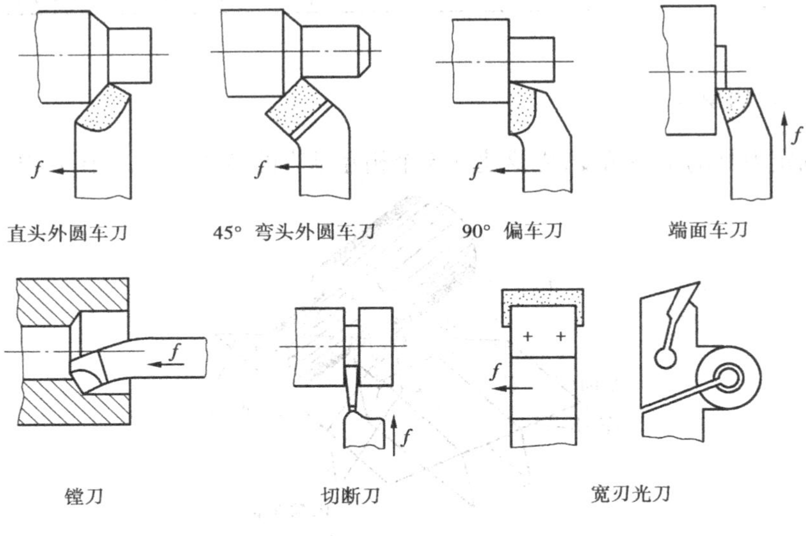

图6.8 常见的几种车刀

(2)按结构形式分

按刀体的连接形式可将车刀分为整体式车刀、焊接式车刀、机夹式车刀和机夹可转位式车刀4种结构形式,如图6.9所示。各种结构类型车刀的特点和用途见表6.1。

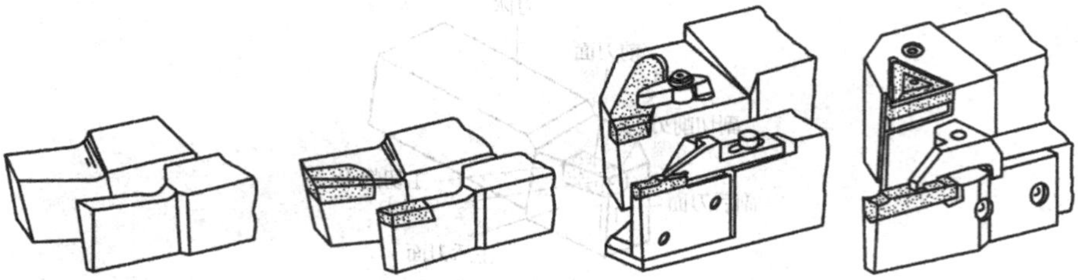

图 6.9 车刀的结构形式

表 6.1 各种结构类型车刀的特点和用途

名称	特点	适用范围
整体式	整体用高速钢制造,切削刃可磨得很锋利	用于小型车床上加工工件或加工非铁金属(有色金属)
焊接式	中碳钢刀杆上焊接硬质合金或高速钢刀片,结构紧凑、使用灵活	各类车刀特别是较小的刀具
机夹式	避免了焊接产生的应力、变形等焊接缺陷,刀杆利用率高,刀片可集中刃磨,使用灵活	外圆车刀、端面车刀、镗刀、切断刀、螺纹车刀
机夹可转位式	避免了焊接产生的应力、变形等焊接缺陷,刀杆利用率高,刀片可快速转位	大中型车床加工外圆、端面、镗孔等。特别适用于自动生产线和数控车床

6.3.3 刀具的角度

为便于确定刀具的主要角度,先要建立 3 个相互垂直的参考平面,如图 6.10 所示。

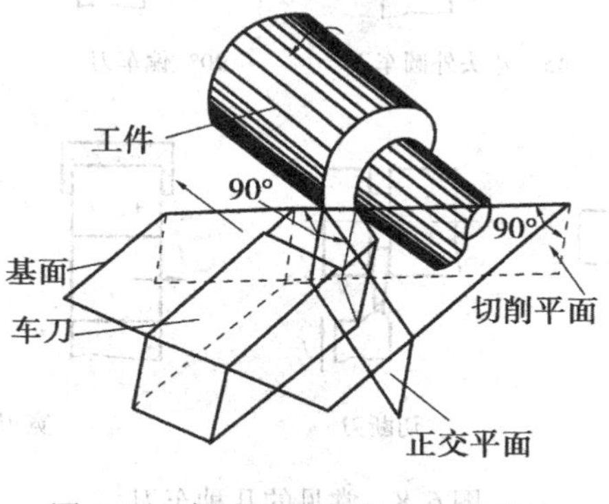

图 6.10 标注刀具角度的参考平面

①基面:通过切削刃选定点的平面。它平行或垂直于刀具在制造、刃磨及测量时适合于安装或定位的一个平面或轴线,一般其方位要垂直于假定的主运动方向。

②切削平面:通过切削刃选定点与切削刃相切并垂直于基面的平面。

③正交平面:通过主切削刃选定点并同时垂直于基面和切削平面的平面。

刀具切削部分的主要角度有前角、后角、主偏角、副偏角和刃倾角,如图 6.11 所示。

①前角 γ_0:在正交平面内测量,前刀面与基面之间的夹角。前角越大,刀具越锋利,切削

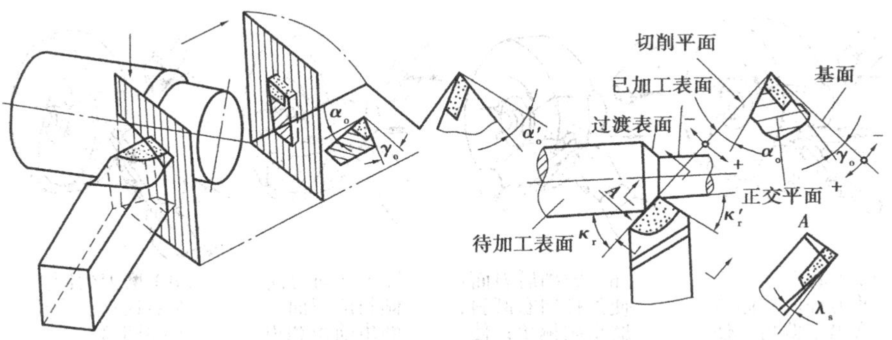

正交平面内度量的角度　　车刀的主要角度

图6.11　刀具的主要角度

力越小,越减少切削消耗和切削热,已加工表面质量越好。但前角也不能过大,否则会使主切削刃强度降低,易崩刃。前角一般在 -5°~25°内选取。当粗加工,工件的强度、硬度高,工件为脆性材料,刀具材料硬度高、冲击韧度低,加工断续表面时,前角应较小。反之,前角应较大。

②后角 α_0:在正交平面内测量,主后刀面与切削平面之间的夹角。后角能减小切削时主后刀面与加工表面的摩擦,对刀具的磨损和加工表面粗糙度有很大的影响。后角一般为 3°~12°,粗加工时取小值,精加工时取大值。

③主偏角 κ_γ:主切削平面与假定工作平面之间的夹角。主偏角减小,主切削刃参加切削的长度增加,刀具磨损变慢,但作用于工件上的径向力会增加。常用刀具的主偏角有 45°、60°、75°、90°。加工刚性较差或有垂直阶梯的零件时,应选用主偏角为 90°的刀具。

④副偏角 κ_γ':副切削平面与假定工作平面之间的夹角。副偏角可以减小副切削刃与工件已加工表面之间的摩擦,减小已加工表面的粗糙度。副偏角一般为 5°~15°。当进给量一定时,副偏角越小,粗糙度值越小,所以精加工时副偏角应较小。

⑤刃倾角 λ_s:在主切削平面中测量,主切削刃与基面的夹角。刀尖为切削刃最高点时为正,反之为负。刃倾角能够改变切屑的流向,增加刀尖的强度。一般刃倾角取 -5°~5°,粗加工或切削硬脆材料时,取负值,精加工时取正值。

6.3.4　车刀的刃磨

车刀用钝后必须重新刃磨,车刀刃磨一般都在砂轮机上进行。磨高速钢或硬质合金车刀刀体用刚玉砂轮,磨硬质合金刀头用绿色碳化硅砂轮。车刀刃磨的步骤如图 6.12 所示。

刃磨车刀时应注意:

①启动砂轮或磨刀时,人应站在砂轮侧面,防止砂轮破碎伤人。

②刃磨时,双手拿稳车刀,用力要均匀,刀具应轻轻接触砂轮,防止砂轮破碎或车刀没有拿稳而飞出。

③刃磨车刀时,刀具应在砂轮圆周面上左右移动,使砂轮磨损均匀。不要在砂轮侧面用力刃磨车刀,防止砂轮偏斜、摆动、跳动甚至碎裂。

④刃磨高速钢车刀,刀头磨热后,放入水中冷却,防止刀头软化;刃磨硬质合金车刀,刀头磨热后,将刀杆置于水中冷却,刀头不能蘸水,防止产生热裂纹。

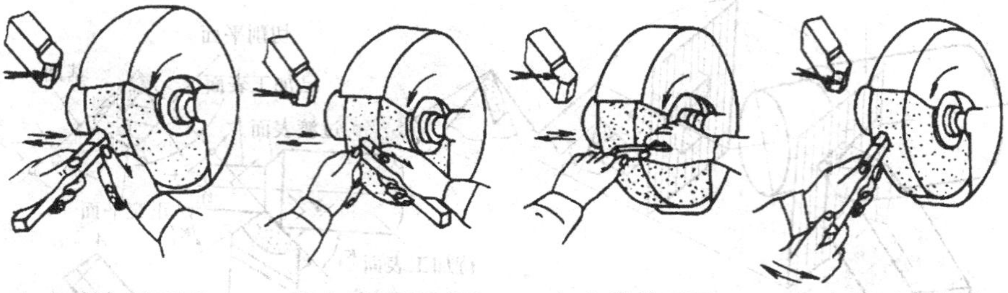

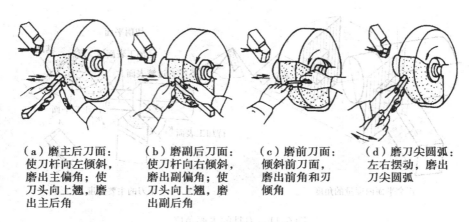

（a）磨主后刀面：使刀杆向左倾斜，磨出主偏角；使刀头向上翘，磨出主后角

（b）磨副后刀面：使刀杆向右倾斜，磨出副偏角；使刀头向上翘，磨出副后角

（c）磨前刀面：倾斜前刀面，磨出前角和刃倾角

（d）磨刀尖圆弧：左右摆动，磨出刀尖圆弧

图 6.12　车刀的刃磨

⑤车刀的各面在砂轮机上磨好后，还应用油石修磨各刀面，以减小各刀面的粗糙度，从而延长刀具的使用寿命和减小加工表面的粗糙度。

6.3.5　车刀的安装

为了保证刀具具有合理的几何角度，保证加工质量，必须正确安装车刀。车刀的安装如图 6.13 所示。

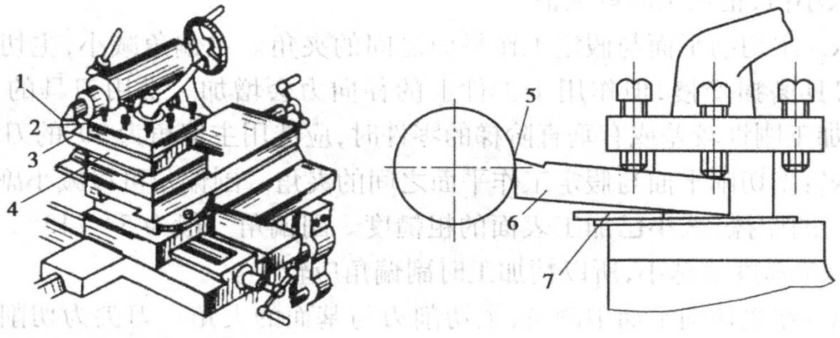

（a）正确　　（b）错误

图 6.13　车刀的安装

顶尖；2—刀头前面朝上；3—刀头伸出长度小于两倍刀体高长度；4—刀体与工件轴线垂直；5—刀尖与工件轴线不等高；6—车刀伸出过长；7—垫片放置不平整

安装车刀时应注意以下几点：

①刀头不宜伸出太长，伸出长度应小于刀具厚度的两倍，以防止产生振动，影响工件加工精度和表面粗糙度。

②刀尖对准尾座顶尖，确保刀尖与车床主轴线等高，刀杆应与工件轴线垂直。车刀装得太高，会使后角减小；车刀装得太低，会使前角减小，切削不顺利，甚至使刀尖崩碎。

③刀具应垫好、方正、夹牢，并尽可能用厚垫片，以减少垫片数量。

④装好工件和刀具后，检查加工极限位置是否会发生干涉、碰撞。

⑤拆卸刀具和切削工件时，切记先锁紧方刀架。

6.4 工件的安装及其附件

车床主要用来加工各种轴类和盘套类零件。安装工件时,应使工件被加工表面的回转中心和车床主轴的轴线重合,以保证加工后的表面有正确的位置,即定位;同时还要夹紧工件,以承受切削力,保证加工安全。车床上常用来装夹工件的附件有:三爪自动定心卡盘、四爪单动卡盘、顶尖、中心架、跟刀架、心轴、花盘和压板等。

6.4.1 三爪自动定心卡盘

三爪自动定心卡盘是车床上最常用的通用夹具,其结构如图6.14所示。当转动小锥齿轮时,可使与它相啮合的大锥齿轮随之转动,大锥齿轮背面的平面螺纹就使三个卡爪同时沿卡盘上的径向槽同时向中心或背离中心移动,以装夹或松开工件。当工件直径较大时,可换上反爪进行装夹。三爪自动定心卡盘能自动定心,虽定心精度不高,一般为0.05~0.15 mm,但装夹方便。此卡盘适应于装夹中、小型圆柱形棒料、六方形棒料、盘类工件等。

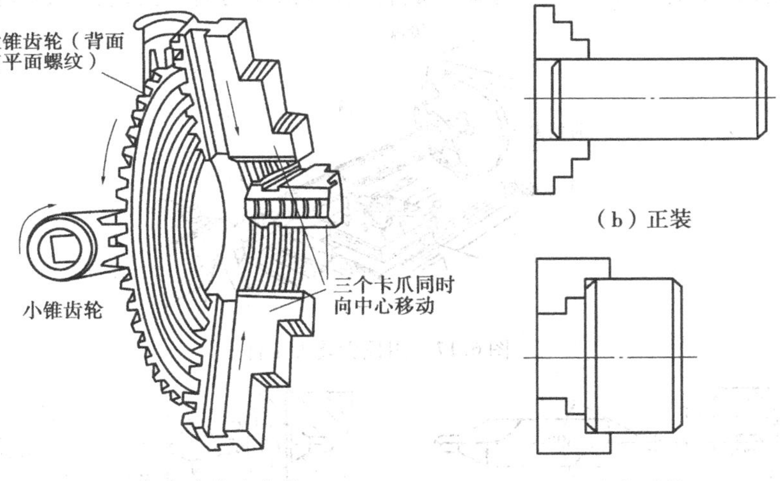

(a)自定心卡盘 (b)正装 (c)反装

图6.14 三爪自动定心卡盘

6.4.2 四爪单动卡盘

四爪单动卡盘的结构如图6.15所示。它的四个卡爪的径向位移是由四个螺杆单独调节的。由于卡爪单独调节不能自动定心,因此它可以装夹方形、矩形、椭圆或其他不规则形状的工件,而且夹紧力大,夹紧更可靠。在装夹工件时必须找正,找正的方法有多种,常采用画线盘或百分表进行找正,以使车削的回转体轴线对准车床主轴轴线。用百分表找正的方法如图6.16所示,其定位精度可达到0.01 mm。

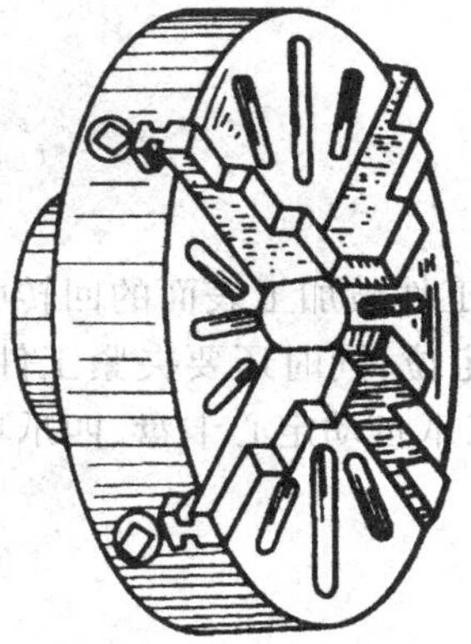

图 6.15　四爪卡盘

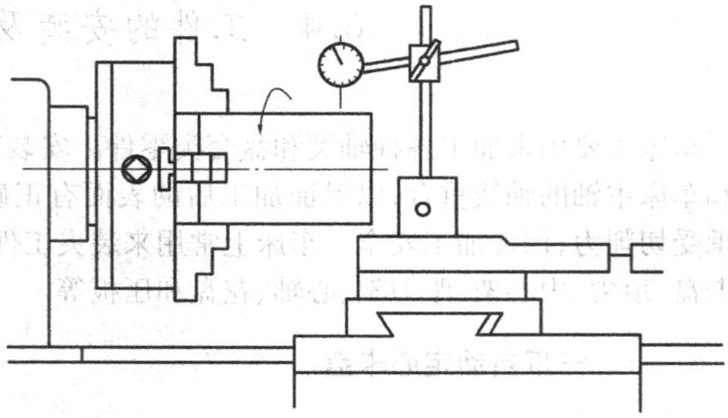

图 6.16　用百分表找正

6.4.3　顶尖

较长的轴或在加工过程中需要多次装夹的工件，常采用两顶尖装夹，如图 6.17 所示。前顶尖为死顶尖，装在主轴锥孔内，同主轴一起转动；后顶尖为活顶尖，装在尾座套筒内。

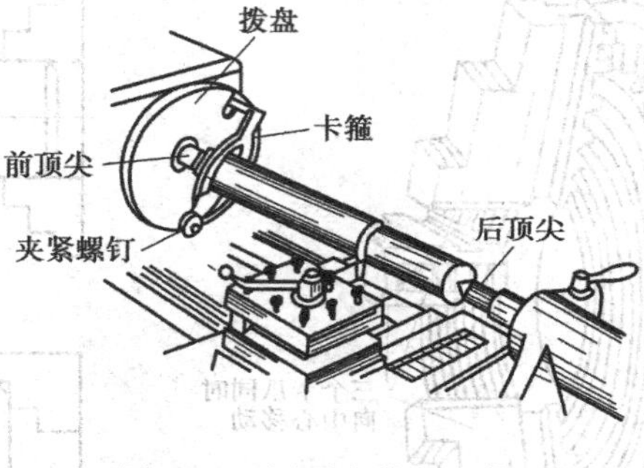

图 6.17　用顶尖装夹工件

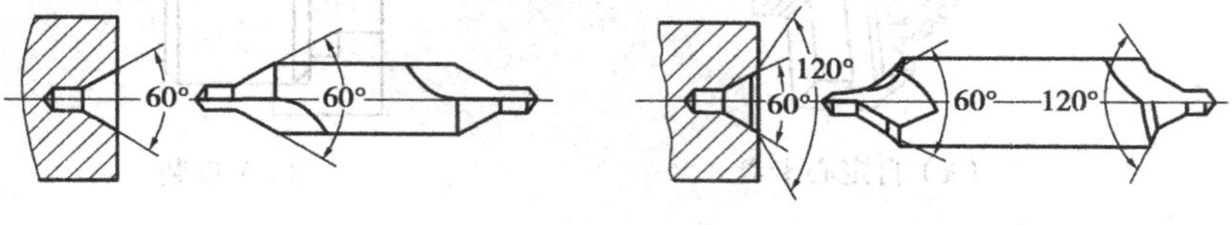

（a）A型中心孔　　（b）B型中心孔

图 6.18　中心钻和中心孔

顶尖正确的安装步骤为：

①安装前，车削工件两端面并钻中心孔，中心孔的形状如图 6.18 所示。

②擦净顶尖尾部锥面、主轴内锥孔及尾座套筒锥孔，再将顶尖用力装入锥孔内，最后调整尾座横向位置，直至前后顶尖轴线重合，如图 6.19 所示。对精度要求较高的轴，应边加工边测量、调整，否则会加工出图 6.20 所示的锥体。

③擦净拨盘的内螺纹和主轴的外螺纹，将拨盘拧在主轴上，如图 6.21 所示。再把工件的一端装上卡箍并拧紧夹紧螺钉，最后将工件安装在两顶尖之间，如图 6.22 所示。

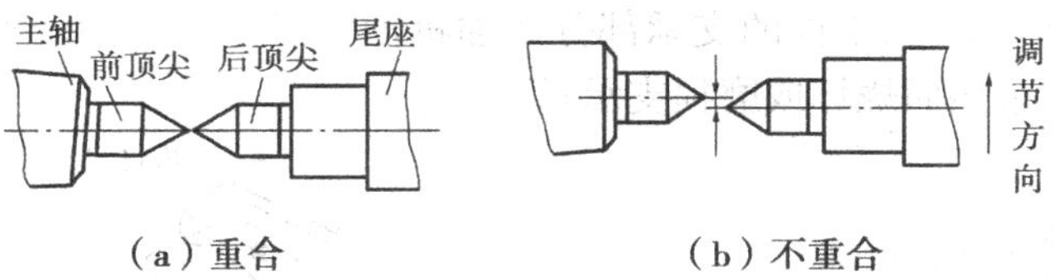

图6.19 两顶尖轴线应重合

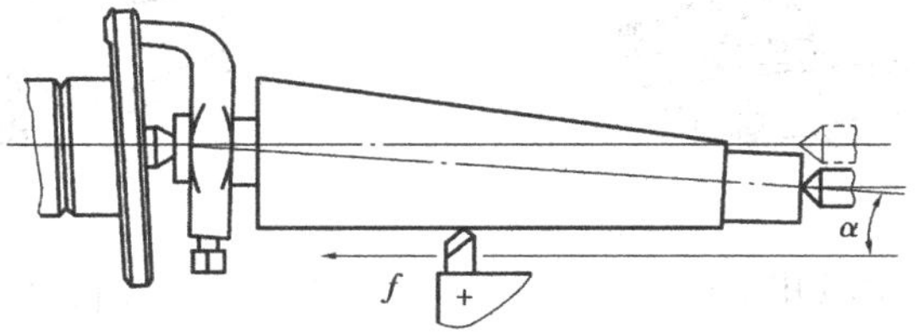

图6.20 两顶尖轴线不重合，将车出锥体

α-工件轴线与进给方向不平行的夹角

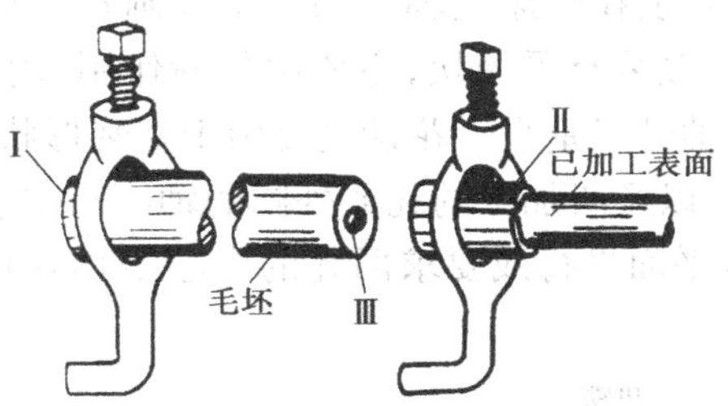

图6.21 在工件上装卡箍

Ⅰ—工件露出应尽量短 Ⅱ—垫以开缝的套管以免夹伤工件 Ⅲ—加黄油

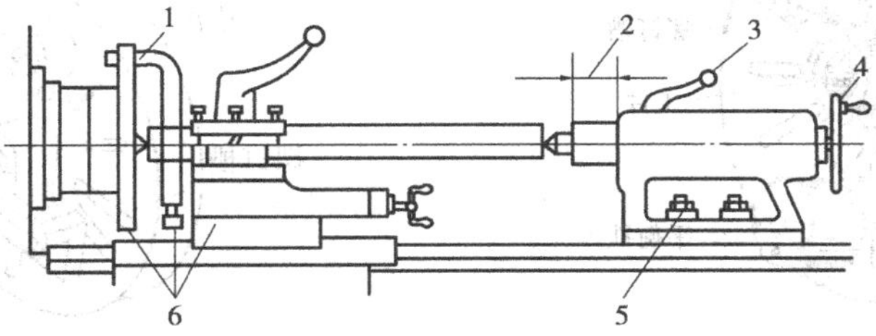

图6.22 顶尖间装夹工件

2—调整套筒伸出长度；3—锁紧套筒；4—调整工件与顶尖松紧；5—固定尾座；

6—刀架移至车削行程左侧，用手转动拨盘，检查是否会碰撞

6.4.4 中心架和跟刀架

车削细长轴时，为防止轴受切削力作用而产生弯曲变形，常采用中心架或跟刀架作辅助支承。中心架如图6.23所示，固定在床身导轨上，三个可调节的卡爪支承于预先加工的外圆面上，主要用于加工阶梯轴、长轴端面、轴端的内控和中心孔。跟刀架主要用于光轴加工，如图6.24所示，将跟刀架固定于床鞍上并随床鞍一起作纵向移动。使用跟刀架之前，先在工件上靠近后顶尖处车出一小段圆柱面，用以调整支承爪的位置和松紧，然后车出工件的全长。跟刀架主要用于加工细长的光轴和长丝杠等。

使用中心架或跟刀架时，工件的支承部分要加机油润滑。工件的转速不能太高，以免工件与支承爪之间摩擦过热而烧坏或磨损支承爪。

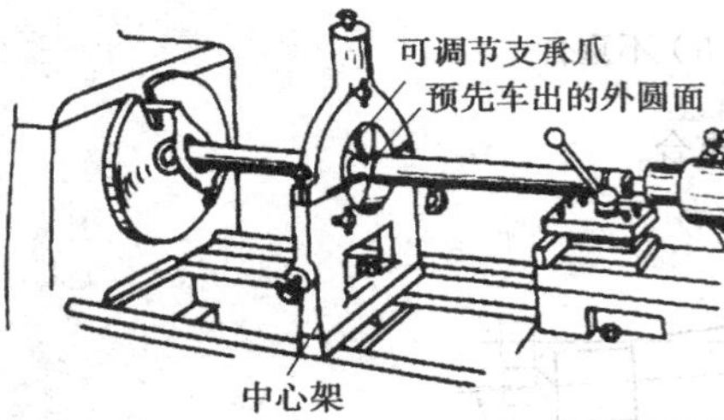

图 6.23　中心架的应用

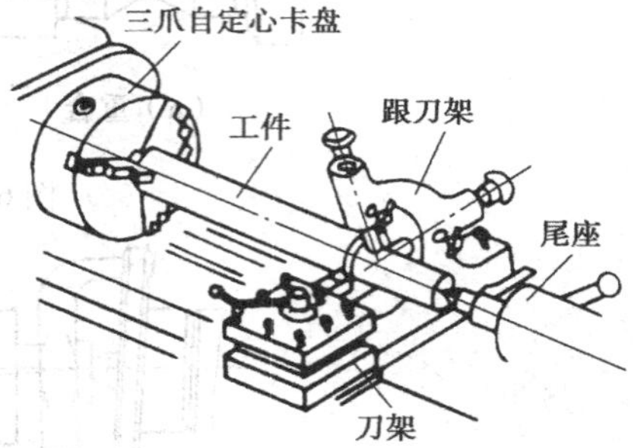

图 6.24　跟刀架的应用

6.4.5　花盘

花盘如图 6.25 所示，是安装在车床主轴上的一个大圆盘。盘面上有许多长槽用来压紧螺栓，以夹紧工件。花盘上一般装有平衡块，主要起平衡作用，用以减少花盘转动时的振动。花盘的盘面必须平整并与主轴轴线垂直。花盘主要用于安装形状不规则的大型工件，可确保所加工平面与安装平面平行，以及所加工的孔或外圆的轴线与安装平面垂直。当要求待加工的孔（或外圆）的轴线与安装平面平行或要求两孔的中心线相互垂直时，可用花盘、弯板安装工件，如图 6.26 所示。

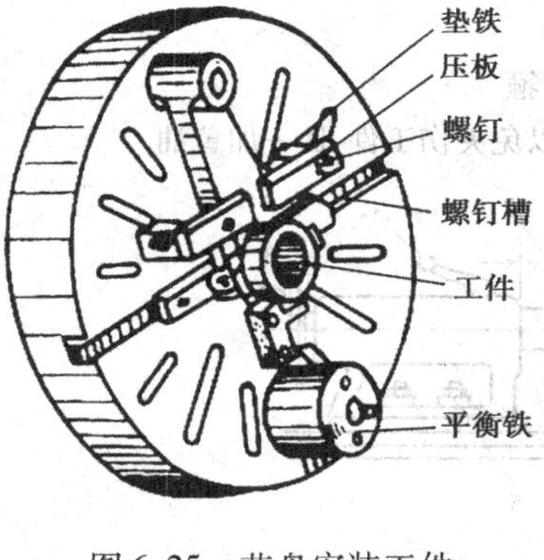

图 6.25　花盘安装工件

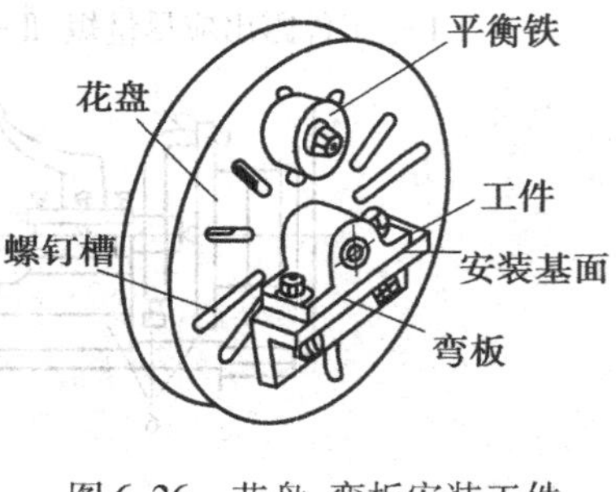

图 6.26　花盘、弯板安装工件

6.4.6　芯轴

盘套类工件用卡盘装夹加工时，其外圆、孔和两个端面往往不能在一次装夹中全部加工完。这时需要利用已精加工过的孔把工件装在芯轴上，再把芯轴安装在前后顶尖之间来加工外圆和端面。芯轴的种类有很多，主要根据工件的结构、尺寸、加工精度和工件的数量来进行选择，常用的芯轴有圆柱芯轴和圆锥芯轴。

圆柱芯轴如图 6.27 所示。这种芯轴夹紧力较大，多用来加工盘类零件。用这种芯轴，工件的两个端面都需要与孔轴线垂直，以免当螺母拧紧时，芯轴弯曲变形。芯轴与孔之间的配合常用间隙配合，故对中性较差，多用来加工同轴度要求不高的工件。

圆锥芯轴如图 6.28 所示，主要用于加工盘套类零件。芯轴定位部分带有（1∶1 000）～

(1∶1 500)的锥度，工件靠摩擦力与芯轴紧固。这种芯轴装卸方便，定芯精度高，但不能承受较大的切削力，主要用于精车。

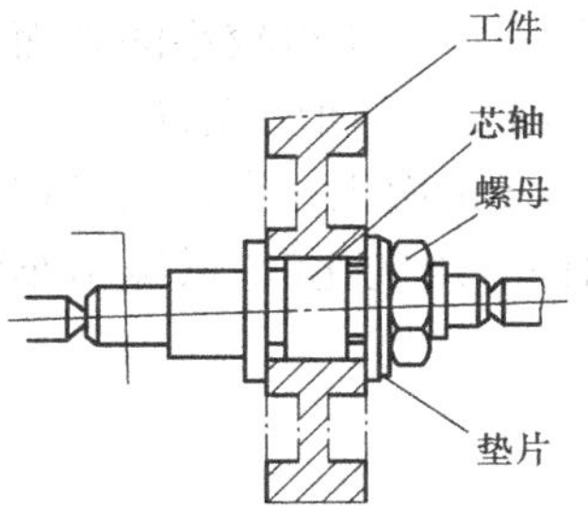

图 6.27　圆柱芯轴

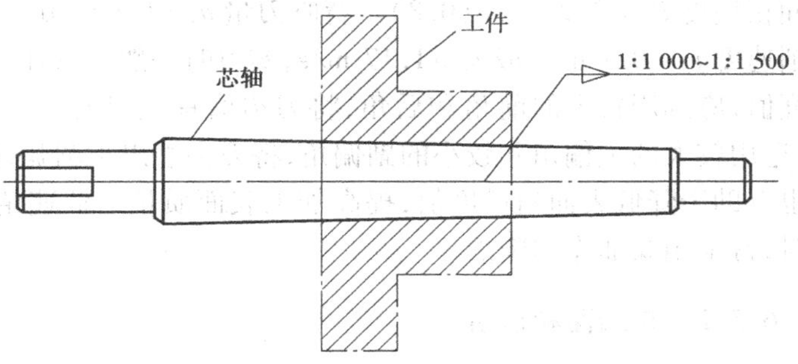

图 6.28　圆锥芯轴

6.5　车削加工

在车床上使用不同的车刀或其他刀具，通过刀具相对于工件作不同的进给运动，就能得到相应的工件形状。车床主要用于车外圆面和台阶面，钻孔和镗孔，切断和切槽，车锥面、车成形面及车内外螺纹等。

6.5.1　车外圆

车削外圆是最常见、最基本和最具代表性的车削加工方法。外圆车削如图 6.29 所示，75°尖头车刀主要用来粗车外圆、光轴和台阶不大的外圆，45°弯头车刀用于车削外圆、端面和倒角，90°偏刀常用来车削细长轴或有直角台阶的外圆。

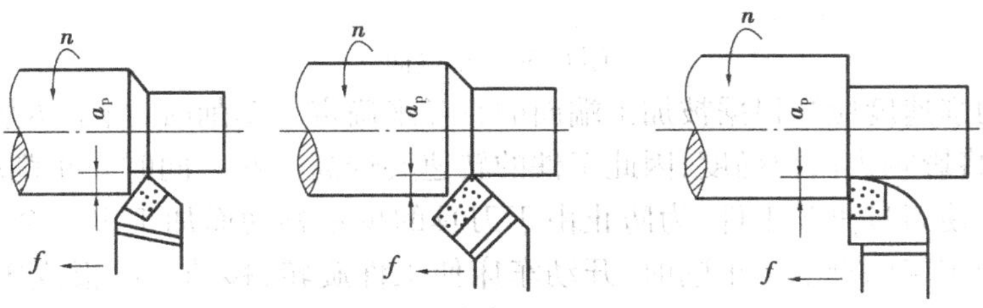

（a）尖头车刀车外圆　（b）45° 弯头车刀车外圆　（c）右偏刀车外圆

图 6.29　外圆车削

车外圆时，根据加工精度和表面粗糙度的要求，常需进行粗车和精车。

粗车的目的是快速去除工件上大部分加工余量以提高生产效率，使工件接近最后的几何形状和尺寸，并给精车留有合适的加工余量。粗车时，加工精度和表面质量要求不高，可以选择加大的背吃刀量。在机床、刀具的强度和工件刚度允许的条件下，粗车的进给量也应尽量取大些。粗车时，一般取背吃刀量 $a_p = 2 \sim 4$ mm，进给量 $f = 0.15 \sim 0.4$ mm/r，采用硬质合金刀具，当工件为钢材时切削速度 $v_c = 0.8 \sim 1.2$ m/s，工件为铸铁时 $v_c = 0.6 \sim 1$ m/s。实习时应选较小的切削用量，若工件加持部分较短或表面凹凸不平时，切削用量也不宜太大。当毛坯为铸件时,背吃刀量应大于硬皮的厚度,以防硬皮破坏或磨损刀尖。

精车的目的是获得较高的加工精度和表面质量。精车的尺寸公差等级能达到IT8~IT7,表面粗糙度 $R_a=3.2\sim1.6(0.8)$。背吃刀量 $a_p=0.05\sim0.3$ mm,进给量 $f=0.05\sim0.2$ mm/r,切削速度 $v_c<0.1$ m/s 或 $v_c>1.17$ m/s,实习时一般选低速。精车时,为了获得较小的表面粗糙度值,应选用较大的前角和后角,将刀刃磨锋利,用油石将前刀面、后刀面磨光,以减小摩擦;选用较大的主偏角和较小的副偏角,将刀尖磨出小圆弧,以减小残留面积。合理选择切削液也有助于降低表面粗糙度值,提高加工表面质量。低速精车钢件时用乳化液;低速精车铸铁时,常采用煤油作切削液。

6.5.2 车端面和台阶

(1)车端面

车削端面是由车刀在旋转工件的端部横向进给形成一个平面的加工方法。车削端面时常用弯头车刀或偏刀,如图6.30所示。车刀安装时,刀尖应对准工件的回转中心,以免在端面上留出凸台。工件可以装夹在卡盘、花盘或顶尖之间。如果工件的两个端面都要车削,必须在加工完一个端面后调头车削另一个端面。工件装夹在卡盘上时,工件伸出卡盘不能太长。

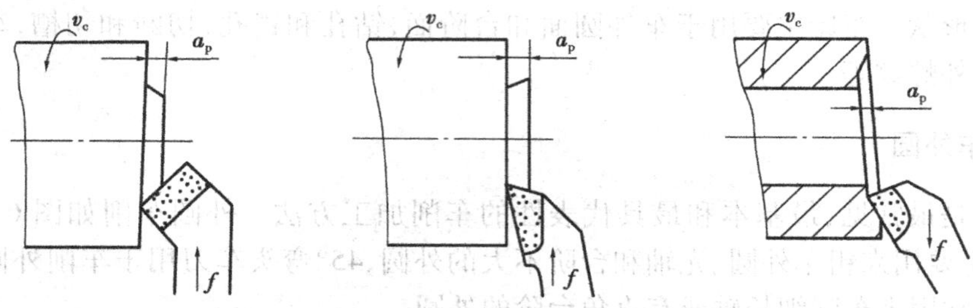

(a)弯头车刀车端面　(b)偏刀向中心走刀车端面　(c)偏刀向外走刀车端面

图6.30　车端面

车端面的切削速度应当根据被加工端面的直径来确定。车削时,由于切削速度由外向中心会逐渐减小,将影响表面粗糙度,因此工件的转速要选高一些。同时在车削端面的过程中,切削力往往会迫使刀具离开工件,为防止由于刀具的少量移动而加工出一个不平的表面,必须把床鞍紧固到车床床身上。车削时,开动车床使工件旋转,移动小滑板或床鞍控制被吃刀量,然后锁紧床鞍,摇动横滑板丝杠进给,由工件外向中心或由工件中心向外车削。

(2)车台阶面

车台阶面实际上是车端面和车外圆的组合加工。车高度小于5 mm的台阶时,可用正装的90°偏刀车外圆时车出。车削前,对于单件小批生产,先用钢直尺、游标卡尺或深度尺确定台阶长度,如图6.31(a)所示,并用刀尖划出比台阶长度略短的线痕作为加工界限;对于成批生产,可采用样板控制台阶长度,如图6.31(b)所示。车削时先将主切削刃和已车好的端面贴平,确保主切削刃垂直于工件的轴线。高度大于5 mm的台阶,应采用主偏角大于90°的偏刀分层切削,如图6.32所示。

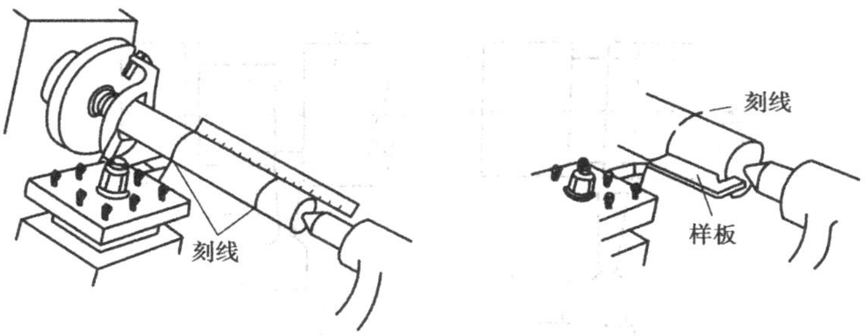

（a）用钢直尺确定台阶长度　　（b）用样板确定台阶长度

图 6.31　确定台阶长度

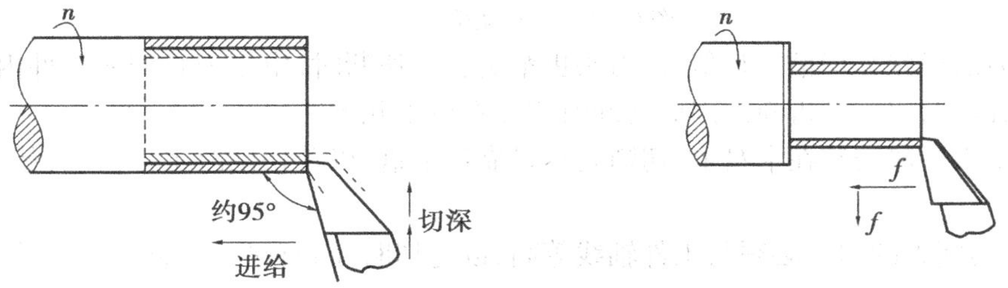

（a）偏刀主切削刃和工件轴线成95°，分多次纵向进给切削　　（b）在末次纵向进给后，车刀横向退出，车平台阶

图 6.32　高台阶分层车削

6.5.3　切槽和切断

(1) 切槽

切槽是用切槽刀作横向进给在工件上车出环形沟槽的加工方法。车削加工方法所获得的形状有外槽、内槽和端面槽等，如图 6.33 所示。

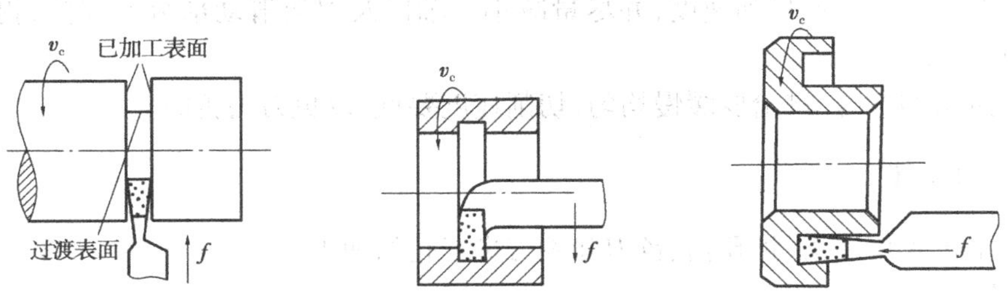

（a）切外槽　　（b）切内槽　　（c）切端面槽

图 6.33　切槽

切削 5 mm 以下的窄槽时，可用刀头宽度等于槽宽的切槽刀一次切出。切削时，刀尖应与工件轴线等高且主切削刃应平行于工件轴线。切削 5 mm 以上的宽槽时，可采用图 6.34 所示的车削方法。一般用窄刀分段依次车去槽的大部分余量，在槽的两侧及底部留出精车余量，最后进行精车以达到槽的尺寸要求。

(2) 切断

切断是将长的棒料按尺寸要求下料或是把已加工好的工件从材料上切下来。切断应用

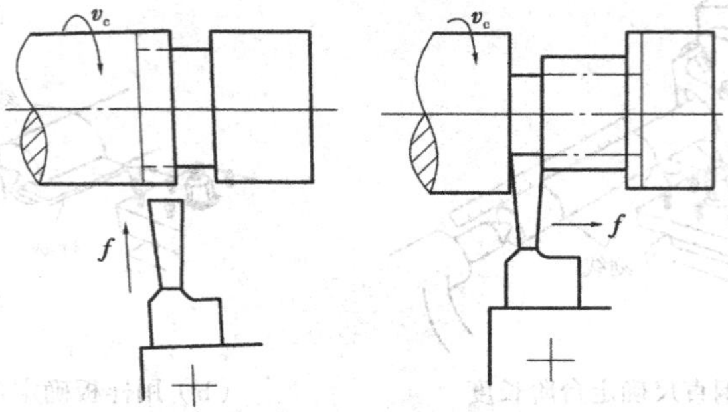

（a）横向粗车　　（b）精车

图 6.34　车外宽槽

切断刀。切断刀的形状与切槽刀相似，但刀头更窄更长。切断时，由于刀具伸入工件内部，散热条件差，排屑困难，刀头易折断。因此切断时应注意以下几点：

①切断时工件一般安装在卡盘上，切断处尽量靠近卡盘，以免切削时工件振动，使切断难以进行。

②安装时，切断刀的刀尖必须与工件轴线等高，以免切断处剩有凸台，如图 6.35 所示。

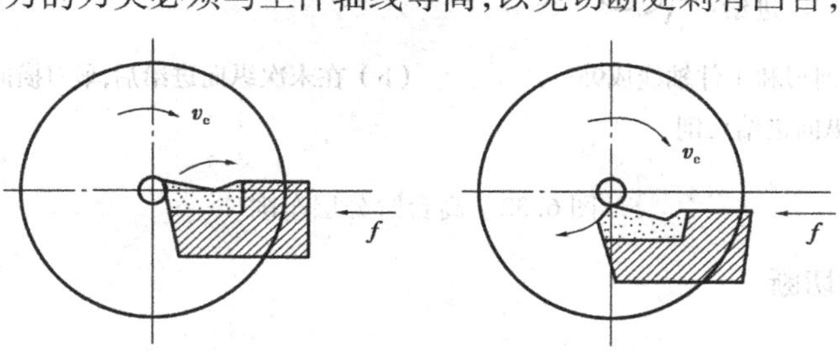

（a）刀尖安装过高　　（b）刀尖安装过低

图 6.35　切断刀的刀尖应与工件中心等高

③切断时应适当降低切削速度，并尽量减小主轴以及刀架滑动部分的间隙，提高刀架刚性，减小工件的变形和振动。

④手动进给切断时，进给要缓慢均匀，切削速度要低，以免刀头折断。

6.5.4　孔加工

在车床上可采用钻头、扩孔钻、铰刀和镗刀进行孔的加工。

(1)钻孔

钻孔是在实体上加工孔，精度较低，尺寸公差等级一般在 IT10 以下，多为粗加工孔。钻孔时，钻头安装在尾座套筒内，工件装夹在卡盘内，由卡盘带动旋转，手摇动尾座上的手轮作进给运动，如图 6.36 所示。钻孔的操作步骤如下：

①车端面，钻中心孔，其目的是便于钻头定心，防止钻偏。

②钻孔前，应擦净钻头的钻柄和尾座套筒的锥孔。锥柄钻头直接装在尾座套筒的锥孔内，直柄钻头要先装在钻夹头内，再装入尾座套筒的锥孔内。钻头装好后，调整尾座并锁紧至合适的位置，保证钻头工作部分长度略长于孔深，同时使套筒伸出距离最短，防止振动。

③启动机床，均匀地摇动尾座套筒手轮进行钻削。刀具刚接触到工件时进给要缓慢。切

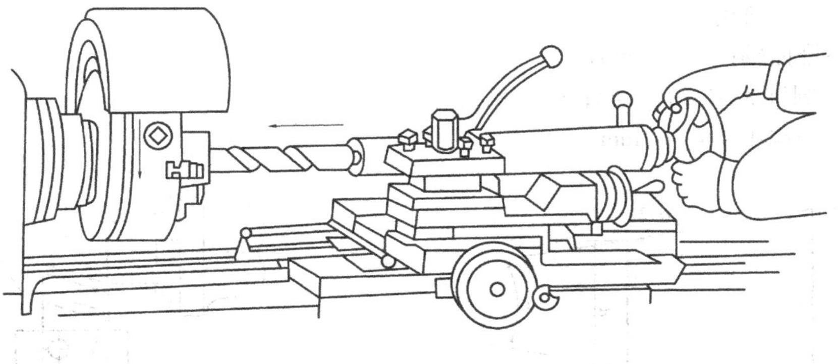

图6.36 车床上钻孔

削过程中要经常退回进行排屑，钻削时进给要慢，钻孔结束后，先退出钻头再停车。

④钻不通孔时要控制孔深，可先在钻头上用粉笔画好孔深线再钻削控制孔深，也可用钢直尺、深度尺测量孔深的方法控制孔深。

(2)镗孔

镗孔是利用镗刀对已铸出、锻出、钻出的孔进行加工的方法，如图6.37所示。镗孔可以纠正孔的轴线偏斜。

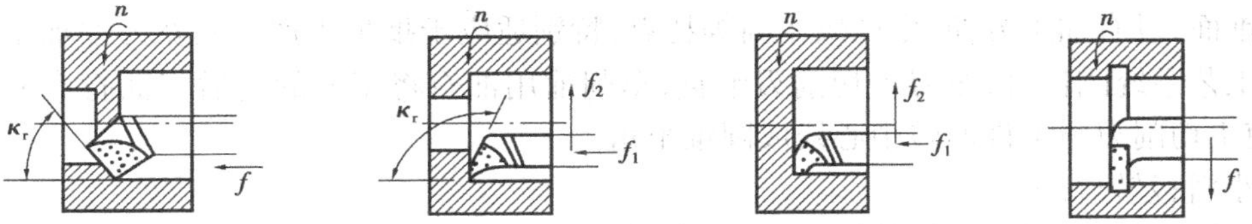

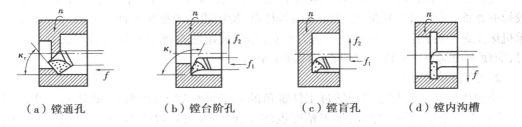

(a)镗通孔　(b)镗台阶孔　(c)镗盲孔　(d)镗内沟槽

图6.37 车床上镗孔

镗孔时，镗刀要伸入孔内。镗刀杆细长、刀头较小，镗孔时散热条件差且加切削液困难。为提高加工精度，减小振动，镗刀杆应尽量粗，镗刀伸出刀架应尽量短，切削用量应较小。安装时，刀尖略高于主轴中心，可减小振动和扎刀现象，并可防止镗刀下部碰坏孔壁。

由于镗刀杆细长，刚性差，镗孔时易弯曲变形，所以应选择小的切削用量，生产力较低。但一把镗刀可以加工出不同直径的孔，具有很强的通用性。

6.5.5 车锥面

在机械制造业中，圆锥面配合应用广泛，如车床上的主轴锥孔、顶尖、钻头和铰刀的锥柄等。其特点是配合紧密，拆卸方便，且经过多次拆卸仍能保持较高的定心精度。

(1)圆锥面的主要尺寸

圆锥面的主要尺寸如图6.38所示。

锥度　$C=(D-d)/L=2\tan\frac{\alpha}{2}$

斜度　$S=(D-d)/2L=\tan\frac{\alpha}{2}$

式中　α——圆锥的锥角；

$\alpha/2$——圆锥的半角；
L——锥面轴向长度，mm；
D——圆锥大端直径，mm；
d——圆锥小端直径，mm。

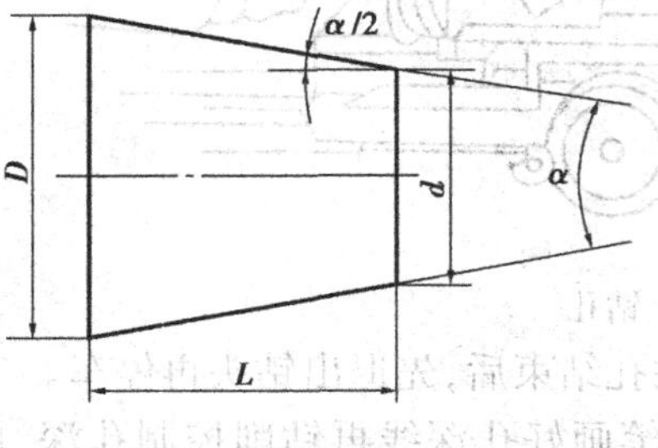

图 6.38　锥体主要尺寸

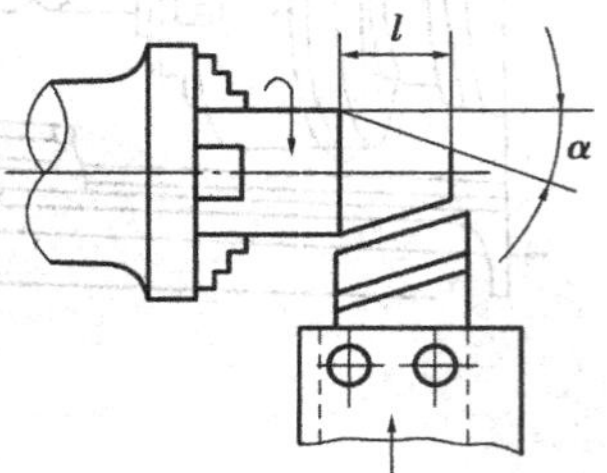

图 6.39　宽刀法

(2) 车锥面的方法

车锥面的方法有很多，通常有小滑板转位法、尾座偏移法、宽刀法、靠模法、数控法等。

1) 宽刀法

宽刀法是利用宽刀横向进给直接车出锥面，如图 6.39 所示。此方法主要用于车削长度较短的锥面，具有加工方便、生产效率高等特点，特别适应于批量生产。用宽刀法加工锥面要求机床工艺系统刚性好，车刀主切削刃平直，车削前用油石将车刀的前后刀面打磨光。安装时，应使主切削刃与工件回转中心线成圆锥半角。

2) 小滑板转位法

小滑板转位法是将小滑板转过工件锥角的一半进行加工，如图 6.40 所示。此法简单易行，能加工锥角很大的圆锥面，加工精度也较高，但小滑板行程较小，所以只能加工短的圆锥面，且只能手动进给。

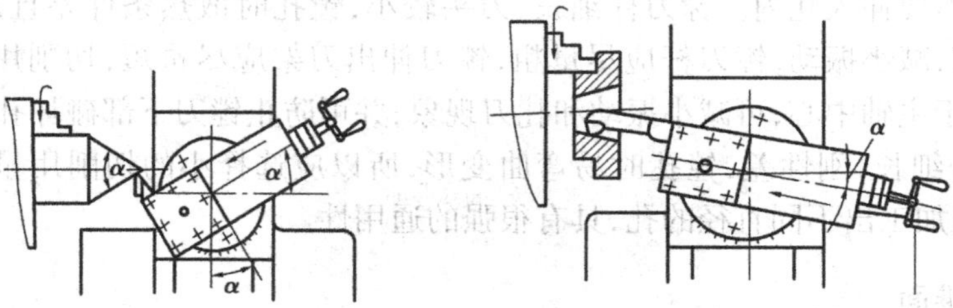

(a) 车外圆锥面　　(b) 车内圆锥面

图 6.40　小滑板转位法

3) 尾座偏移法

如图 6.41 所示，尾座偏移法是将尾座顶尖横向偏移一个距离 d，使安装于两顶尖之间的工件回转中心线与车床主轴轴线成圆锥半角，锥面的母线平行于车刀纵向进给方向来车出锥面。此法可加工较长的锥面，且锥面的表面粗糙度值较小，能够自动进给，但一般只能加工小锥度的外圆锥面。

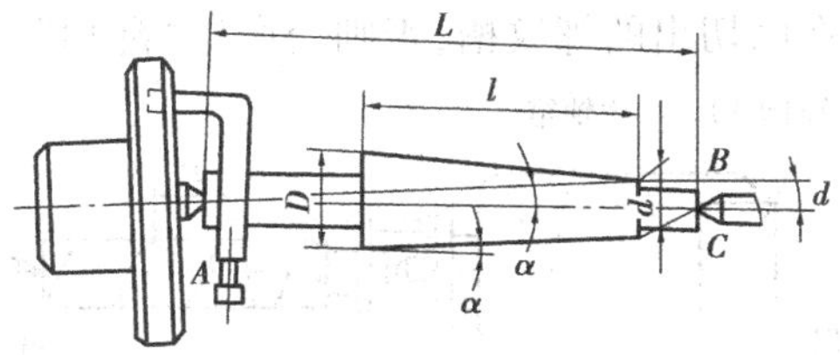

图6.41 尾座偏移法

6.5.6 车螺纹

螺纹在机械产品中应用较广，种类也很多。螺纹已标准化，按标准可分为米制螺纹和英制螺纹；按牙型可分为三角形螺纹、矩形螺纹、梯形螺纹、锯齿形螺纹及其他特殊形状螺纹；按其母体形状分为圆柱螺纹和圆锥螺纹；按螺旋线方向分为左旋螺纹和右旋螺纹；按线数分为单线螺纹和多线螺纹。

在车床上可以车削各种螺纹，现以车削普通米制三角形外螺纹为例来说明。

要车削出合格的螺纹，螺纹车刀的刀尖角应等于螺纹的牙型角，刀具切削部分的形状应与螺纹轴向剖面形状相同，如图6.42所示。安装刀具时，应使刀尖与工件轴线等高，且刀尖角的平分线垂直于工件轴线，为此应采用图6.43所示的对刀样板来安装刀具。

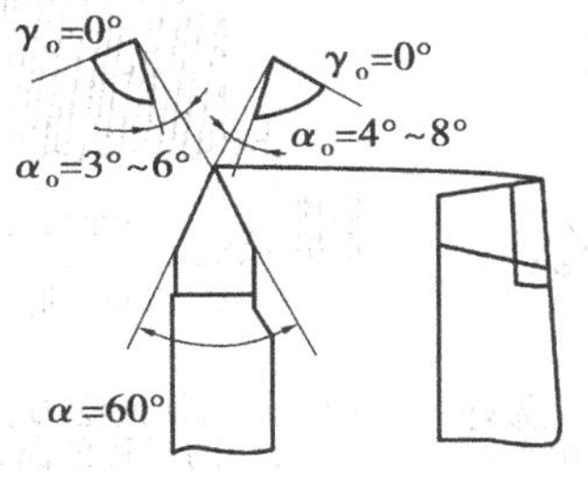

图6.42 螺纹车刀

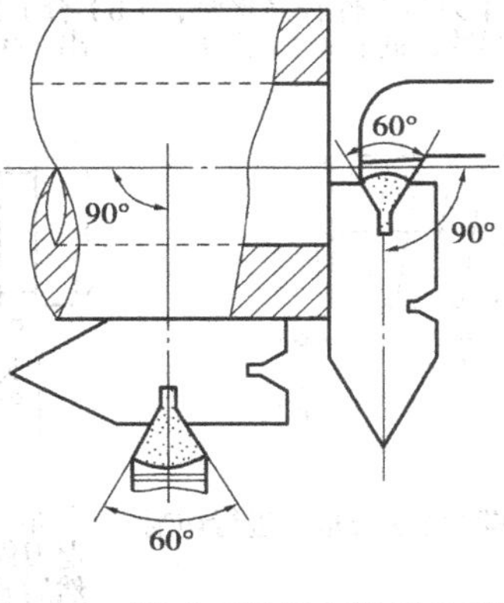

图6.43 用对刀样板安装螺纹车刀

车削螺纹时，为获得准确的螺距，应采用丝杠传动，而且工件每转一周，确保刀具准确而均匀地沿进给方向移动一个螺距或导程。即

$$n_{丝} P_{丝} = n_{工} P_{工}$$

式中 $n_{丝}$——丝杠转速，r/min；

$n_{工}$——工件转速，r/min；

$P_{丝}$——丝杠的螺距或导程，mm；

$P_{工}$——工件的螺距或导程，mm。

具体的传动关系如图6.44所示。

标准螺纹的螺距可根据车床进给箱的标牌调整进给箱的手柄获得，而非标准螺距有时需要更换交换齿轮才能获得。

与车削外圆相比较，车螺纹的进给量大。为了便于退刀，防止刀架与主轴箱相撞，切削速度应低。为降低表面粗糙度值，一般采用分多次进给且背吃刀量逐渐减小的方式。在多次进给中,必须保证螺纹车刀落在已切出的螺纹槽,否则会产生“乱扣”,使工件报废。

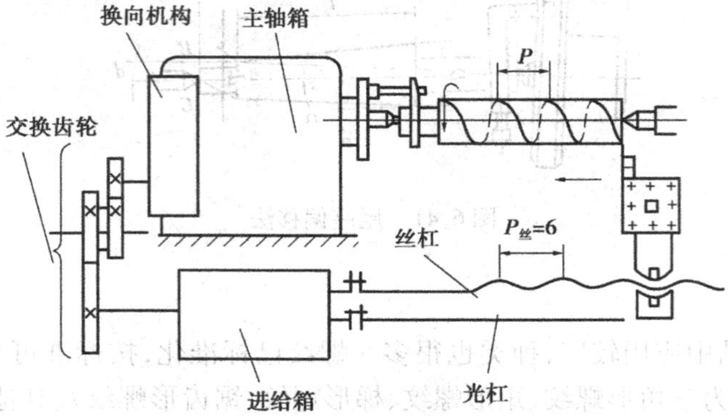

图 6.44　车螺纹时车床的传动简图

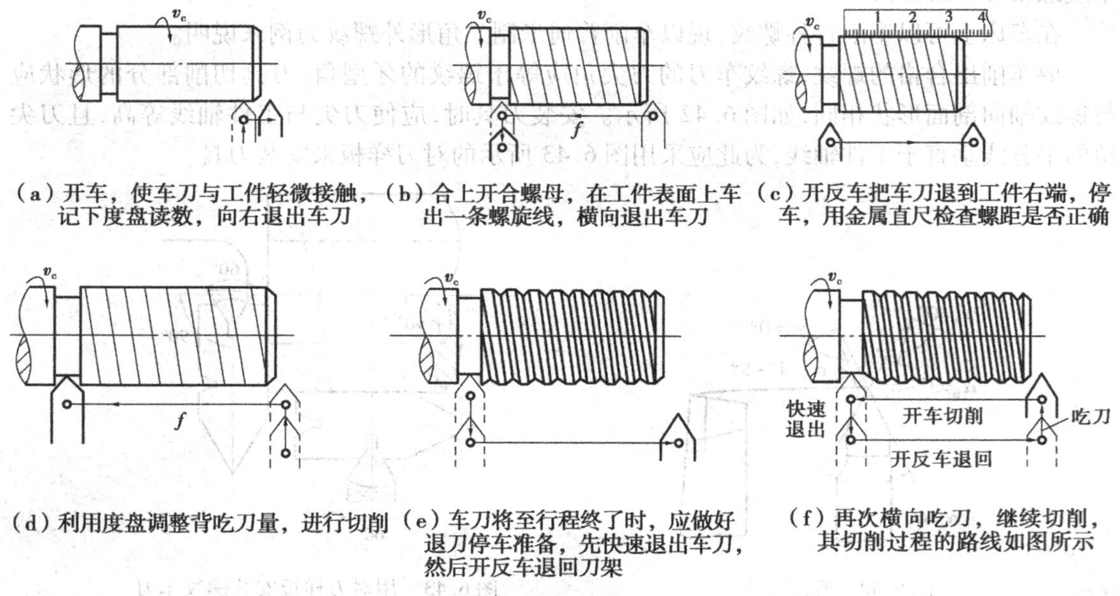
(a) 开车,使车刀与工件轻微接触,记下度盘读数,向右退出车刀
(b) 合上开合螺母,在工件表面上车出一条螺旋线,横向退出车刀
(c) 开反车把车刀退到工件右端,停车,用金属直尺检查螺距是否正确
(d) 利用度盘调整背吃刀量,进行切削
(e) 车刀将至行程终了时,应做好退刀停车准备,先快速退出车刀,然后开反车退回刀架
(f) 再次横向吃刀,继续切削,其切削过程的路线如图所示
快速退出
开车切削
吃刀
开反车退回

图 6.45　车螺纹的方法

螺纹车削的方法如图 6.45 所示。车螺纹时,每次进给的背吃刀量应小,总的背吃刀量应根据螺纹的工作牙高,由刻度盘大致进行控制,并用螺纹量规进行检验。螺纹量规如图 6.46 所示。对于检验外螺纹的环规,通规能拧进去而止规拧不进去,则螺纹是合格的。对于检验内螺纹的塞规,通端能拧进去而止端拧不进去,则螺纹是合格的。对要求低的螺纹,可用与之配合的工件进行检验。

内螺纹的车削方法与外螺纹相同,对于公称直径较小的内螺纹,还可在车床上攻螺纹。

6.5.7　车成形面

有些零件如手柄、手轮等,为了使用方便、美观、耐用,它们的表面一般都不是平直的,而是做成母线为曲线的回转表面,这些表面称为成形面。成形面的车削方法主要有:

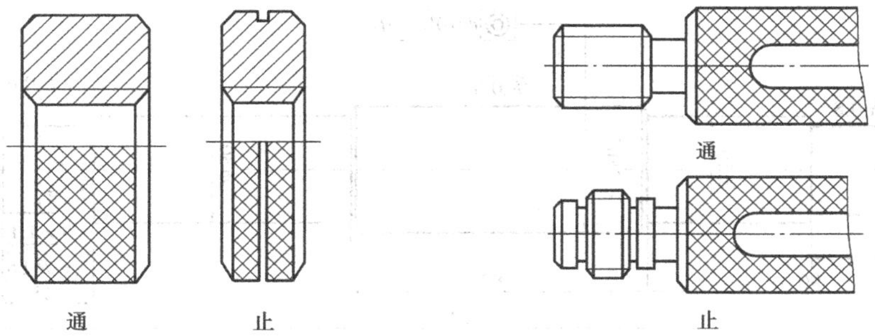

(a)螺纹环规(测外螺纹)　(b)螺纹塞规(测内螺纹)

图6.46 螺纹量规

(1)手动法

如图6.47所示,双手同时操纵中滑板和小滑板纵向、横向移动刀架,或一个方向自动进给,另一个方向手动控制,使刀尖运动轨迹与工件成形面母线轨迹一致。车削过程中要经常用成形样板检验,通过反复加工、检验、修正,最后形成要加工的成形表面。手动法简单方便,但对操作者技术要求较高,而且生产效率较低,加工精度不高,一般用于单件小批量生产。

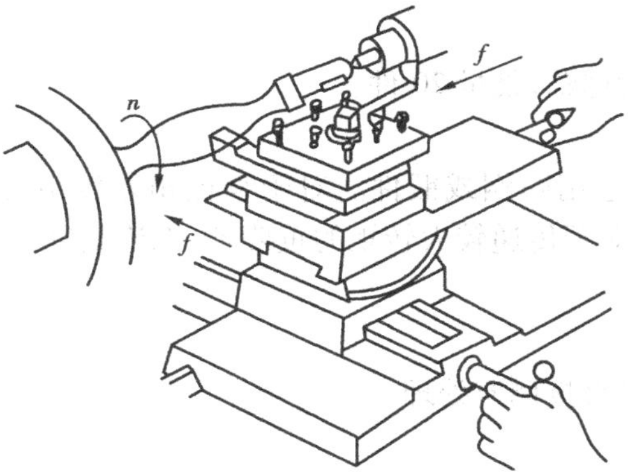

图6.47 双手控制法车成形面

(2)成形车刀法

成形车刀法与圆锥面加工中的宽刀法类似。只是要将主切削刃制成所需回转成形面的母线形状。

6.6 车削加工实例

6.6.1 轴类零件的加工

(1)轴类零件的特点

轴类零件是各类机器中最常见的零件之一。轴类零件一般由圆柱表面、台阶、端面、退刀槽、倒角和圆角组成,如图6.48所示。

(2)轴类零件的技术要求

①尺寸精度:主要包括直径和长度尺寸等,如图6.48中的Φ36h7、Φ25g6、280等。

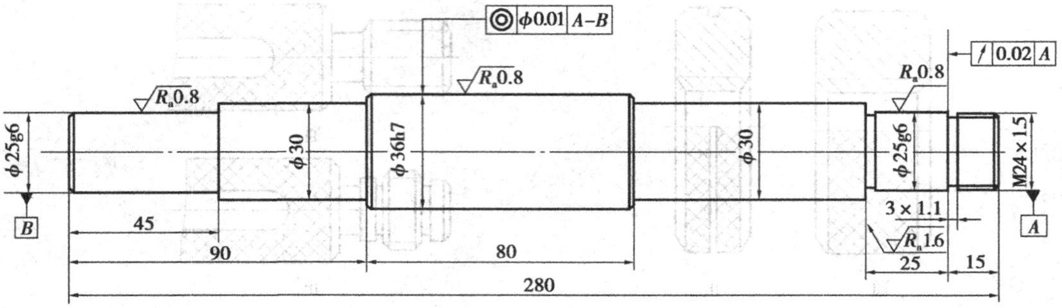

图6.48　轴

②几何精度:包括圆度、圆柱度、直线度、平面度、同轴度、平行度、垂直度、径向跳动和轴向跳动等。如图6.48中的轴线对两个公共轴线的同轴度公差为0.01 mm;台阶面对右端同轴的任一截面的轴向圆跳动公差为0.02 mm。

③表面粗糙度。在卧式车床上车削金属材料时,表面粗糙度可达到0.02 mm。

④热处理要求。根据工件的材料和实际需要,轴类零件常进行退火或正火、调制、淬火、氮化等热处理。

(3)工件工艺分析

车削图6.48所示的阶梯轴,批量20件。

1)选择毛坯类型

轴类零件的毛坯通常选用圆钢或锻件。对于直径相差较小、传递转矩不大的一般阶梯轴,其毛坯多采用圆钢;而对于传递较大转矩的重要轴,无论其轴径相差多少,形状简单与否,均应选用锻件做毛坯。

2)热处理安排

为了减少工序,毛坯可直接调质处理。

3)车削工艺分析

①各主要轴颈必须经过磨削,而对车削要求不高,故可采用一夹一顶的装夹方法。但必须注意,工件毛坯两端不能先钻中心孔,应该将一端车削后,再在另一端搭中心架钻中心孔;或者用卡盘夹持找正已加工表面后钻中心。

②工件用一夹一顶装夹,装夹刚度高,轴向定位较准确,台阶长度容易控制。

③两端的外圆的表面粗糙度值较小,同轴度要求较高,需经磨削,车削时必须留磨削余量。

该阶梯轴机械加工工艺见表6.2。

表6.2　阶梯轴机械加工工艺

工序号	工步	工序内容	设　备
1		调质处理,硬度为220~240HBW检验	
2	 1 2	夹住毛坯外圆 车端面 钻中心孔 Φ2.5	CA6140
3		调头夹紧毛坯外圆端面,取总长至280 mm	CA6140

续表

工序号	工步	工序内容	设 备
4	 1 2 3 4	一夹一顶装夹 车 Φ36 外圆至 $\phi36_{+0.5}^{+0.6}\times250$(留磨余量) 车 Φ30 外圆至 $\phi30\times90$ 车 Φ25 外圆至 $\phi25_{+0.4}^{+0.5}\times45$ 倒角 C1	CA6140
5		一端夹紧,一端搭中心架 钻中心孔 Φ2.5	CA6140
6	 1 2 3 4	一夹一顶装夹 车 $\phi30\times110$,保证 80 的尺寸 车 Φ25 外圆至 $\phi25_{+0.4}^{+0.5}\times40$ 车 M24 × 1.5 外圆至 24 × 15 倒角 C1	CA6140
7	 1 2 3	一端软卡爪夹紧,一端用后顶尖顶住 车 Φ36 右端肩槽至尺寸 车 3 × 1.1 槽至尺寸 车 M24 × 1.5 至尺寸 检验(下略)	CA6140

6.6.2 套类零件的加工

在机械加工中,一般把轴套、衬套等工件称为套类零件。由于齿轮、带轮等工件的车削工艺与套类工件相似,故在此将其作为套类工件分析。

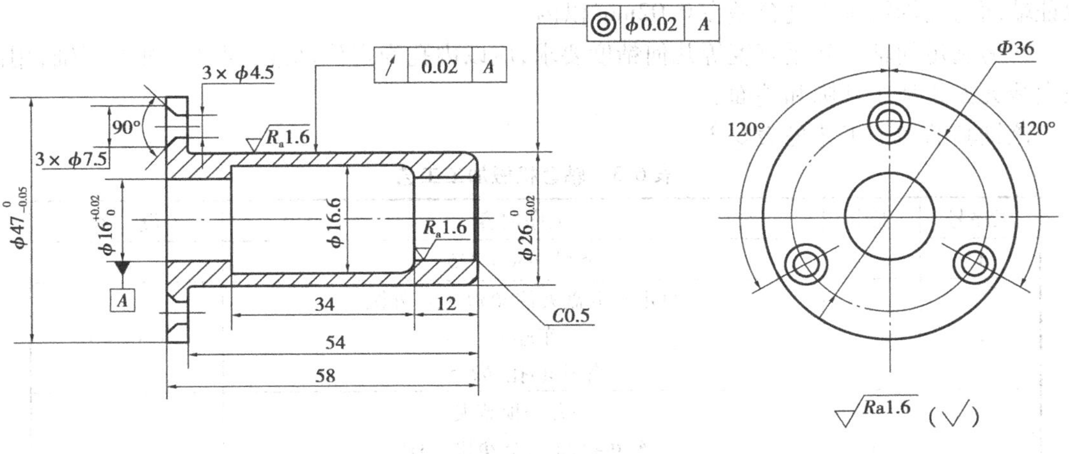

图 6.49 轴套

(1) 套类零件的特点

套类零件主要由内孔、外圆、端面、台阶和内沟槽等组成。其主要特点是内外圆柱面和相关端面间的形状精度和位置精度要求较高,如图 6.49 所示。

(2)套类零件的技术要求

套类零件起支承或导向作用的主要表面为内孔和外圆,其主要技术要求如下:

1)内孔

内孔是套类零件最主要的表面,孔的公差等级一般为 IT7 ~ IT8;孔的形状公差应控制在孔径公差以内。对于长套筒,除了圆度要求以外,还应注意孔的圆柱度和孔轴线的直线度要求。内孔的表面粗糙度控制在 R_a3.2 ~0.4 μm 内。

2)外圆

外圆一般是套类零件的支承表面,外径尺寸公差等级通常取 IT6 ~ IT7;形状公差应控制在孔径公差以内,表面粗糙度控制在 R_a3.2 ~0.4 μm 内。

3)几何精度

套类工件的内外圆之间的同轴度要求较高,一般为 0.01 ~0.05 mm。套类工件的端面在使用过程中承受轴向载荷或在加工中作为定位基准时,其内孔轴线与端面的垂直度公差一般为 0.01 ~0.05 mm。

套类工件的外圆和端面的加工方法与轴类工件类似。套类工件的内孔加工方法有钻孔、扩孔、车孔、铰孔、磨孔、研磨孔及滚压加工。其中,钻孔、扩孔和车孔为粗加工和半精加工方法,而铰孔、磨孔、研磨孔及滚压加工一般作为孔的精加工方法。

(3)套类工件工艺分析

加工图 6.49 所示的轴套,材料为 45 钢,数量 20 件。车削工艺具体分析如下:

①该工件主要表面的尺寸精度、几何精度及表面粗糙度等要求都比较高。右端面为轴套在机座上的轴向定位面,并依靠外圆 Φ26 mm 与机座孔配合;内孔 Φ16 mm 与轴配合。

②由于工件精度要求较高,故加工过程应分为粗车、半精车、精车等阶段。

③由于有一定批量,为提高生产率,粗车时 5 件为一组,采用一夹一顶方式车外圆。内孔采用钻孔—扩孔—铰孔加工为好。

④精加工内孔时,以粗车后的 Φ26 mm 外圆作定位基准,并将 Φ47 mm 外圆端面车平,以保证端面与孔轴线垂直度公差在 0.02mm 以内。

⑤为满足同轴度和垂直度等几何精度要求,应以内孔为定位基准,配以小锥度芯轴,用两顶尖装夹方式精车外圆和端面。

该轴套的加工工艺见表 6.3。

表 6.3 轴套机械加工工艺

工序号	工步	工序内容	设 备
1		下料 Φ50 ×325	
2		自定心卡盘夹住 Φ50 毛坯外圆	CA6140
	1	车端面	
	2	钻中心孔 Φ2.5	
3		一夹一顶装夹	CA6140
	1	车 Φ47 外圆至 Φ48 ×315	
	2	分 5 段车 Φ26 外圆至 Φ28 ×54	
	3	在 5 处切槽,深 6.5 mm	
	4	钻 Φ14 孔成单件	

续表

工序号	工步	工序内容	设 备
4	 1 2 3 4 5 6	自定心卡盘夹住已加工 Φ28 外圆 精车端面 扩 Φ16 孔，精加工余量 0.15 mm 车内沟槽 0.3×34 孔口倒角 C0.5 铰 Φ16 孔至尺寸 车内沟槽至尺寸	CA6140
5		自定心卡盘夹住已加工 Φ48 外圆 精车端面，保证长 58 孔口倒角 C0.5	CA6140
6	 1 2 3 4	以 Φ16 孔作基准，用小锥度心轴定位 精车 Φ26×54 精车大端面 精车 Φ47 外圆至尺寸 孔口倒角 C0.5	CA6140
7	1 2	钻孔 3×Φ4.5 孔 锪车 3×Φ7.5×90°孔至尺寸 检验（下略）	CA6140

复习思考题

6.1 车削加工的特点是什么？

6.2 车削能加工哪些类型的工件？一般车削加工达到的精度和表面粗糙度如何？

6.3 卧式车床由哪几部分组成？各组成部分有何功用？

6.4 车床上为什么既有光杠又有丝杠？车外圆用丝杠带动刀架、车螺纹用光杠带动刀架一般不行，为什么？

6.5 车削细长轴时，可采取哪些措施防止产生腰鼓形？

6.6 车床上装夹工件有哪些方法？如果一套筒类零件的内外圆柱面的同轴度以及端面对圆柱面轴线的垂直度要求较高，采用何种方法装夹？

6.7 与车圆柱面相比，车圆锥面、车回转体成形面的主要特点是什么？

6.8 螺纹车刀的形状与外圆车刀有何区别？应如何安装？为什么？

第7章 刨削

刨削安全操作规程：

①操作者需穿戴合适的工作服，长发要压入帽内，不得戴手套进行操作。

②多人共用一台设备练习时，只允许一人上机操作，并注意他人安全。

③启动刨床前，应检查刨床各部分机构是否完好，各手柄的位置是否正确，检查工件和刀具是否装夹牢靠，确认正确后方可动机床。

④启动刨床后不允许触摸和测量工件，并使机床低速运行 1 ~ 2 min，使润滑油充分渗透到各机构，待机床运行正常后才能开动机床。

⑤开动机床时要前后照顾，避免机床碰伤人或损坏工件和设备。开动机床后，绝不允许擅自离开机床，若发现机床有异常情况，应立即停车检查。

⑥开动刨床后，工作台和滑枕的调整不能超过极限位置，以防发生设备事故。严禁在机床运行时进行变速、消除切屑及测量工件等操作。

⑦工作时，操作位置要正确，不得站立在工作台的前面，以防止切屑飞溅和工件落下伤人。

⑧发生事故时，应立即关闭电源。

7.1 刨削加工概述

在刨床上，用刨刀对工件作水平相对直线往复运动的切削加工称为刨削，它是金属切削加工中常用的方法之一。刨削主要用来加工零件上的平面（水平面、垂直面、斜面等）、各种沟槽（直槽、V 形槽、T 形槽、燕尾槽等）。另外，在牛头刨床上装上夹具后，还可以加工齿轮、齿条等成形表面。其基本加工范围如图 7.1 所示。

刨削的主运动为直线往复运动，由于工作行程速度低，因此刀具在切入和切出时会产生冲击和振动，限制了切削速度的提高。另外，回程不切削，增加了加工时的辅助时间。刨削用的刨刀属于单刃刀具，一个表面往往需要经过多次切削行程才能加工出来，所以基本工艺时间较长，切削的生产率低，加工质量也不高。但刨刀制造简单，刃磨方便，加工的适应性强，对刨削窄而长的表面，或在龙门刨床上采用多刀、多件刨削时，反而能获得较高的生产率。如在龙门刨床上采用宽刃刨刀以精刨代替刮研,不仅可以获得较好的表面质量,而且能减轻工人的劳动强度,因此刨削在单件小批生产中和机修车间中应用比较广泛。

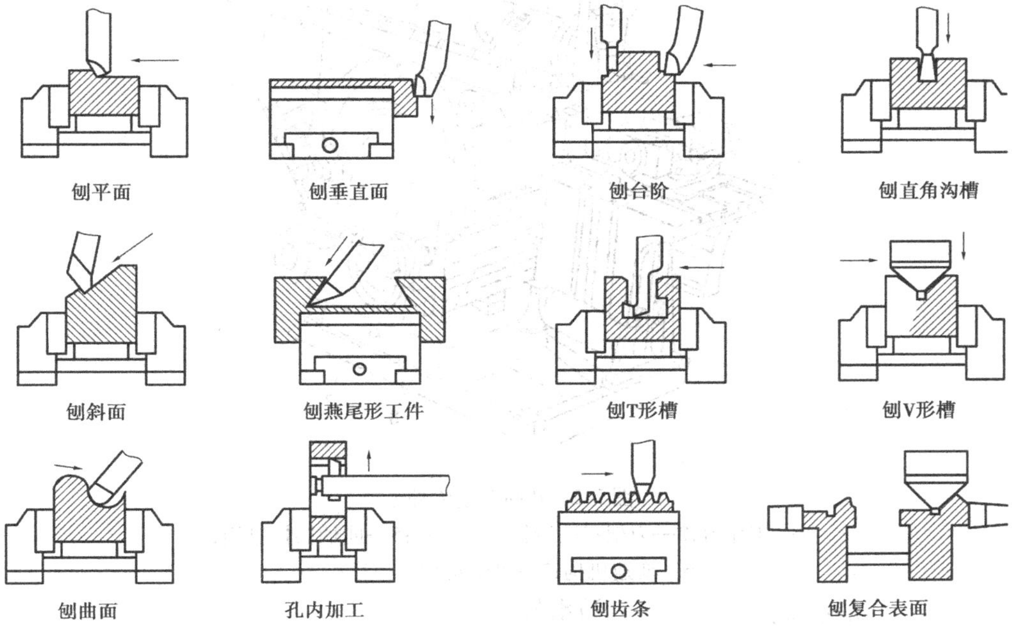

图 7.1 刨削加工范围

刨削分为粗刨和精刨,粗刨的表面粗糙度为 R_a50 ~ 125 μm,加工的公差等级为 IT14 ~ IT10;精刨的表面粗糙度为 R_a6.3 ~ 1.6 μm,加工的公差等级为 IT9 ~ IT7。刨床的结构比车床和铣床简单,调整和操作方便,加工成本低。刨刀与车刀基本相同,形状简单,制造、刃磨、安装方便,因此刨削的通用性好。

7.2 刨 床

7.2.1 牛头刨床

牛头刨床是刨削类机床应用比较广泛的一种机床,适合刨削长度不超过 1 000 mm 的中小型零件,现以 B6065 牛头刨床为例进行介绍。

在 B6065 牛头刨床中,B 表示刨床,是汉语拼音“刨”的第一个字母的大写;6 表示牛头刨床组;0 表示牛头刨床型;65 表示刨削工件的最大长度的 1/10,即 650 mm。

(1) 牛头刨床的组成

B6065 牛头刨床外形如图 7.2 所示,主要由床身、滑枕、刀架、工作台、横梁等部分组成。

1) 床身

床身用来支承和连接各个部件,其顶面导轨供滑枕作往复运动,其侧面导轨供工作台升降。内部装有齿轮变速机构和摆杆机构,以改变滑枕的往复运动速度和行程长度。

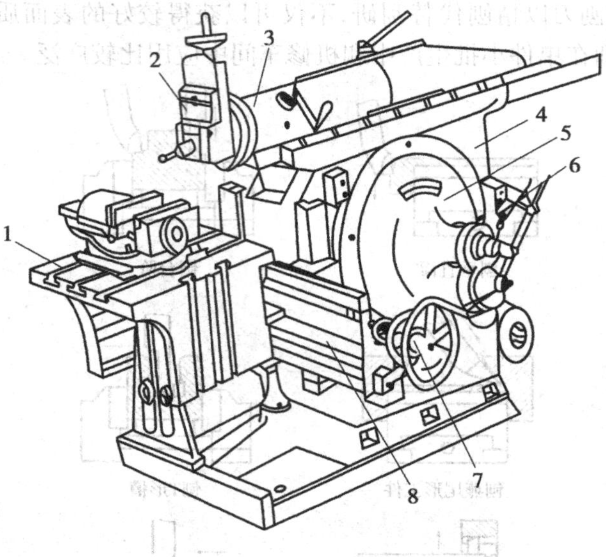

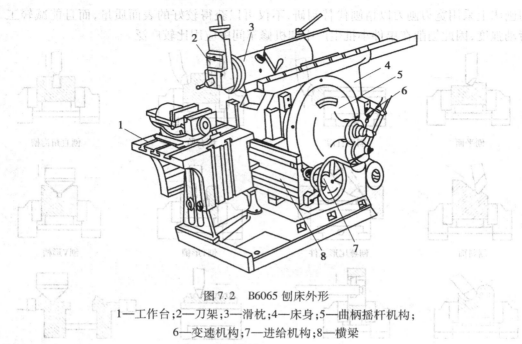

图 7.2　B6065 刨床外形

1—工作台;2—刀架;3—滑枕;4—床身;5—曲柄摇杆机构;
6—变速机构;7—进给机构;8—横梁

2)滑枕

滑枕用来带动刨刀作往复直线运动。滑枕前端装有刀架,其内部装有丝杠螺母传动装置,可以改变滑枕的往复行程位置。

3)刀架

刀架用来夹持刀具,其组成如图 7.3 所示。摇动刀架手柄,滑板便沿转盘上的导轨移动,从而带动刨刀上下作退刀或吃刀运动。松开刻度转盘上的螺母,将转盘转动一定角度后,可使刀架作斜向进给。刀架的滑板装有可偏转的刀座,刀架的抬刀板可以绕刀座的销轴 A 转动。刨刀安装在刀夹上,在回程时,刨刀可自由上抬,减少了刀具与工件的摩擦。

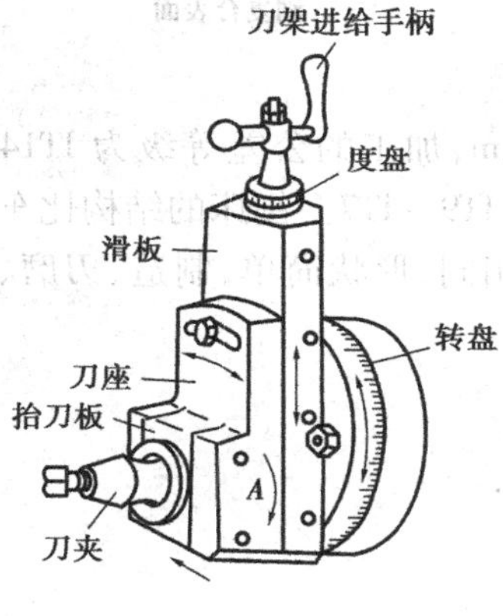

图 7.3　刀架

4)工作台

工作台安装在横梁的横向导轨上,用来安装工件。工作台可随横梁在床身的垂直导轨上作上下调整,同时也可在横梁的水平导轨上作水平方向移动或间歇的进给运动。

5)横梁

横梁安装在床身前部垂直导轨上,能作上下移动,内部装有工作台的进给丝杠。

(2)牛头刨床的传动系统

B6065 牛头刨床的传动系统如图 7.4 所示。

(3)牛头刨床的调整

1)滑枕行程长度的调整

滑枕的行程长度一般要比工件刨削表面的长度长 30 ~ 40 mm,刨刀切入的空刀长度一般

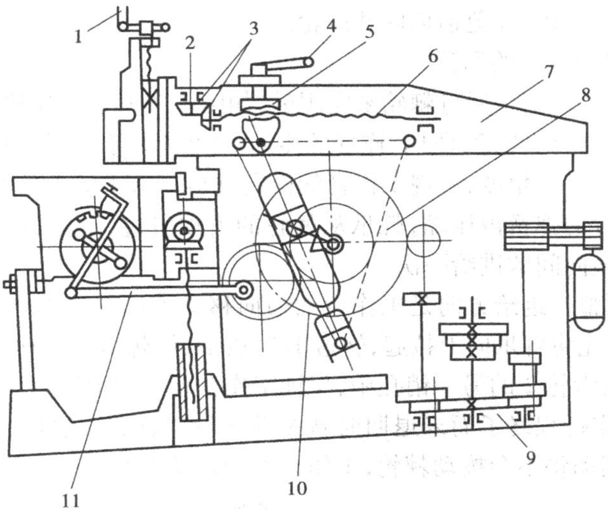

图 7.4 牛头刨床的传动系统图

1—手柄;2—转动轴;3—锥齿轮;4—紧固手柄;5—螺母;6—丝杠;

滑枕;8—摆杆齿轮;9—变速机构;10—曲柄摆杆机构;11—进给机构

为 20 ~ 25 mm,切出的超程长度一般为 10 ~ 15 mm。操作时,改变滑块在摆杆齿轮上的径向位置,便可调整滑枕的行程长度。

2)滑枕行程位置的调整

滑枕行程长度调整好以后,滑枕不一定正好处在工作位置上,故还需调整滑枕的行程位置,如图 7.5 所示。调整时,先松开滑枕上方的锁紧手柄,用扳手转动滑枕内的锥齿轮,使丝杠转动,丝杠又带动摆叉螺母移动,从而改变滑枕与摆杆之间的相对位置,使滑枕处于适当的位置,然后将锁紧手柄旋紧,如图 7.6 所示。

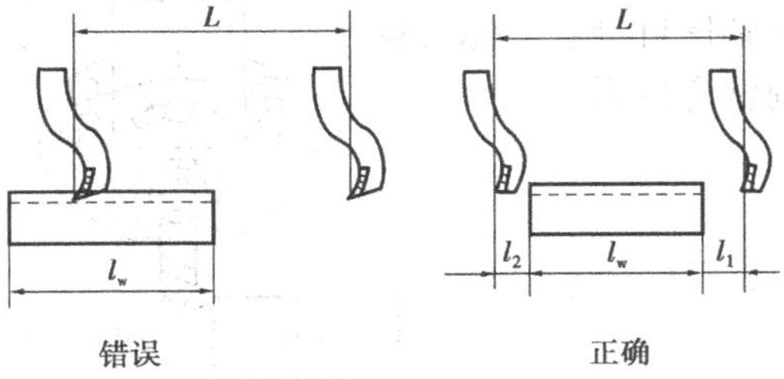

图 7.5 滑枕的行程位置

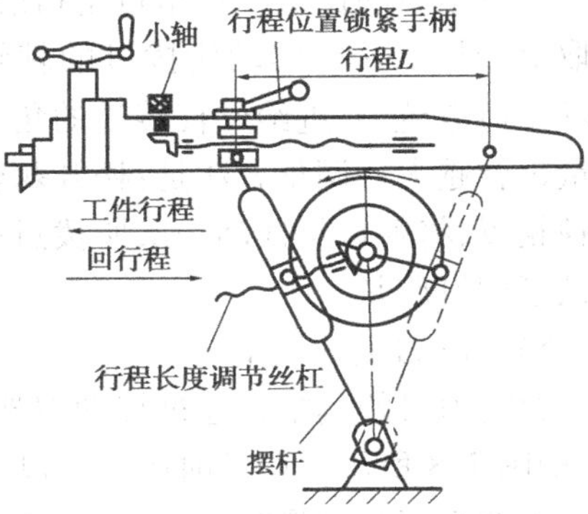

图 7.6 滑枕行程位置的调整方法

3)滑枕往复运动速度的调整

滑枕往复运动的速度是由滑枕每分钟往复次数和行程长度来确定的。往复运动次数的选择与行程的长短、工件材料的强度、刀具等因素有关。行程越长、工件越硬、刀具越弱,往复运动的次数应越少。

刨床一般有六种往复速度,变速是通过扳动变速手柄、改变滑移齿轮的位置来实现的。调整时,根据刨床变速手柄边上的标志,将两个变速手柄扳到所需速度的标志位置即可。在变速操作时,一定要先停机,以免损坏内部齿轮。

4)工作台横向自动进给的调整

工作台的横向自动进给是通过棘轮来实现的,如图 7.7 所示。齿轮 1 与床身内的大齿轮同轴。齿轮 1 的转动通过齿轮 2、曲柄、连杆的传动,使棘爪左右摆动。棘爪正向摆动时,拨动棘轮,使进给丝杠转过一个角度,实现工作台的横向进给。由于棘爪的背面是一个斜面,当它反向摆动时,棘爪上方的弹簧被压缩,棘爪从棘轮的齿顶滑过,不会拨动棘轮,所以棘爪每左右摆动一次,工作台横向间歇进给一次。

①进给方向的调整。进给方向是工作台的横向移动方向。工作台进给方向的换向操作方法如图 7.7 所示。先将棘爪向上拉起,转过 180°放下,使棘爪的拨动方向相反;再将曲柄销拉出,转过 180°,插入齿轮 2 的另一销孔中,保证工作台在滑枕退回后才进给。若不将曲柄销换位,则棘爪将在工作行程终了而未退回时就拨动棘轮,从而造成进给的相位错误。当棘爪只转过 90°时,棘爪摆动将不会拨动棘轮,工作台不会自动进给。

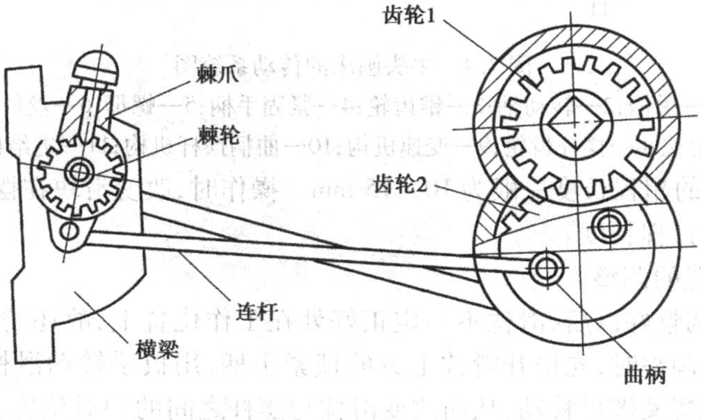

图 7.7　棘轮机构

②进给量的调整。进给量是指滑枕往复运动一次,工作台横向的移动距离。进给量的大小取决于棘爪每次摆动所拨过的棘轮齿数,每次棘爪拨过的棘轮齿数越多,进给丝杠转过的角度就越大,工作台的进给量也就越大。调整方法是:松开棘轮罩上的锁紧螺钉,旋转棘轮罩,将棘爪每摆动一次所拨过的棘轮数调整合适后,把锁紧螺钉旋紧。

5)背吃刀量的调整

背吃刀量的调整是通过转动刀架上的刻度盘手柄实现的,如图 7.8 所示。调整时应注意以下几点:

①调整背吃刀量时,刨刀不应该直接对着工件表面,以免碰坏刀尖。

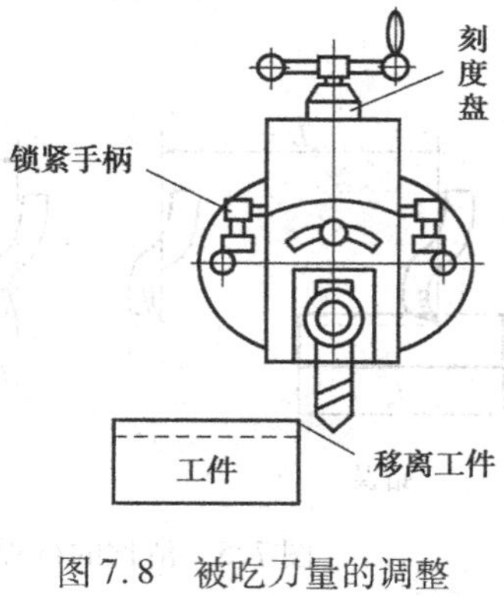

图 7.8　被吃刀量的调整

②要正确使用刻度盘,使用方法与车床类似。

③每次调整前,若手柄转动困难,可将滑板后方的锁紧手柄稍稍松开,但不适宜过松,以免出现掉刀现象。调整背吃刀量后,应将锁紧手柄锁紧,以免刨削时刨刀上下窜动。

7.2.2 龙门刨床

龙门刨床因其框架呈“龙门”形状而得名,它的运动特点是:主运动为工作台(工件)的往复直线运动,进给运动是刀架(刀具)的横向或垂直移动。龙门刨床一般用来刨削大型工件(如床身、机座、箱体等)上长而窄的平面或大平面,也可同时刨削多个中、小型工件上的平面。

B2010A 型龙门刨床的外形如图 7.9 所示。机床主要由床身、工作台、立柱、刀架、工作台减速箱、刀架进给箱等部分组成。B2010A 的含义是:B 表示刨削类机床,20 表示龙门刨床,10 表示最大刨削宽度为 1 000 mm,A 表示经过一次重大改进。

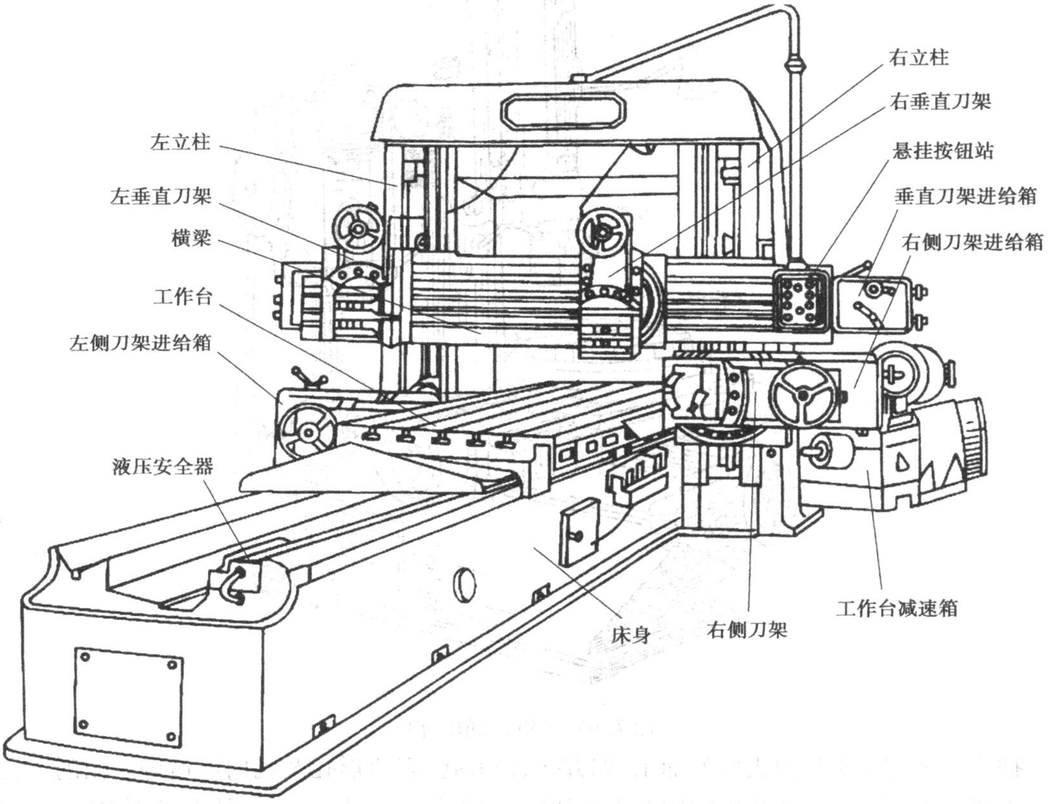

图 7.9 B2010A 龙门刨床外形

龙门刨床的主要特点是:自动化程度较高,各主要运动的操作都集中在机床的悬挂按钮站和电气柜的操作台上,操作十分简便;工作台的工作行程和返回行程可在不停车的情况下进行独立无极调整;它有四个刀架,即两个垂直刀架和两个侧刀架,各刀架可单独或同时手动或自动切削,各刀架都有自动抬刀装置,可避免回程时刨刀与已加工表面之间的摩擦。

龙门刨床的刨削过程为:工件被装夹在工作台上作往复直线运动,刀架带动刀具沿横梁导轨作横向移动,刨削工件的水平面;立柱上的侧刀架带动刀具沿立柱导轨垂直移动,刨削工件的垂直面;刀架还可以扳转一定角度作斜向移动,刨削斜面。另外,横梁还可以沿立柱导轨上、下升降以调整刀具和工件的相对位置。

7.2.3 插床

插床实际上是一种立式牛头刨床，它的结构及工作原理与牛头刨床基本相同，所不同的是插床的滑枕是沿垂直方向作往复直线运动。插床的工作台由上滑板、下滑板及圆形工作台三部分组成。下滑板作横向进给移动，上滑板作纵向进给移动，圆形工作台可带动工件回转。

B5020 型插床的外形如图 7.10 所示。B5020 的含义是：B 表示刨削类机床，50 表示插床，20 表示最大插削长度为 200 mm。

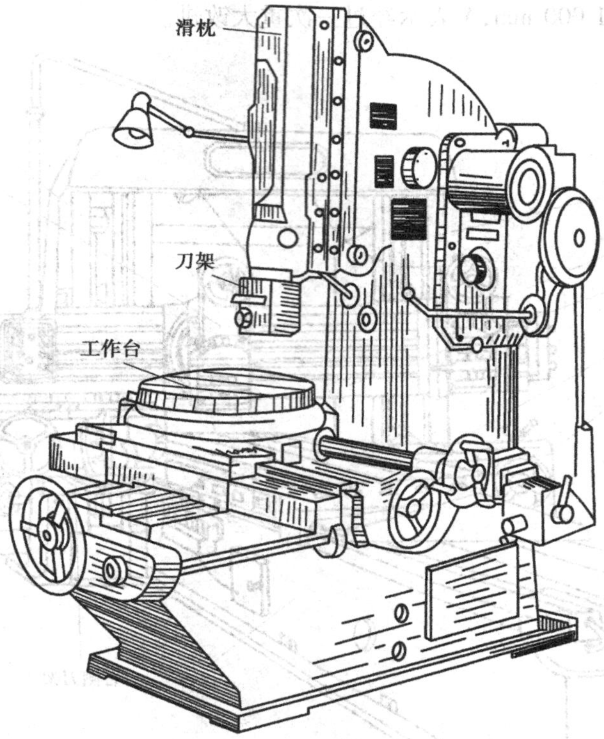

图 7.10 B5020 插床外形

插床主要用于工件内表面的加工，如方孔、长方孔、多边形孔及孔内键槽等。插削方孔的方法如图 7.11 所示，插削孔内键槽的方法如图 7.12 所示。插削前，工件上必须先有一个孔，以便穿过刀杆、刀头及退刀。如果工件上没有孔，则必须先加工出一个足够大的孔，才能进行插削加工。

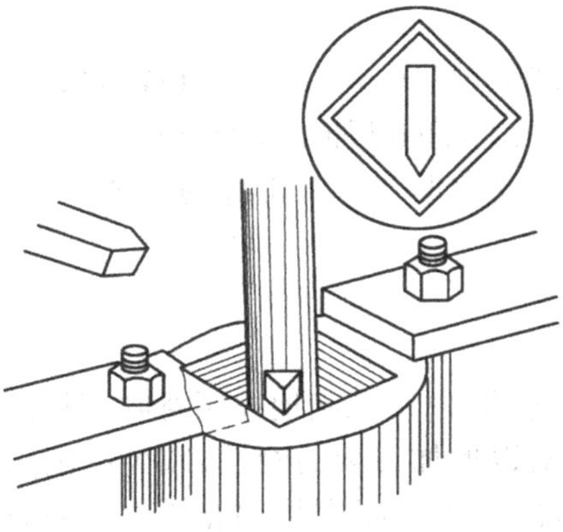

图7.11 插削方孔

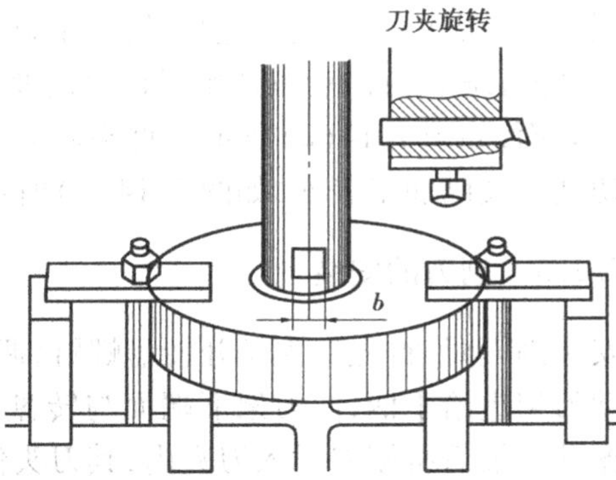

图7.12 插削孔内键槽

7.3 刨 刀

7.3.1 刨刀的种类及其用途

刨刀的种类很多，按加工形式和用途不同，可分为平面刨刀、偏刀、角度偏刀、切刀及成形刨刀等。平面刨刀用来加工水平面；偏刀用来加工垂直面或斜面；角度偏刀用来加工具有一定角度的表面，如燕尾槽；切刀用来加工各种沟槽或切断；成形刀用来加工成形面。常见的刨刀形状如图7.13所示。

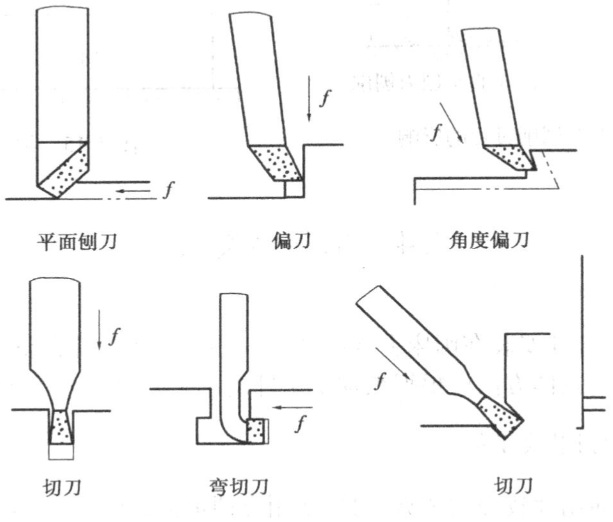

图7.13 常见的刨刀形状

7.3.2 刨刀的结构特点

刨刀的几何参数与车刀相似，但由于刨削加工的不连续性，刨刀切入时受到较大的冲击力，所以一般刨刀刀体的横截面要比车刀大1.25～1.5倍。刨刀的前角一般比车刀前角小

5°～10°，同时为了增加刀尖的强度，刃倾角一般取负值。

刨刀往往做成弯头，这是刨刀的一个显著特点。在刨削过程中，当弯头受到较大的切削力时，刀杆可绕 O 点向后方产生弹性弯曲变形，而不至啃入工件的已加工表面，损坏切削刃及已加工表面，如图7.14(a)所示。直头刨刀受力后产生弯曲变形会啃入工件的已加工表面，损坏切削刃及已加工表面，如图7.14(b)所示。

7.3.3 刨刀的安装

安装刨刀时，首先应先松开转盘螺钉，调整转盘对准零线，以便准确地控制背吃刀量。然后转动刀架进给手柄，使刀架下端面与转盘底侧基本相对以增加刀架的刚性，减少刨削中的冲击振动。最后将刨刀插入刀夹内，其刀头伸长量不要太长，以增加刚性，防止刨刀弯曲时损伤已加工表面，拧紧刀夹螺钉固定刨刀。另外，如果需调整刀座偏转角度，可松开刀座螺钉，转动刀座，如图7.15所示。

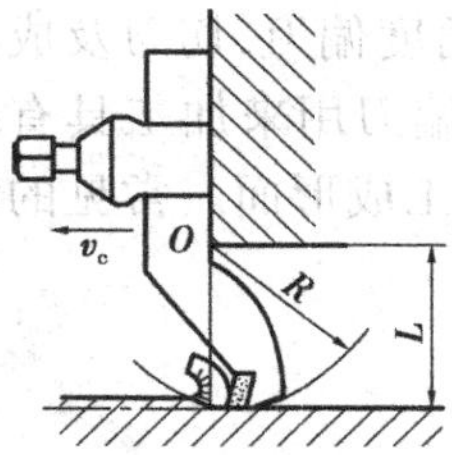

(a) 弯头刨刀刨削

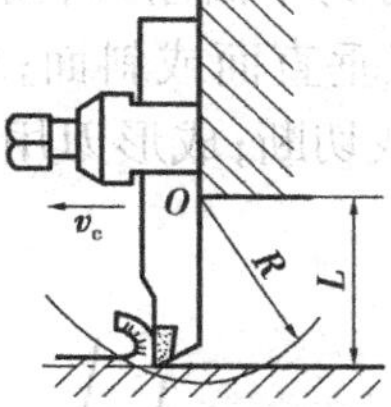

(b) 直头刨刀刨削

图7.14 刨刀变形对刨削过程的影响

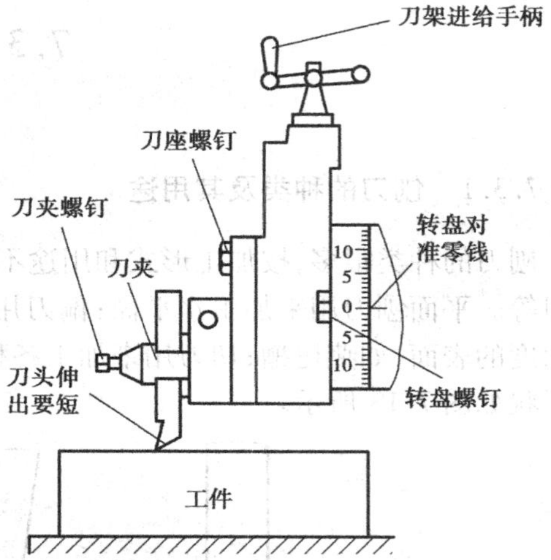

图7.15 刨刀的安装

7.4 工件的装夹

刨削时，必须先将工件安装在刨床上，经过定位和夹紧，使工件在整个加工过程中始终保持正确的位置。装夹的具体方法应根据被加工工件的形状和尺寸大小而定。

7.4.1 用平口虎钳装夹工件

平口虎钳是一种通用性较强的装夹工具，使用方便灵活，适用于装夹形状简单、尺寸较小的工件。在装夹工件之前，应先把平口虎钳钳口找正并固定在工作台上。在机床上用平口虎钳装夹工件时应注意以下5点：

①工件的被加工表面必须高出钳口，否则应用平行垫铁垫高。

②为了保护钳口不受损伤，在夹持毛坯件时，常先在钳口上垫铜皮等护口片。

③使用垫铁夹紧工件时，要用木锤或铜锤子轻击工件的上平面，使工件紧贴垫铁。夹紧

后要用手抽动垫铁，如有松动，说明工件与垫铁贴合不紧；刨削时工件可能会移动，应松开平口虎钳重新夹紧，如图7.16所示。

④装夹刚性较差的工件（如框形工件）时，为了防止工件变形，应先将工件的薄弱部分支撑起来或垫实，如图7.17所示。

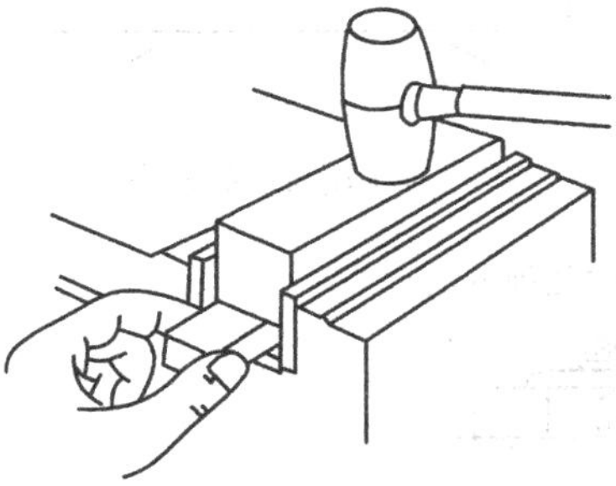

图7.16 工件在机床用平口虎钳内装夹

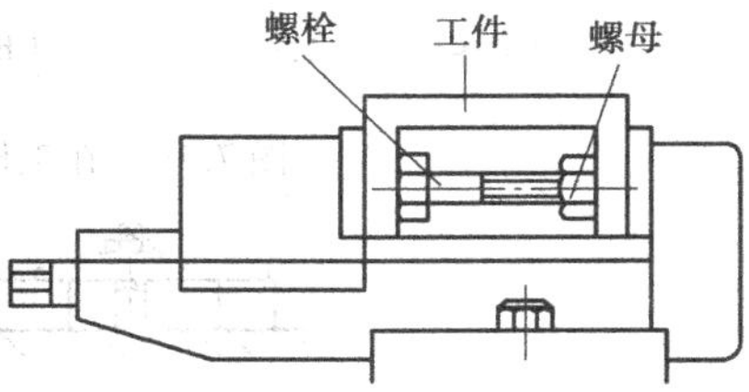

图7.17 框形工件的夹紧

⑤如果工件按画线加工，可用画线盘和内卡钳来校正工件，如图7.18所示。

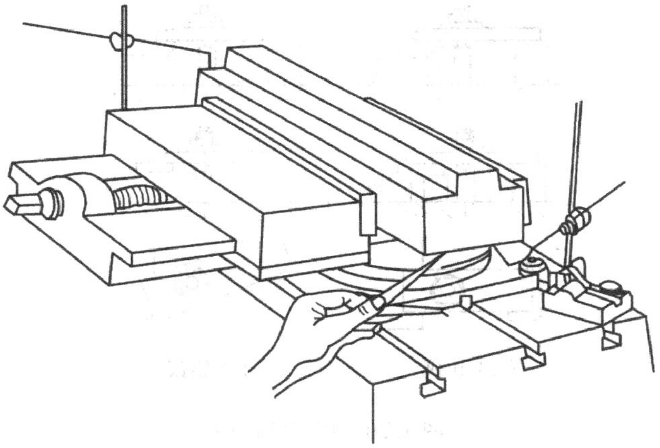

图7.18 用划线盘和内卡钳校正工件

7.4.2 工作台装夹工件

当工件的尺寸较大或在机床上用平口虎钳不便于装夹时，可直接在牛头刨床工作台面上装夹。在工作台上装夹工件的方法有很多，常用的几种方法如图7.19所示。在工作台上装夹工件时要注意以下几点：

①装夹时，应使工件底面与工作台面贴实。如果工件底面不平，应使用铜皮、铁皮或楔铁等将工件垫实。

②在工件夹紧前、后，都应检查工件的安装位置是否正确。如工件夹紧后产生变形或位置移动，应松开工件并重新夹紧。

③工件的夹紧位置和夹紧力要适当，应避免工件因夹紧导致变形或移动。

④用压板螺栓装夹工件时，各种压板的正确使用如图7.20所示。

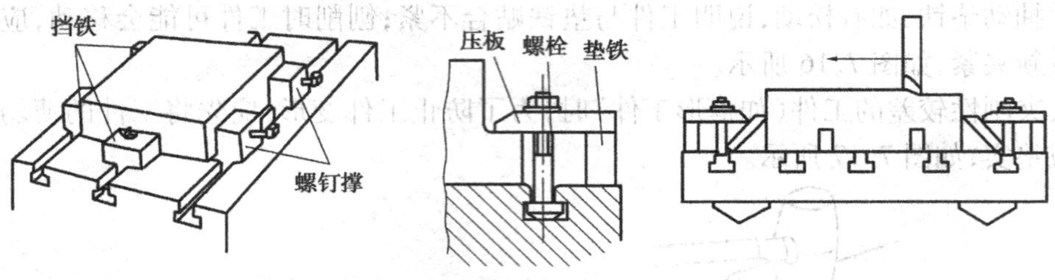

（a）用螺钉和挡铁　（b）用压板和螺栓　（c）用挤压的方法

图 7.19　在工作台上装夹工件的几种方法

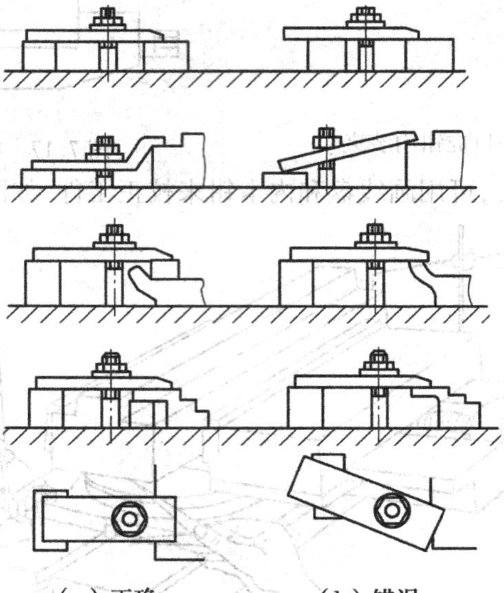

（a）正确　（b）错误

图 7.20　压板的使用

7.4.3　专用夹具装夹工件

采用专用夹具装夹工件既迅速又准确，无需找正，但需要预先制造专用夹具，成本较高，因此多用于成批生产。

7.5　刨削加工

7.5.1　刨平面

粗刨时用普通的平面刨刀，精刨时用圆头精刨刀。刀尖圆弧半径 $r=3\sim5$ mm，背吃刀量 $a_p=0.2\sim2$ mm，进给量 $f=0.33\sim0.66$ mm/行程，切削速度 $v_c=17\sim50$ m/min。粗刨时，背吃刀量和进给量取大值，切削速度取低值；精刨时，切削速度取高值，背吃刀量和进给量取小值。

7.5.2　刨垂直面

刨垂直面就是用刀架作垂直进给运动来加工平面的方法，常用于加工台阶面和长工件的端面。

加工前，要调整刀架转盘的刻度线对准零线，以保证加工面与工件底平面垂直。刀座应偏转 10°～15°，使其上端偏离加工面的方向，如图 7.21 所示。刀座偏转的目的是使抬刀板在回程时携带刀具抬离工件的垂直面，以减少刨刀的磨损，并避免划伤已加工表面。

精刨时，为减小表面粗糙度，可在副切削刃上接近刀尖处磨出 1～2 mm 的修光刃。装刀时，应使修光刃平行于加工表面。

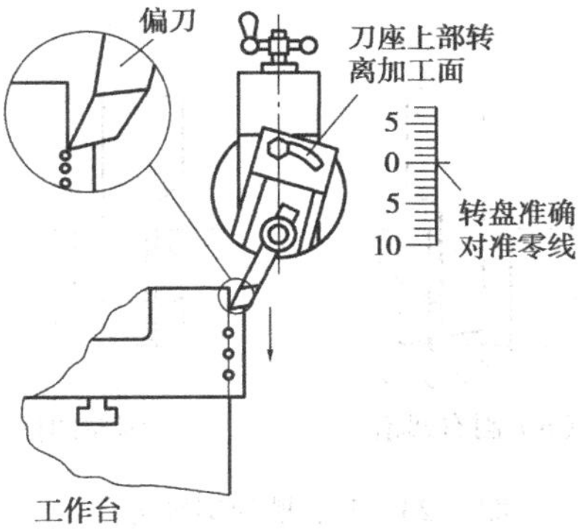

图 7.21　刨垂直面

7.5.3　刨斜面

工件上的斜面有内斜面和外斜面两种。通常采用倾斜刀架法刨斜面，即把刀架和刀座分别倾斜一定角度，由上而下倾斜进给进行刨削，如图 7.22 所示。

刨斜面时，刀架转盘的刻度不能对准零线，刀架转盘扳过的角度是工件斜面与垂直面之间的夹角。刀座偏转方向应与刨垂直面时相同，即刀座上端要偏离加工面。

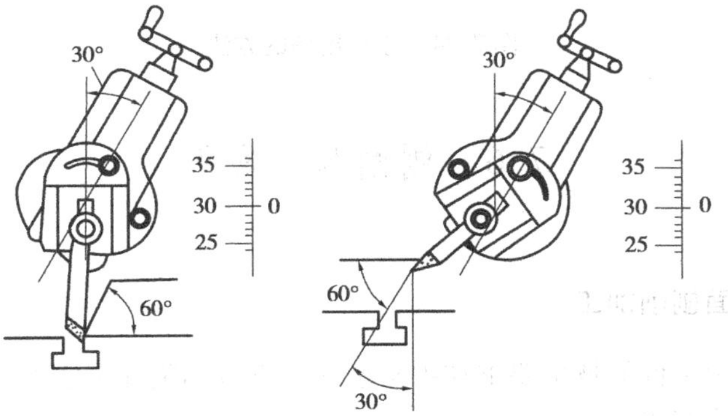

（a）刨外斜面　　（b）刨内斜面

图 7.22　倾斜刀架刨削斜面

7.5.4 刨沟槽

在刨沟槽之前，应先将有关表面刨出，并画出加工线，然后刨削沟槽。

槽的种类有很多，如直角槽、T形槽、V形槽、燕尾槽等，其作用也各不相同。T形槽主要用于工作台表面装夹工件，直角槽、V形槽、燕尾槽等用作零件的配合表面，V形槽还可以用作夹具的定位表面。

(1)刨T形槽

刨T形槽前，应先将工件的各个关联平面加工完毕，并画出加工线，然后按线找正加工。刨削时先用切槽刀刨出直槽，再用左右弯切刀刨出凹槽，最后用45°刨刀倒角，如图7.23所示。

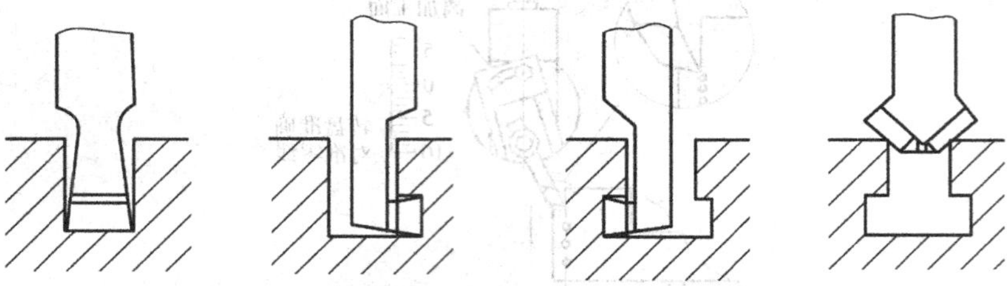

(a)刨直槽　(b)刨右凹槽　(c)刨左凹槽　(d)倒角

图7.23　T形槽的刨削方法

(2)刨燕尾槽

燕尾槽的燕尾部分是两个对称的内斜面。其刨削方法是刨直槽和刨内斜面的综合，但需要专门刨燕尾槽的左右偏刀，其刨削过程如图7.24所示。

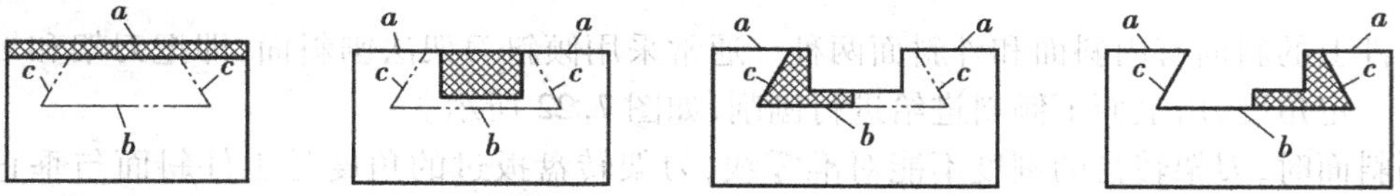

(a)刨平面　(b)刨直槽　(c)刨左燕尾槽　(d)刨右燕尾槽

图7.24　刨燕尾槽的方法

7.6 刨削加工实例

7.6.1 普通平面刨削加工

按照图7.25所示工件的技术要求在牛头刨床上进行刨削加工实习。

(1)刨刀的选择及安装

选用普通平面刨刀并按7.3节中图7.15所示的方法，将刨刀正确安装在刀架上。

(2)工件的装夹

采用机用平口虎钳装夹工件，先把机用虎钳装夹在工作台上，然后把工件装夹在机用虎钳上。

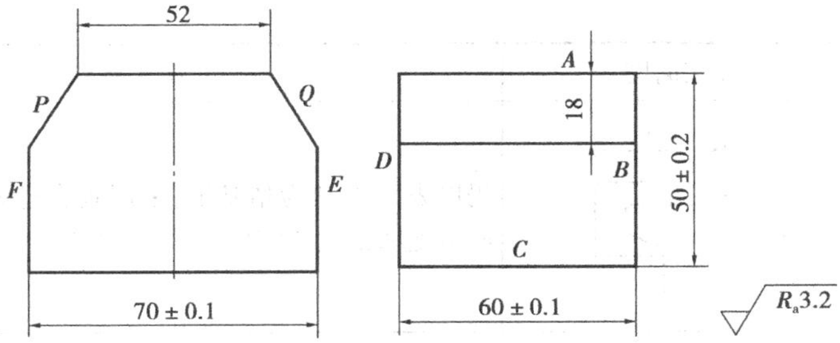

图 7.25　刨平面工件图(材料:HT150)

(3)调整刨床

根据切削速度 $v_c = 17 \sim 50$ m/min 来确定滑枕每分钟往复的次数 n,即

$$n = 1\,000 v_c / 2L \approx 95 \sim 278(\text{取 } L = 90 \text{ mm})$$

学生实习时可取低值并按所取值的大小调整滑枕变速手柄的位置,然后根据夹好的工件长度和位置来调整滑枕的行程和行程起始位置。

(4)对刀试切

在开车对刀时,使刀尖轻轻地擦在加工表面上,观察切削位置是否合适。如不合适,需停车重新调整行程起始位置和行程长度。调整合适后即可进行刨削,取背吃刀量 $a_p = 0.2 \sim 2$ mm,进给量 $f = 0.33 \sim 0.66$ mm/行程(即棘爪每次摆动拨动棘轮转过一个或两个齿)。

该工件的刨削加工步骤见表 7.1。

表 7.1　刨削加工步骤

加工方法	序号	加工简图	操作要点
刨水平面	1	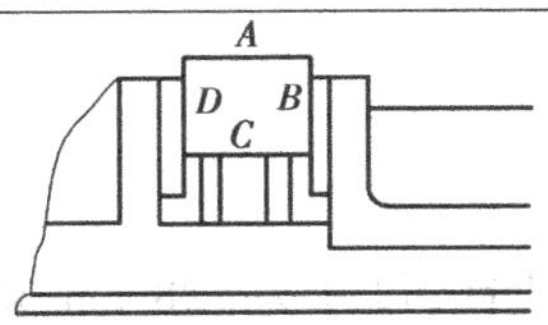	以表面 D 为粗基准,加工表面 A
	2	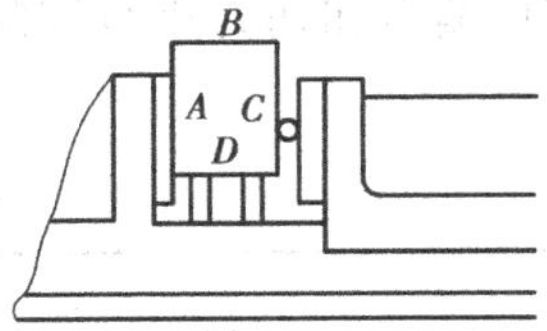	以表面 A 为精基准,并在表面 C 与活动钳口间垫一个圆棒,夹紧工件,加工表面 B,使 $B \perp A$
	3	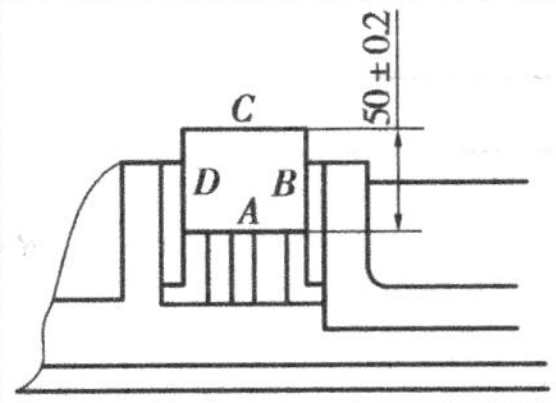	以表面 A、B 为精基准,加工表面 D,保证尺寸(60 ± 0.1)mm,且同时满足 $D \perp A$
	4	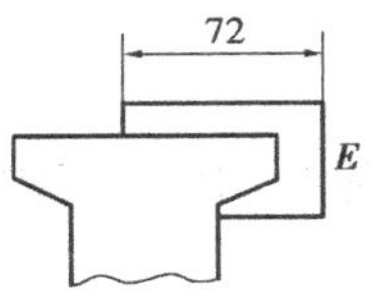	以表面 A、D 为精基准,加工表面 C,保证尺寸(50 ± 0.2)mm,且同时满足 $C \perp D$、$C // A$

续表

加工方法	序号	加工简图	操作要点
刨垂直面	5	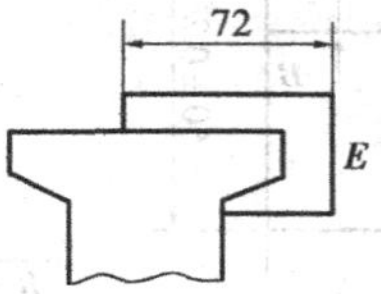	仍以表面 *A*、*D* 为精基准，采用垂直进刀法加工垂直端面 *E*，满足 *E*⊥*A*、*E*⊥*D*
	6	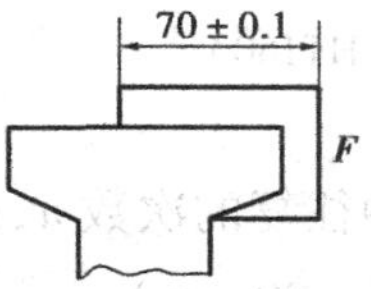	以表面 *A*、*B* 为精基准，采用垂直进刀法加工垂直端面 *F*，保证尺寸(70 ± 0.1)mm
刨斜面	7	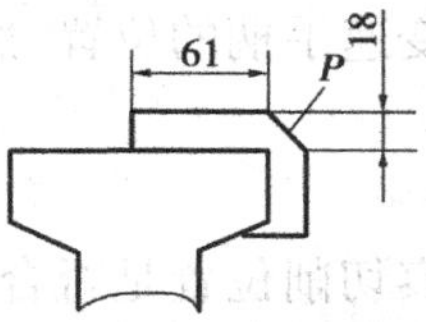	以表面 *A*、*B* 为精基准，采用倾斜刀架法加工斜面 *P*，刀架转盘的转角为 26°6′，保证尺寸 18 mm 和 61 mm
	8	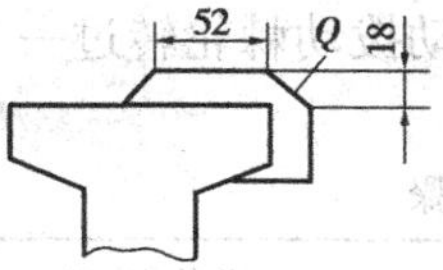	以表面 *A*、*D* 为精基准，采用倾斜刀架法加工斜面 *Q*，刀架转盘的转角为 26°6′，保证尺寸 18 mm 和 52 mm

7.6.2　V 形铁的刨削加工

图 7.26 所示的 V 形铁是钳具。毛坯材料为灰铸铁，尺寸为 128 mm × 92 mm × 68 mm。单件生产，在牛头刨床上用机用虎钳装夹，用平面刨刀、偏刀和切刀进行刨削。量具为游标卡尺、直角尺和游标万能角度尺。

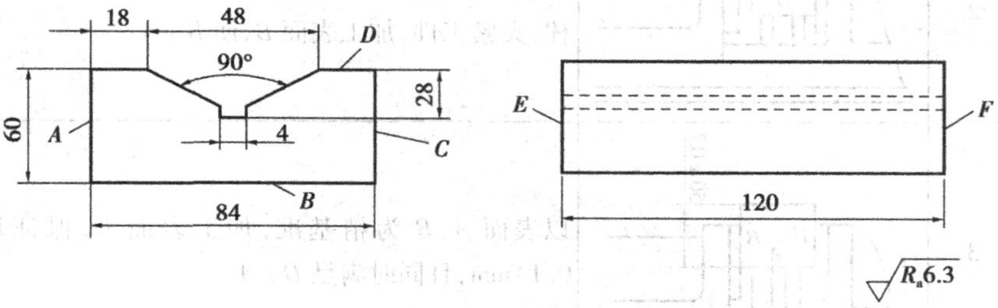

图 7.26　V 形铁

加工工艺过程如下：

①以 *A* 面为基准，用平面刨刀刨平面 *B*。

②以已加工的 *B* 面为基准，紧靠机用虎钳的固定钳口，用平面刨刀刨平面 *C*，至尺寸 88 mm。

③以 B 面为基准,用平面刨刀刨平面 A,至尺寸 84 mm。

④ 以 B 面为基准,紧靠机用虎钳导轨面平行垫铁,用平面刨刀刨平面 D,至尺寸 60 mm。

⑤将机用虎钳的固定钳口调整至与刀具行程方向相垂直,将工件紧贴机用虎钳导轨面,用偏刀刨端面 E,至尺寸 124 mm。

⑥用上述刨垂直面方法用偏刀刨端面 F,至尺寸 120 mm。

⑦划线后用切刀刨直槽,槽宽为 4 mm,槽底面至 D 面 28 mm。

⑧用左偏刀刨 V 形槽的右侧斜面。

⑨用右偏刀刨 V 形槽的左侧斜面。

复习思考题

7.1　刨削加工的特点是什么? 刨削时刀具和工件需作哪些运动?

7.2　牛头刨床主要由哪几部分组成? 各有何功用? 刨削前机床需作哪些方面的调整? 如何调整?

7.3　常用的刨床有哪些种类? 各有何特点?

7.4　刨刀为什么往往做成弯头的?

7.5　刨削垂直面和斜面时,刀架的各个部分如何调整?

7.6　刨刀的刃倾角为什么选择负值?

7.7　龙门刨床和牛头刨床相比较,其主要特点是什么? 它们各适合加工什么样的零件?

7.8　试述刨削 T 形槽和燕尾槽的步骤。

第 8 章 铣 削

铣削安全操作规程：

①操作者需穿戴合适的工作服，长发要压入帽内，不得戴手套进行操作。

②多人共用一台机床时，必须严格分工，只允许一人上机操作，并注意他人安全。

③工作前认真查看机床有无异常，在规定部位加注润滑油和切削液，检查工件和刀具是否装夹牢靠。

④启动机床后不允许触摸和测量工件，若采用自动进给，必须注意行程的极限位置。

⑤开始铣削加工前，刀具必须离开工件。开动机床后，绝不允许擅自离开机床；若发现机床有异常情况，应立即停车检查。

⑥严禁在机床运行时进行变速、消除切屑及测量工件等操作。变速时先拔出变速转盘，再选择转速，最后将转盘复位。

⑦加工时，严禁将多余的工件、夹具、刀具、量具等摆放在工作台上，以防碰撞、跌落，发生事故。

⑧发生事故时，应立即关闭电源。

8.1 铣削加工概述

铣削加工是在铣床上利用铣刀对工件进行切削加工的方法，是平面加工的主要方法之一。铣削时，由于铣刀是旋转的多齿刀具，刀具轮换切削，因而刀具的散热条件好，可以提高切削速度。此外，由于铣刀的主运动是旋转运动，故可提高铣削用量和生产率。由于铣刀刀齿的不断切入和切出，切削力不断变化，因此有冲击和振动。

铣床约占机床总数的25%，铣削加工的范围十分广泛，可用于加工各类平面、沟槽和成形面，有时也可用来钻孔、镗孔等，如图 8.1 所示。铣削加工可达到的尺寸公差等级一般为 IT9 ~ IT7，表面粗糙度为 R_a6.3 ~ 1.6 μm。

铣削加工时，铣刀的旋转为主运动，铣刀或工件沿坐标方向的直线运动或回转运动为进给运动。

铣削用量包括铣削速度、进给量、背吃刀量和侧吃刀量，如图 8.2 所示。

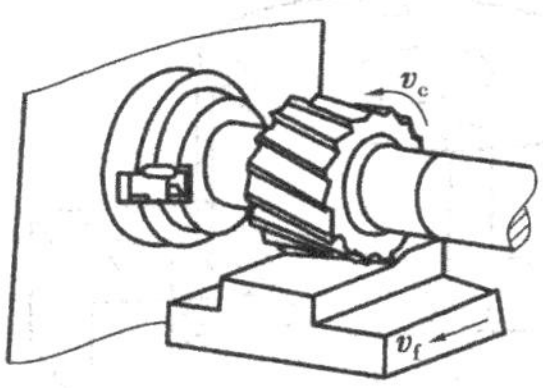

（a）圆柱形铣刀铣平面

（b）套式面铣刀铣台阶面

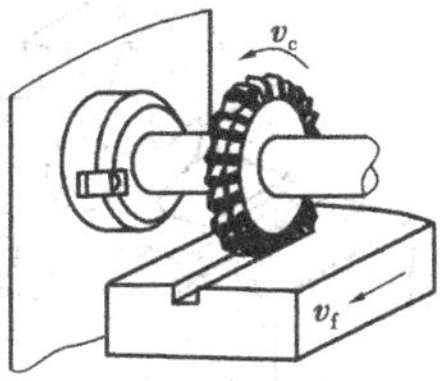

（c）三面刃铣刀铣直角槽

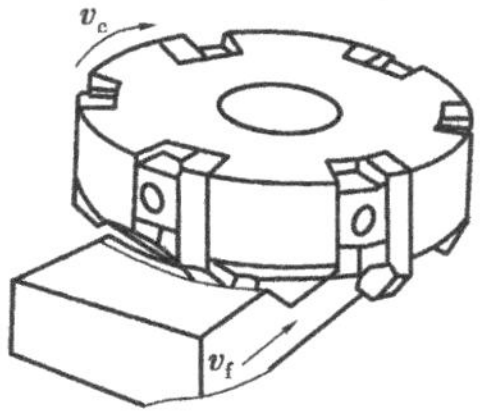

（d）面铣刀铣平面

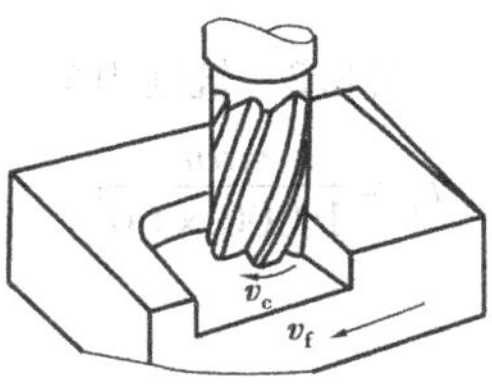

（e）立铣刀铣凹平面

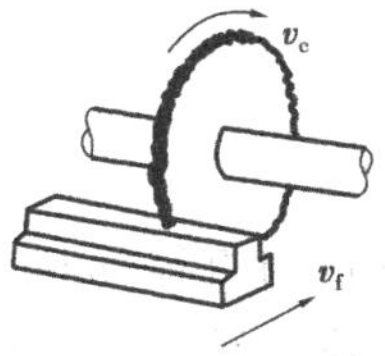

（f）锯片铣刀切断

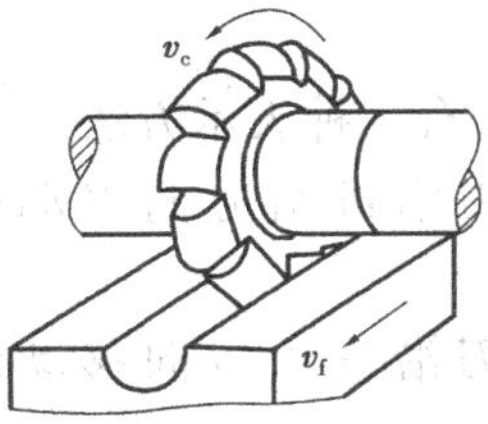

（g）凸半圆铣刀铣凹圆弧面

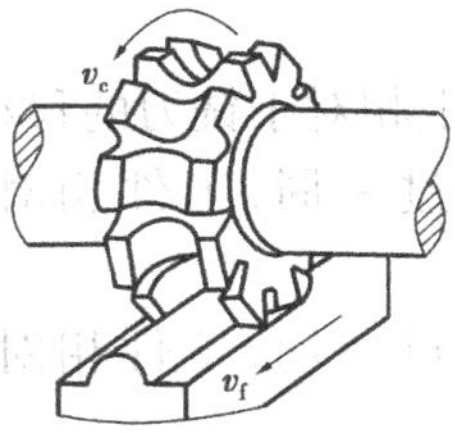

（h）凹半圆铣刀铣凸圆弧面

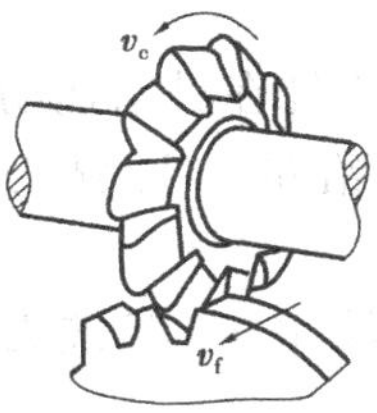

（i）齿轮铣刀铣齿轮

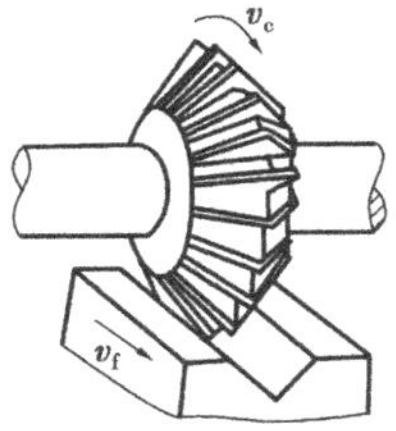

（j）角度铣刀铣V形槽

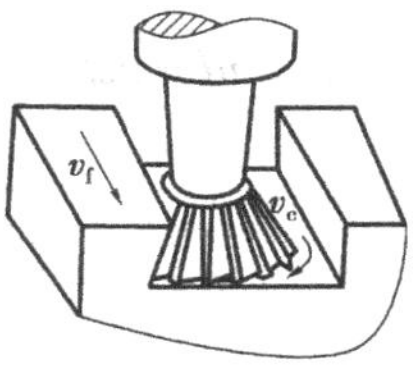

（k）燕尾槽铣刀铣燕尾槽

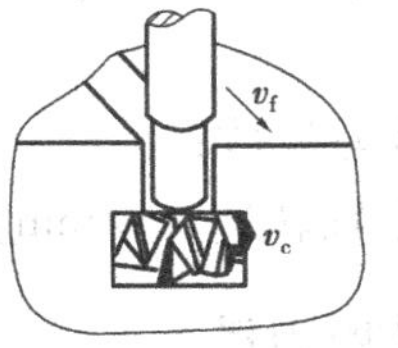

（l）T形槽铣刀铣T形槽

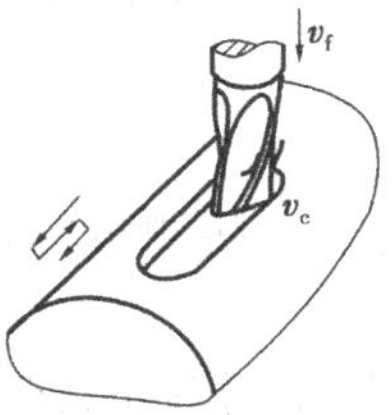

（m）键槽铣刀铣键槽

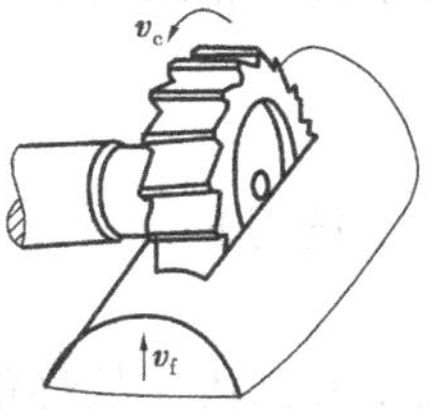

（n）半圆键槽铣刀铣半圆键槽

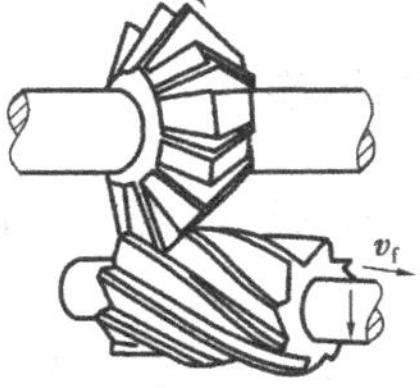

（o）角度铣刀铣螺旋槽

图 8.1　铣削加工范围

8.1.1　铣削速度 v_c

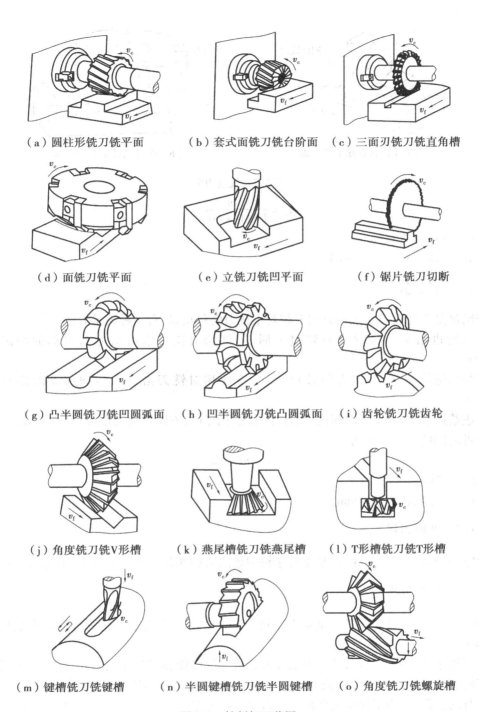

铣削速度是铣刀旋转时最大直径处的线速度，其计算公式为

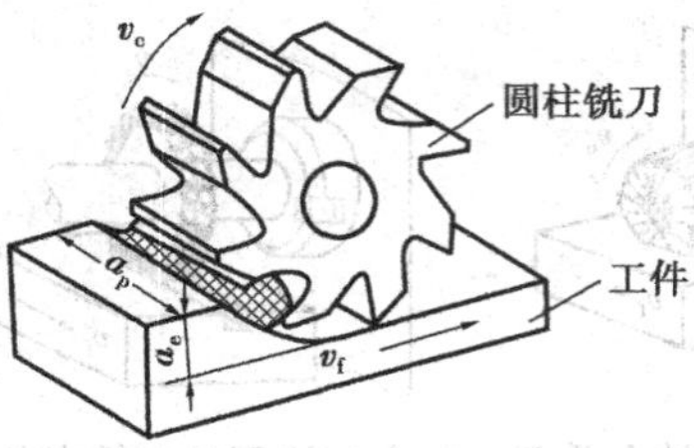

（a）在卧式铣床上铣平面

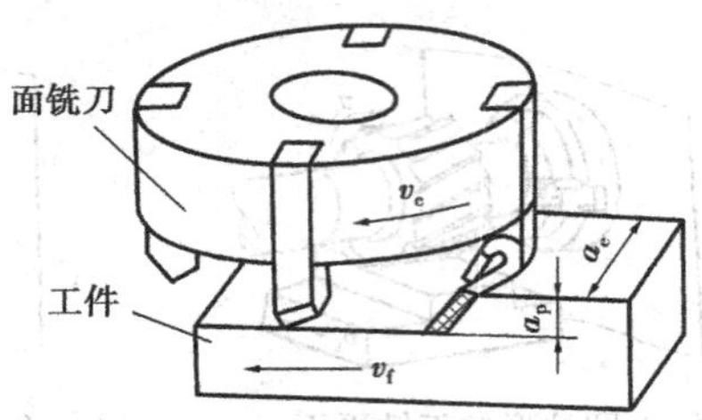

（b）在立式铣床上铣平面

图 8.2 铣削用量

$$v_c = \frac{\pi dn}{1\,000 \times 60} \text{m/s}$$

式中 d——铣刀直径，mm；

n——铣刀转速，(r/min)。

8.1.2 进给量

进给量是工件在进给运动方向上相对于铣刀的移动量，有三种表示方法。

①每转进给量 f，即铣刀每转过一周，工件相对铣刀沿进给方向移动的距离，单位为 mm/r。

②每齿进给量 f_z，即铣刀每转过一周，工件相对铣刀沿进给方向移动的距离，单位为 mm/z。

③进给速度 v_f，即单位时间内，工件相对铣刀沿进给方向移动的距离，单位为 mm/min。

三者之间的关系表示为

$$v_f = nf = nzf_z$$

式中 z——铣刀齿数；

n——主轴转速，(r/min)。

8.1.3 背吃刀量 a_p

背吃刀量也称为铣削深度，是平行于铣刀轴线方向测量的切削层尺寸，单位为 mm。

8.1.4 侧吃刀量 a_e

侧吃刀量也称为铣削宽度，是垂直于铣刀轴线并垂直于进给方向测量的切削层尺寸，单位为 mm。

铣削用量的选择要合理，选择时既要考虑机床的性能和刀具使用寿命，保证加工质量，又要保证具有较高的生产率和较低的生产成本。一般说来，粗加工时，在机床动力和工艺系统刚性运行的前提下，为了保证必要的刀具寿命，应当优先选用较大的背吃刀量，其次是选用较大的每齿进给量，最后根据刀具寿命确定切削速度。应尽可能发挥刀具、机床的潜力和保证合理的刀具寿命。精加工时，为保证加工精度和表面粗糙度，立铣时侧吃刀量应尽量一次铣出，背吃刀量不超过 0.5 mm。根据表面粗糙度确定进给量，由刀具寿命确定切削速度。

8.2 铣床及其附件

8.2.1 铣床

铣床有很多品种，常见的有卧式铣床、立式铣床、龙门铣床、键槽铣床、仿形铣床、数控铣床等。

(1)卧式铣床

卧式铣床是铣床中应用最多的一种，它的主轴是水平放置的，与工作台面平行。型号X6132中，X表示铣床类别代号，6表示卧式升降台铣床，1表示万能升降台铣床，32表示工作台工作面宽度的1/10，即320 mm。X6132卧式万能铣床的外形如图8.3所示。它主要由床身、横梁、升降台、纵向工作台、横向工作台、主轴、底座等部分组成。

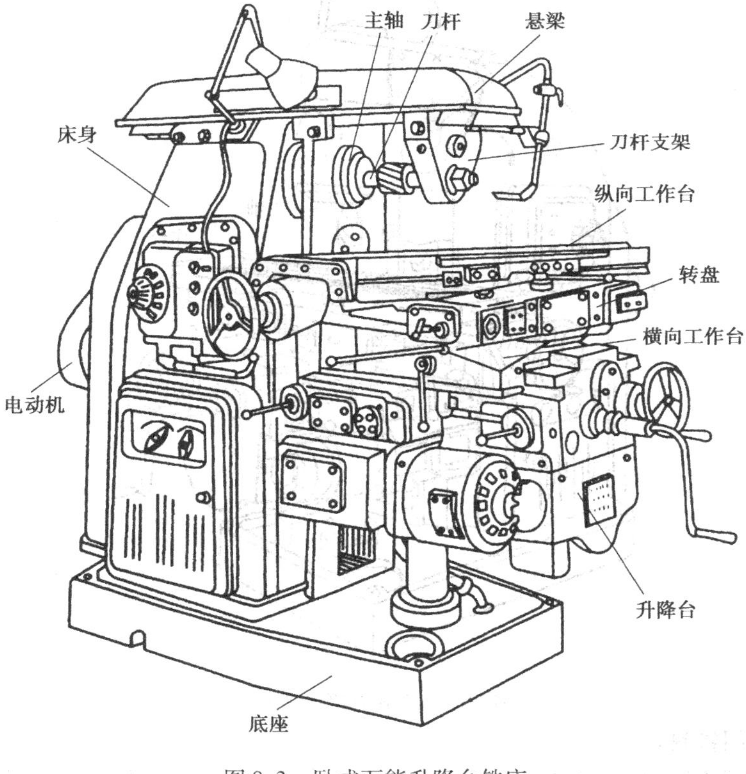

图8.3 卧式万能升降台铣床

①床身是铣床的主体，用来固定和支承铣床上的部件。它呈箱形，前壁有燕尾形垂直导轨，供升降台上下移动使用；床身顶部有燕尾形水平导轨，供横梁前后移动，床身内部装有主轴传动系统和主轴变速机构。

②横梁上面装有刀杆支架，用以支承外伸刀杆，以增加刀杆的刚性，减少振动。横梁可沿床身的水平导轨移动，以调整其伸出的长度。

③升降台可使整个工作台沿床身的垂直导轨上下移动，用以调整工作台面和铣刀的距离，还可作垂直进给。

④纵向工作台上面有T形槽,用以装夹工件或夹具。其下面通过螺母与丝杠螺纹连接,可在转盘的导轨上纵向移动;其侧面有固定挡铁,以控制机床的机动纵向进给。

⑤横向工作台位于升降台上面的水平导轨上,可带动纵向工作台作横向移动,用以调整工件与铣刀之间的横向位置或获得横向进给。

⑥主轴是空心轴,其前端有7∶24的精密锥孔,用以安装铣刀刀杆并带动铣刀旋转。

⑦转盘上面有水平导轨,供工作台纵向移动。其下面与横向工作台用螺栓连接,如松开螺栓可使工作台在水平面内旋转一个角度(最大为±45°),使工件获得斜向移动。

带转盘的卧式升降台铣床称为万能升降台铣床,不带转盘即不能扳转角度的铣床称为卧式升降台铣床。

(2)立式铣床

立式升降台铣床如图8.4所示,与卧式升降台铣床的主要区别是其主轴与工作台台面相垂直。立式升降台铣床的铣头还可以在垂直面内旋转一定角度,以便铣削斜面。

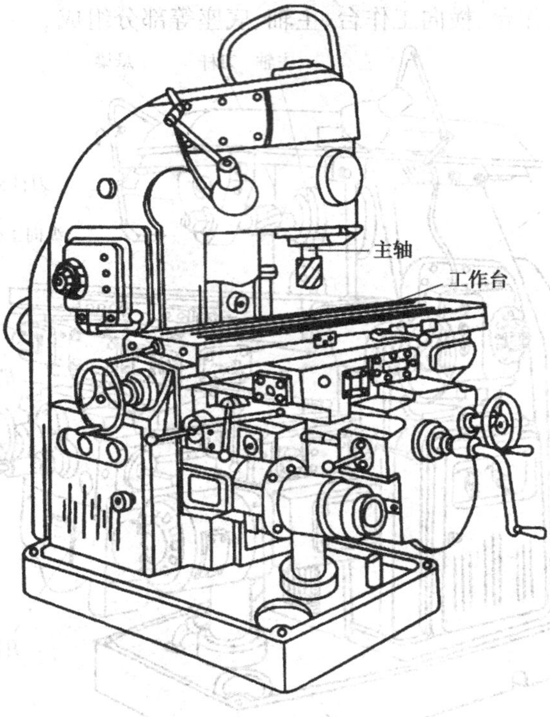

图8.4　立式升降台铣床

(3)落地龙门镗铣床

落地龙门镗铣床主要用来加工大型或较重的工件,它可以同时用几个铣头对工件的几个表面进行加工,故生产率较高,适合批量生产。

立式升降台铣床主要使用面铣刀加工平面,另外也可以加工键槽、T形槽和燕尾槽等。

8.2.2　铣床的主要附件

铣床的主要附件有回转工作台、万能分度头和万能铣头等。

(1)回转工作台

回转工作台是立式铣床的附件,其结构如图8.5(a)所示。工作台内部有一个蜗杆副,手轮与蜗杆同轴连接,转台与蜗轮连接。转动手轮,通过蜗杆传动使转台转动。转台周围有刻度可用来确定转台位置,转台中央的孔用来找正和确定工件的回转中心。铣圆弧槽时,如图8.5(b)所示,利用螺栓压板将工件安装在回转工作台上。铣刀旋转后,用手均匀缓慢地摇动手轮使转台带动工件进行回转,使工件铣出圆弧槽。

回转工作台主要用于较大工件的分度和非整圆弧槽、面的加工。

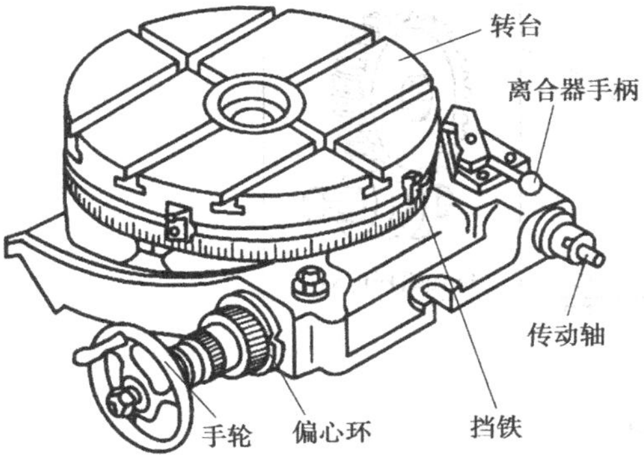

(a) 圆形回转台

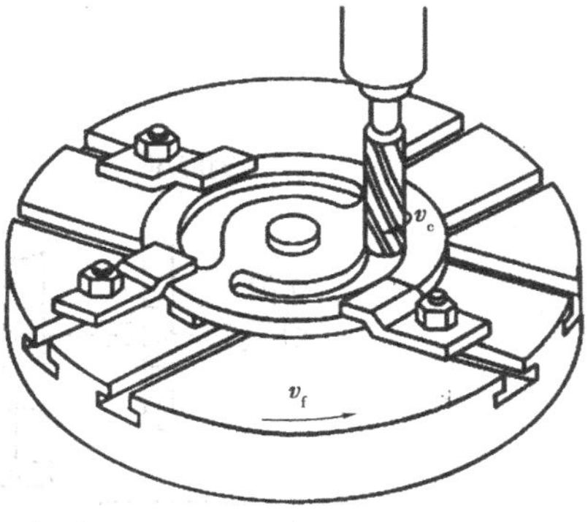

(b) 铣圆弧槽

图8.5 回转工作台

(2) 分度头

分度头是铣床的重要附件,利用分度头可以铣四方、六方、齿轮、花键、刻线、加工螺旋面及加工球面等。分度头的种类很多,有简单分度头、万能分度头、光学分度头、自动分度头等,其中应用最广的是万能分度头。

1) 万能分度头的结构

万能分度头的结构如图8.6所示,它主要由底座、转动体、主轴和分度盘等组成。工作时,用T形螺栓将分度头的底座固定在铣床的工作台上,使分度头主轴轴线平行于工作台纵向进给方向。分度头主轴前端锥孔内可安装顶尖,用于支承工件;主轴前端的外锥面与连接盘的内锥孔配合,自定心卡盘装入连接盘上,可用于装夹工件。分度头的主轴可随回转体在垂直面内扳转至任意角度。分度头的侧面有分度手柄,分度时手摇分度手柄,通过蜗杆副带动分度头主轴旋转进行分度。

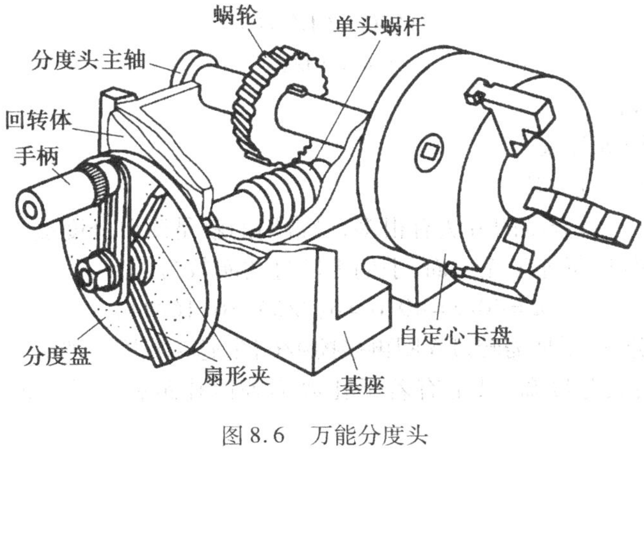

图8.6 万能分度头

2）万能分度头的功用

万能分度头的主要功用包括：使工件在圆周上进行分度（等分或不等分），如铣削多边形、齿形及花键等；将工件安装呈所需的角度，如铣斜面等；通过安装交换齿轮，使分度头与工作台传动系统连接，借助工作台的进给运动，使分度头主轴作连续旋转，可加工螺旋槽及凸轮等。

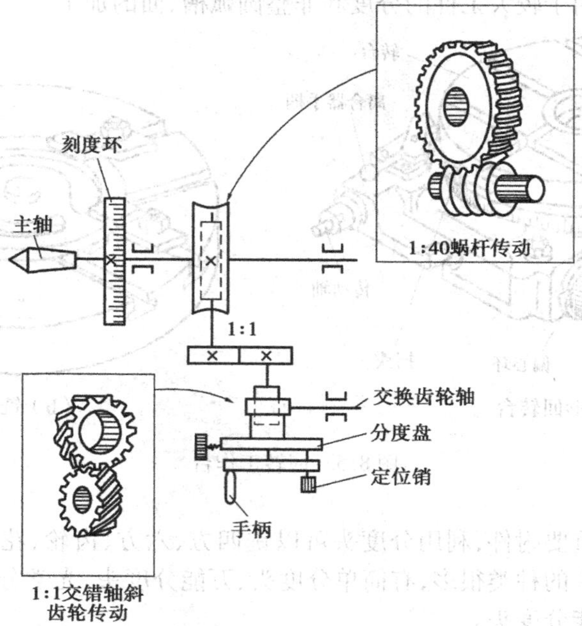

图 8.7　万能分度头传动示意图

3）万能分度头的分度原理

万能分度头的传动系统示意图如图 8.7 所示。手柄通过齿数比为 1:1的直齿圆柱齿轮副带动蜗杆传动，其运动又经齿数比为 1:40 的蜗轮蜗杆副，带动主轴旋转并实现分度。当分度头手柄转动一转时，蜗轮只能带动主轴转动 1/40 转。如果工件在整个圆周上的分度数目为 z，则每分一个等分就要求分度头主轴旋转 $1/z$ 圈，此时分度手柄所需转过的圈数 n 可由下式计算：

$$1:40 = (1/z):n$$

即

$$n = 40/z$$

式中　n——手柄转数；

z——工件圆周等分数。

4）万能分度头的分度方法

用分度头对工件进行分度的方法有很多，最常用的就是简单分度法。

例如铣削六角螺母，每加工完一面，手柄需转过的圈数为

$$n = 40/z = 40/6 = 6(4/6) = 6(16/24)$$

也就是说，每次分度，手柄需转过 6 圈再多摇 4/6 圈，这 4/6 圈一般需要利用分度盘来控制。

分度头常备有两块分度盘，其上有若干孔数不等但孔距相等的孔圈。孔数分布情况见表 8.1。

表8.1 分度盘孔数分度表

	正 面	反 面
第一块	24、25、28、30、34、37	38、39、41、42、43
第二块	46、47、49、51、53、54	57、58、59、62、66

作4/6 = 16/24 圈分度时,将分度盘固定,分度手柄上的定位销调整刀孔数为24的孔圈上,使其在24孔圈上转过6转又16个孔距,再插入定位销。为确保定位销转过的孔距输准确,可调整分度盘上分度叉的夹角,使之等于16个孔距,这样以此进行分度时就可以准确无误。

(3)万能立铣头

在卧式铣床上装有万能立铣头,根据铣削的需要,可把立铣头主轴扳成任意角度,如图8.8所示。万能立铣头外形图如图8.8(a)所示。其底座用螺钉固定在铣床的垂直导轨上,由于铣床主轴的运动是通过立铣头内部的两对锥齿轮传到立铣头主轴上的,并且立铣头的壳体可绕主轴轴线偏转任意角度,如图8.8(b)所示;又因为立铣头主轴的壳体还能在立铣头壳体上偏转任意角度,如图8.8(c)所示,因此立铣头主轴能偏转成所需要的任意角度。

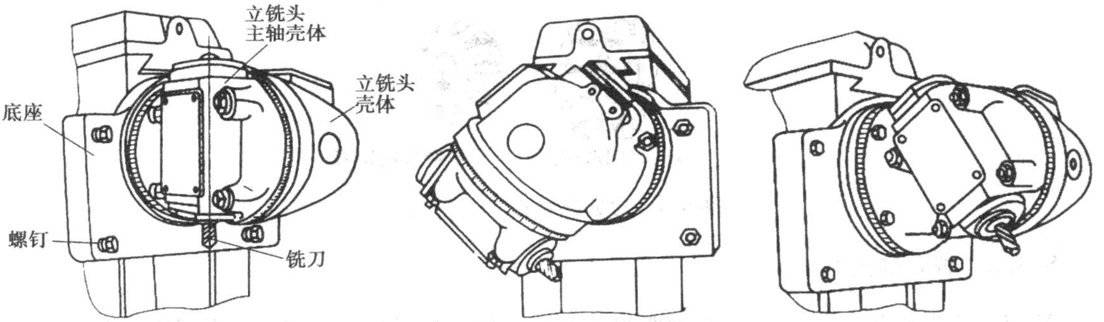

(a)立铣头外形　(b)绕主轴轴线偏转角度　(c)绕立铣头壳体偏转角度

图8.8 万能立铣头

8.3 铣刀及安装

8.3.1 铣刀

铣刀是一种在回转体表面上或端面上分布有多个刀齿的多刃刀具。切削时,铣刀每齿周期性地切入和切出工件,对散热有利,铣削效率较高,所以铣刀是金属切削加工中应用非常广泛的一种刀具。

铣刀的种类很多,按材料不同,分为高速钢和硬质合金两大类;按刀齿和刀体是否一体,又分为整体式和镶齿式两类;按安装方法不同,分为带孔铣刀和带柄铣刀两大类。带孔铣刀需要安装在铣刀心轴上,多用于卧式铣床。带柄铣刀又分为直柄和锥柄两种,多用于立式铣床。另外,按用途和形状又可分为圆柱形铣刀、面铣刀、立铣刀、键槽铣刀、T形槽铣刀、三面刃铣刀、锯片铣刀、角度铣刀和成形铣刀。常见的铣刀形状如图8.9所示。

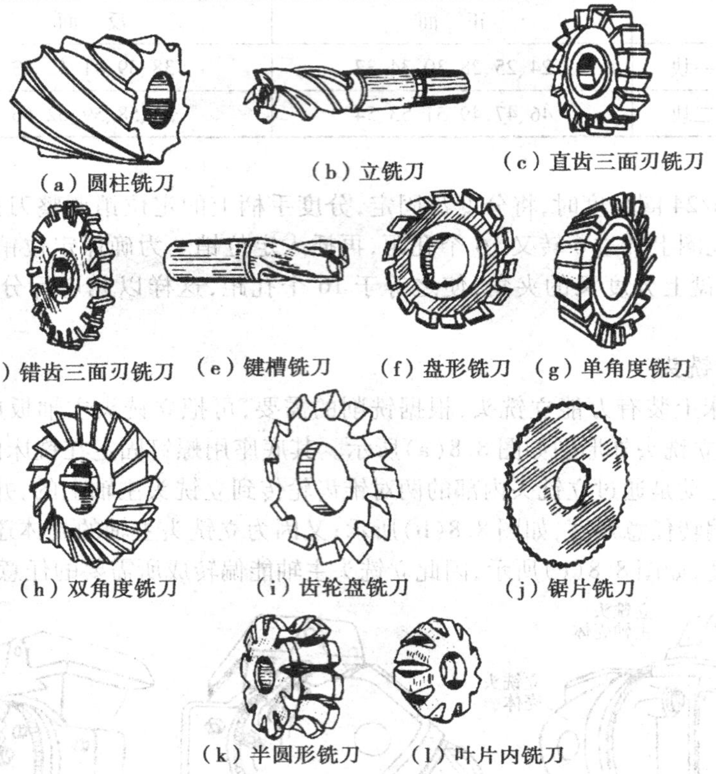

图8.9　常见铣刀的种类及形状

8.3.2　铣刀的安装

铣刀的安装是铣削工作的一个重要组成部分。铣刀安装得是否正确,不仅影响到加工质量,而且也影响铣刀的使用寿命,所以必须按要求进行。

(1)带孔铣刀的安装

此类铣刀由于中心都有一个孔,因此必须安装在铣刀刀杆上。圆柱形铣刀或三面刃等盘形铣刀常用长刀杆安装,如图8.10所示。用长刀杆安装带孔铣刀时应注意:

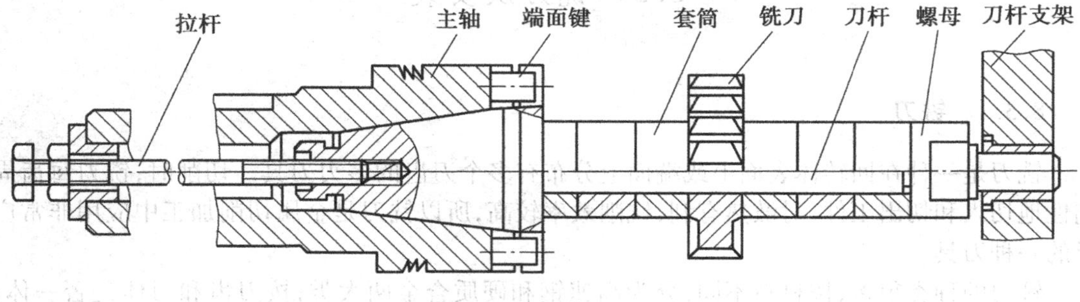

图8.10　带孔铣刀的安装

①铣刀应尽可能地靠近主轴,以保证铣刀杆的刚度。

②套筒的端面和铣刀的端面必须擦干净,以减小铣刀的跳动。

③拧紧刀杆的压紧螺母时，必须先装上吊架，以防刀杆受力弯曲。

另有一类带孔铣刀是靠专用的芯轴安装的，如套式端铣刀（面铣刀）等，属于短刀杆安装，如图 8.11 所示。

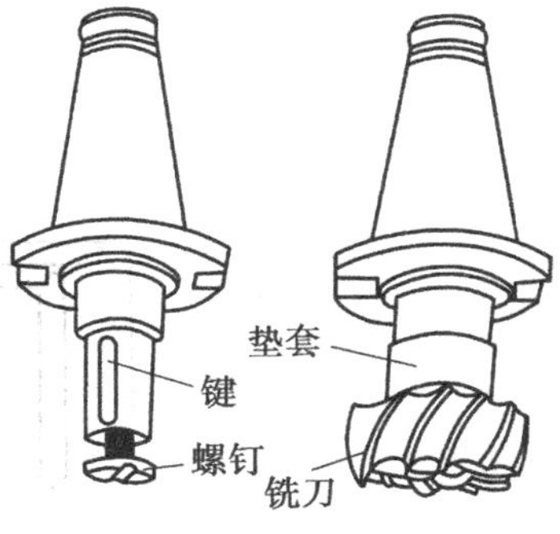

图 8.11　端铣刀的安装

（2）带柄铣刀的安装

此类铣刀是靠柄部定心来安装或夹持的。

①直柄铣刀的安装如图 8.12（a）所示，因直径尺寸较小，安装时要用通用夹头或弹簧夹头，即铣刀的直柄要插入弹簧套内，然后旋紧螺母以压紧弹簧套的端面，弹簧套的外锥面受压使孔径缩小，以便夹紧直柄铣刀。弹簧夹头夹紧力大，铣刀装卸方便，夹紧精度较高，使用起来方便。

②锥柄铣刀的柄部是带有锥度的，随着铣刀切削部分直径的增大，柄部尺寸也增大，因此安装时要根据铣刀锥柄的大小选择相应的变锥套，将各个配合表面擦净，然后用拉杆把铣刀及变锥套一起拉紧在主轴上，如图 8.12(b) 所示。

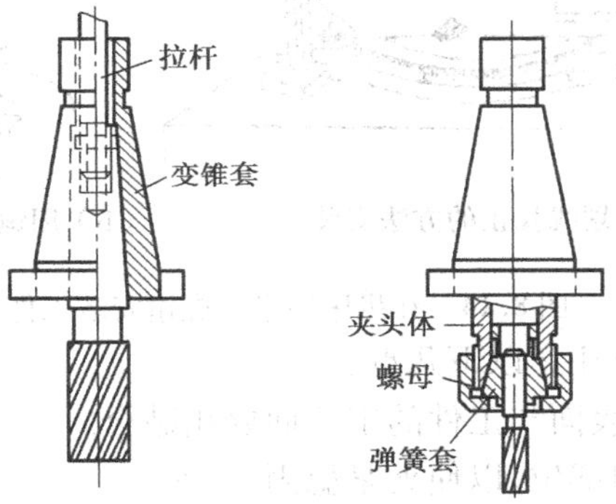

（a）锥柄铣刀的安装　　（b）直柄铣刀的安装

图 8.12　带柄铣刀的安装

8.4　工件的安装

铣床上工件常用的安装方法有以下几种。

8.4.1　使用机用平口虎钳安装

在铣床加工中，机用虎钳是一种通用夹具，它一般用来装夹形状比较规则的中、小型工件。使用时应先校正其在工作台上的位置，然后再夹紧工件。常用的校正方法主要有三种：①用百分表校正，如图 8.13（a）所示；②用直角尺校正；③用划线针校正。校正的目的是保证固定钳口与工作台面的垂直度、平行度。校正后利用螺栓与工作台 T 形槽连接，将机用虎钳装夹在工作台上。装夹工件时，要划线找正工件，然后转动机用虎钳丝杠使活动钳口移动并夹紧工件，如图 8.14（a）所示。安装工件时，必须使工件的被加工面高出钳口，同时把平整的平面紧贴在垫铁和钳口上，并边夹紧边用锤子轻击工件的上表面，如图 8.14(b) 所示。

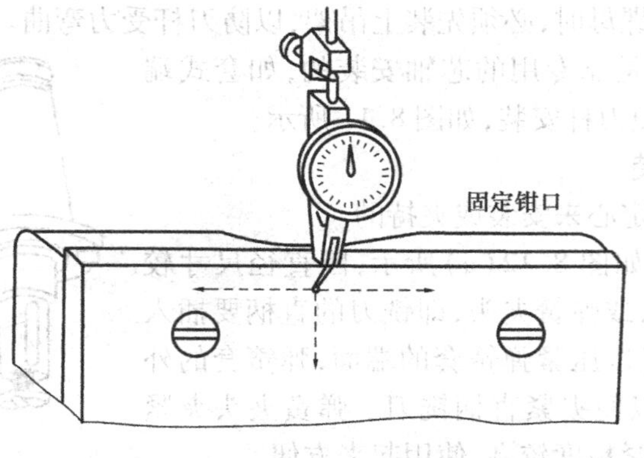

图 8.13　百分表矫正机用虎钳

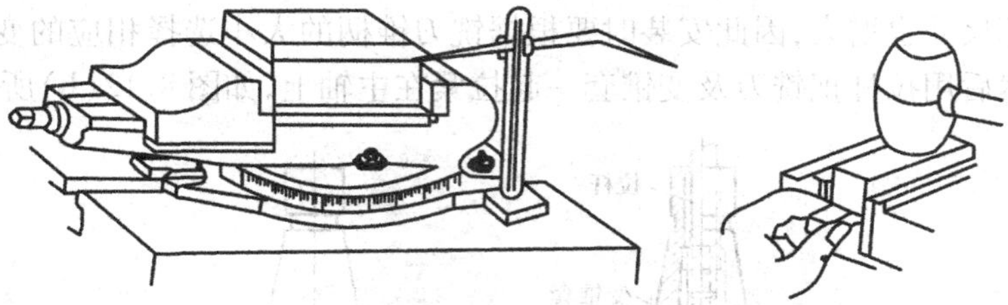

（a）划线找正的方法安装　　（b）用锤子轻击工件上表面

图 8.14　在机床用平口虎钳安装工件

机用虎钳装夹工件时应注意以下几点：

①定钳口是基准面，该表面与工件的定位面要相贴合。

②工件应装在钳口中间部位，以使夹紧稳固、可靠。

③工件待加工表面一般高于钳口 5 mm。

④防止工件与垫铁间有间隙。

⑤装夹毛坯工件时，应在毛坯面和钳口之间垫上铜皮等物，以防损坏钳口。

8.4.2　用压板螺栓安装

当工件较大或形状特殊时，要用压板、螺栓、垫铁和挡铁把工件直接固定在工作台上进行铣削。图 8.15 所示为用压板安装工件。为了保证压紧可靠以及工件夹紧后不变形，压板的位置要安排适当，垫铁的高度要与工件相适应（$a=b$），工件夹紧后要用划针复查加工线是否与工作台平行。

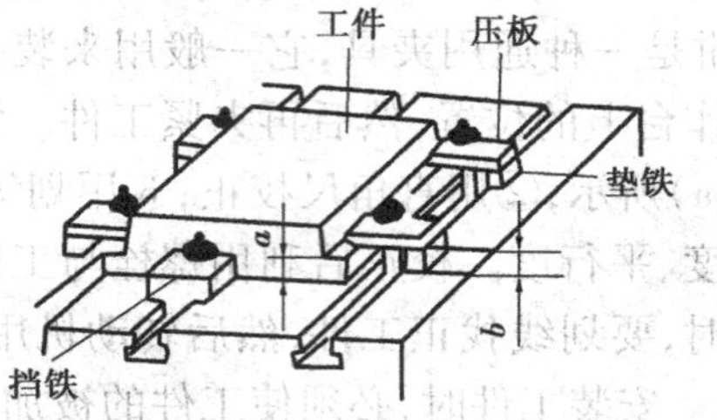

图 8.15　用压板安装工件

8.4.3 用分度头安装

分度头多用于装夹有分度要求的工件，如利用分度头铣斜面；在铣床上加工直齿圆柱齿轮。

8.5 铣削加工

8.5.1 铣平面

铣平面是铣削工艺中最基本的工序内容，它是保证后续工序质量的基础工序。

(1)周边铣和端面铣

1)周边铣

在卧式铣床上用圆柱形铣刀的圆周刀齿铣削平面的方法称为周边铣削，简称周铣。周铣有顺铣和逆铣之分。

①逆铣。铣削时，铣刀旋转方向与工件进给方向相反的铣削形式称为逆铣，如图8.16(a)所示。由于逆铣时切削力与进给方向相反，这就使进给运动受到额外的阻力，加大了动力消耗，但这种铣削很平稳，所以经常使用。

逆铣的切削特点是每齿铣削厚度由零增大。开始切削时，刀刃先在工件表面上滑过一小段距离，并对工件表面进行挤压和摩擦，引起刀具的径向振动，使加工表面产生波纹，刀具使用寿命缩短。

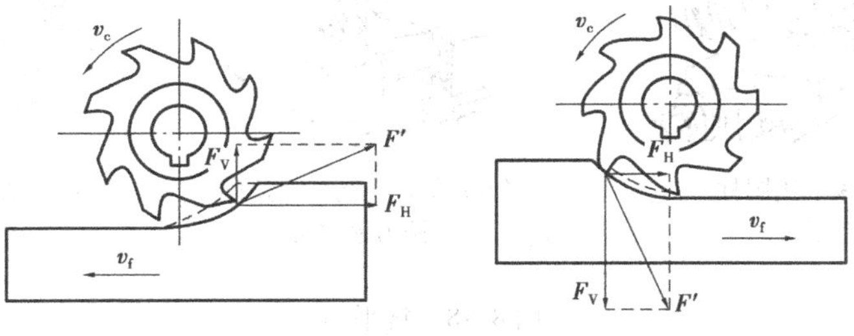

(a) 逆铣 (b) 顺铣

图 8.16 逆铣和顺铣

②顺铣。铣削时，铣刀旋转方向与工件进给方向相同的铣削形式称为逆铣，如图8.16(b)所示。顺铣的特点是每齿铣削厚度由最大到零，对表面没有硬皮的工件易于切入，而且铣刀对工件的切削分力垂直向下，有利于工件的夹紧。实践证明，顺铣时铣刀的使用寿命比逆铣时提高 2 ~3 倍，表面粗糙度值亦可减小。但由于其切削分力与进给方向相同，切削时由于进给丝杠与螺母之间的间隙，使工作台产生窜动，这样会因为切削厚度突然增大，而使铣刀刀齿折断或损坏机床。因此必须在纵向进给螺母副有消除间隙的装置方可使用。

2)端面铣

端面铣是指用分布在铣刀端面上的刀齿进行铣削的方法，如图 8.17 所示。端面铣使用面铣刀在立式铣床上进行，铣出的平面与铣床工作台平行；端面铣也可以在卧式铣床上进行，铣出的平面与铣床工作台台面垂直。

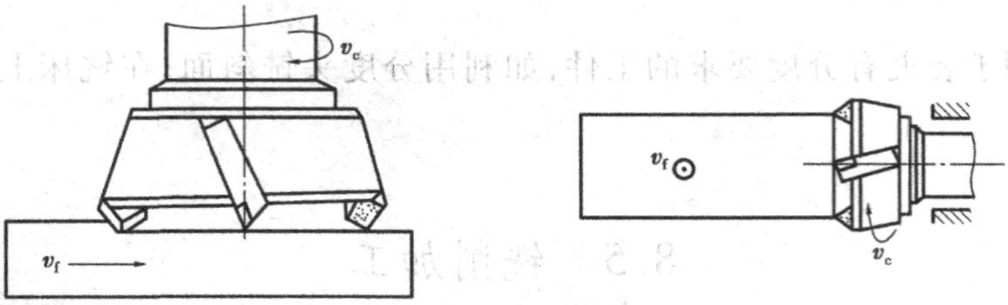

（a）在立式铣床上　　（b）在卧式铣床上

图 8.17　用面铣刀铣平面

(2) 刀具的选用

采用端面铣削方式铣削平面时，面铣刀的直径应比加工表面的宽度大一些，一般取为加工表面宽度的 1.4 ~ 1.6 倍。

采用周边铣削方式铣削平面时，应尽量选用小直径的铣刀。铣刀直径加大会使切入和切出距离增加，从而使刀具的行程加大，影响生产率。铣刀直径大，切削转矩和动力消耗增大，且易使刀杆弯曲，振动增大，会对工件的表面粗糙度产生不良影响。

粗铣时，应选用刀齿强度较大的粗齿铣刀；精铣时，由于切削深度较小，对工件已加工表面质量的要求也高，宜选用细齿铣刀，铣刀的宽度应大于工件宽度。

图 8.18 为不同铣刀铣削平面。

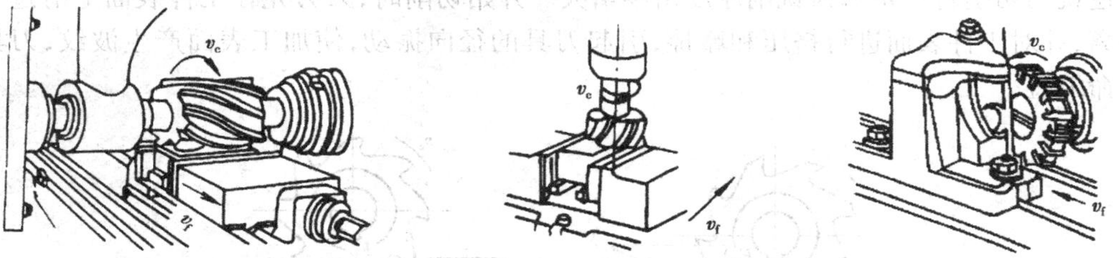

（a）在卧式铣床上用圆柱铣刀铣平面　　（b）在立式铣床上用端铣刀铣平面　　（c）在卧式铣床上用端铣刀铣垂直面

图 8.18　铣平面

8.5.2　铣斜面

工件上的斜面常用下面的方法进行铣削。

(1) 使用斜垫铁铣斜面

如图 8.19 所示，在工件的基准面下垫一块斜垫铁，则铣出的工件平面就会与基准面倾斜一定角度，改变斜垫铁的角度，即可铣出不同角度的工件斜面。

(2) 利用分度头铣斜面

如图 8.20 所示，用万能分度头将工件转到所需位置，即可铣出斜面。

(3) 用万能立铣头铣斜面

由于万能立铣头能方便地改变刀轴的空间位置，因此可通过转动立铣头使刀具相对工件倾斜所需的角度铣出斜面，如图 8.21 所示。

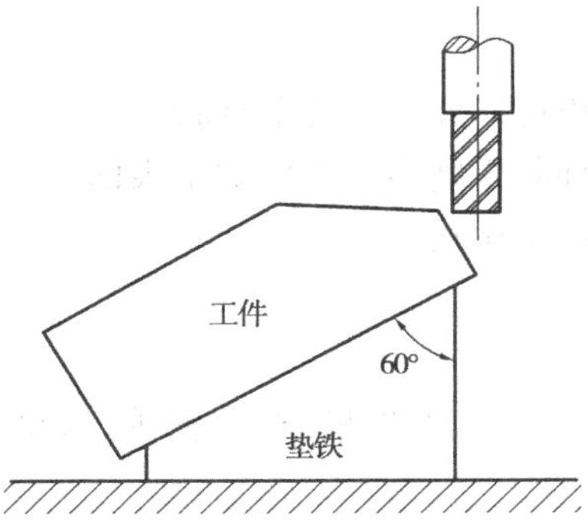

图 8.19 用斜垫铁铣斜面

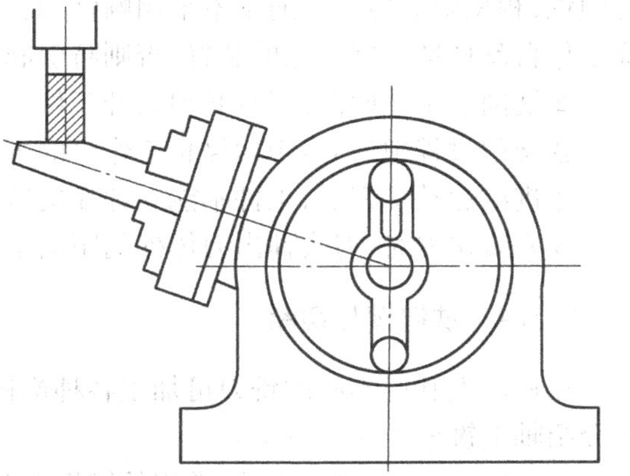

图 8.20 用分度头铣斜面

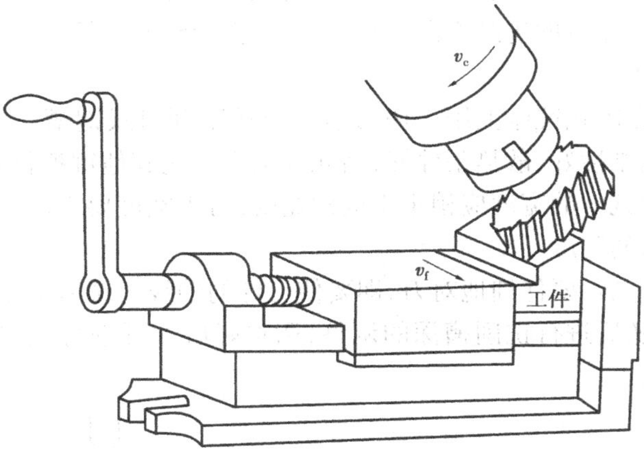

图 8.21 用万能立铣头铣斜面

8.5.3 铣台阶面

在立式铣床和卧式铣床上，都可以铣削台阶面。可用三面刃盘铣刀在卧式铣床上铣台阶面，如图 8.22(a)所示；也可用大直径的立铣刀在立式铣床上铣台阶面，如图 8.22(b)所示；在批量生产中，大都采用组合铣刀在卧式铣床上同时铣削几个台阶面，如图 8.22(c)所示。

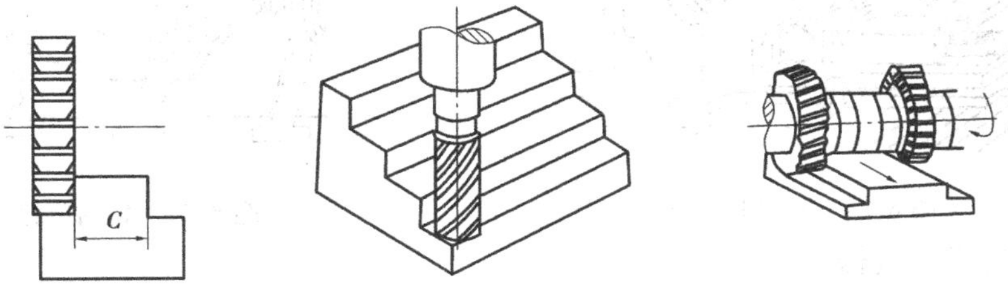

(a) 用三面刃盘铣刀铣台阶面　(b) 用立铣刀铣台阶面　(c) 用组合铣刀铣台阶面

图 8.22 铣台阶面

铣削时要注意以下 5 点：

①当用圆柱形铣刀铣削平面时，应查看铣刀旋转方向与工件进给方向是否相同，若相同

为顺铣,相反则为逆铣。通常不采用顺铣,而多采用逆铣。若要采用顺铣,则铣床必须具有消除工作台丝杠螺母副间隙的装置,否则将引起扎刀或打刀现象。

②铣削加工开始前,刀具必须离开工件。

③铣削过程中,不能中途停止工作台的进给运动,以防止铣刀停在工件上空转。

④进给运动结束后,工件不能立即在旋转的铣刀下面退回,否则会切伤已加工表面。

⑤安装铣刀时,刀头伸出刀体外的距离不要太大,以免产生振动。

8.5.4 铣键槽与切断

在铣床上利用不同的铣刀可加工各种沟槽,如直角槽、V 形槽、T 形槽、燕尾槽等,这里主要介绍轴上键槽的铣削方法。

对于轴、齿轮等机械零件,常用的键槽有开口式和封闭式两种。铣键槽时,工件的装夹方法有很多,一般用机用虎钳或专用抱钳、V 形块、分度头等装夹工件。无论哪种装夹方法,都必须使工件的轴线与工作台的进给方向一致,并与工作台台面平行。

(1)铣开口式键槽

如图 8.23 所示,在卧式铣床上用三面刃盘铣刀铣削开口式键槽。由于三面刃盘铣刀参与铣削的刀刃数较多,刚性好,散热条件好,因此其生产率比其他键槽铣刀高。由于铣刀的振摆会使槽宽扩大,所以铣刀的宽度应稍小于键槽宽度;对于宽度要求较严的键槽,可以先进行试铣,以确定铣刀合适的宽度。

铣刀和工件安装好后,要仔细地对刀,即要使工件的轴线与铣刀的中心平面对准,以保证所铣键槽的对称性。随后进行铣削槽深的调整,调整好后才可进行铣削。当键槽较深时,需分多次走刀进行铣削。

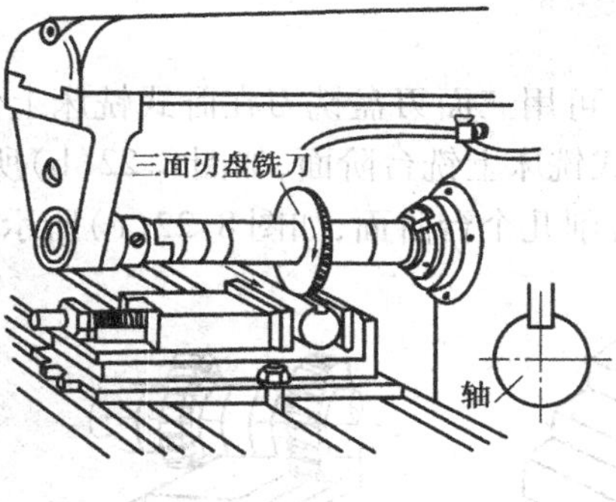

图 8.23 铣开口键槽

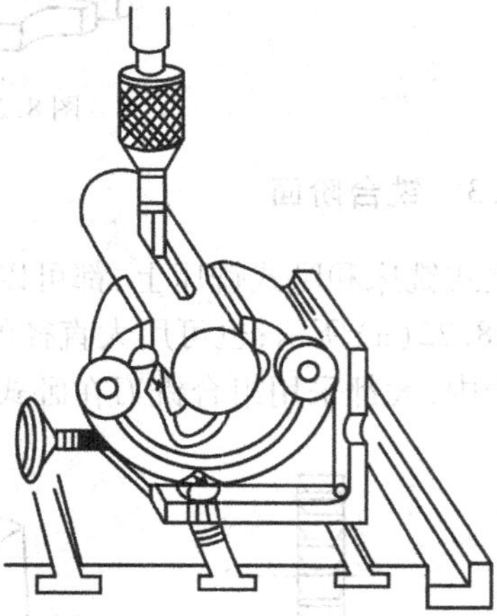

图 8.24 铣封闭键槽

(2)铣封闭式键槽

封闭式键槽的铣削一般在立式铣床上进行,如图 8.24 所示。用键槽铣刀铣封闭式键槽时,可采用抱钳、V 形块装夹工件。铣削封闭式键槽的长度是由工作台纵向进给手柄上的刻度来控制,宽度则由铣刀的直径来控制。铣削时先将工件垂直进给移向铣刀,采用一定的吃刀量将工件纵向进给切至键槽的全长,再垂直进给,经多次反复直到完成键槽的加工。

用立铣刀铣键槽时，由于铣刀的端面没有切削刃，所以应先在封闭式键槽的一端圆弧处用相同半径的钻头钻一个孔，然后再用立铣刀铣削。

(3)铣T形槽

铣T形槽时，必须先用三面刃铣刀或立铣刀铣出直角槽，然后再用T形槽铣刀铣出T形槽，最后用角度铣刀倒角，如图8.25所示。

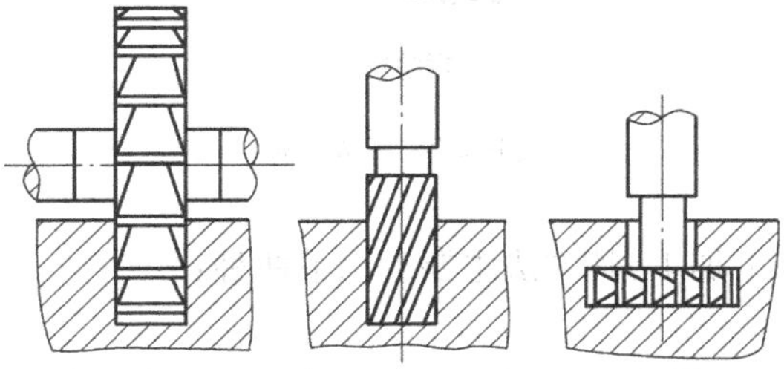

（a）铣直角槽 （b）铣T形槽

图8.25 铣T形槽

(4)切断

在铣床上进行工件的切断，如图8.26所示，具有效率高，质量好，节省材料等优点。当在刀具选择、切削用量确定以及工件的装夹等各环节必须做到准确可靠，否则容易出现刀具折断、工件切废，甚至发生顶弯刀轴和毁坏机床等事故。

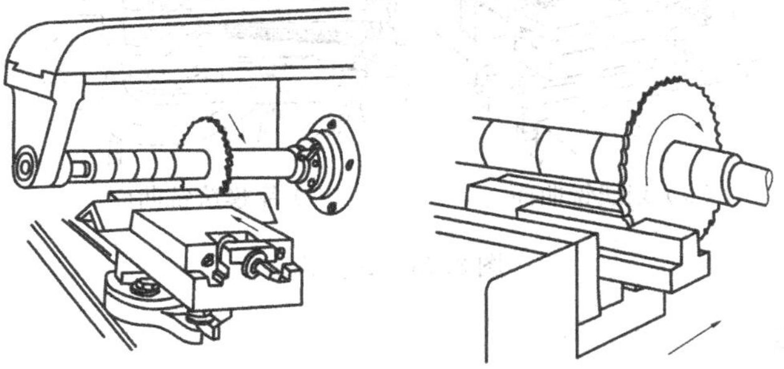

（a）顺铣切断工件 （b）逆铣切断工件

图8.26 铣床上切断工件

8.5.5 铣螺旋槽

螺旋齿轮、螺旋齿铣刀、麻花钻及蜗杆等工件上的螺旋槽加工，常在万能铣床上进行。此时铣刀作旋转运动，工件一方面随工作台作直线运动，同时又被分度头带动作旋转运动。要铣削出一定导程的螺旋槽，必须保证当工件纵向进给一个导程时，工件刚好转过一圈。这种运动的实现是通过丝杠和分度头之间的交换齿轮来完成的。

8.5.6 铣成形面及曲面

(1)铣成形面

成形面一般在卧式铣床上用成形铣刀来加工，如图8.27所示。成形铣刀的形状与加工面相吻合。

图 8.27　铣成形面

(2)铣曲面

曲面一般在立式铣床上加工,其方法主要有以下两种:

1)按划线铣曲面

对于要求不高的曲面,可按工件上划出的线迹移动工作台进行加工,如图 8.28(a)所示。

2)用靠模法铣曲面

在成批及大量生产中,可以采用靠模法铣曲面。如图 8.28(b)所示为圆形工作台上用靠模法铣曲面。铣削时,立铣刀上面的圆柱部分始终与靠模接触,从而加工出与靠模一致的曲面。

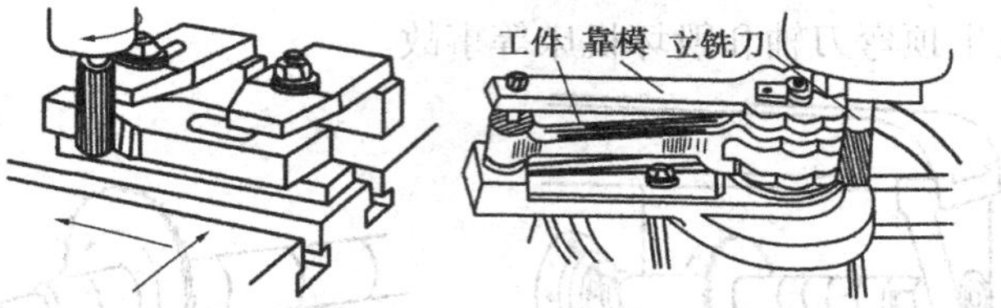

(a)划线铣曲面　　(b)靠模法铣曲面

图 8.28　铣曲面

8.5.7　齿形加工

按加工原理不同,齿形加工方法可分为成形法和展成法两种。

(1)成形法铣齿

成形法是用与被切齿轮齿槽形状相符的成形铣刀切出齿形的方法。一般在铣床上用盘形齿轮铣刀和指形齿轮铣刀进行铣削,如图 8.29 所示。盘形齿轮铣刀适用于中小模数的直齿、斜齿圆柱齿轮;指形齿轮铣刀适用于加工大模数的直齿、斜齿圆柱齿轮,特别是人字齿轮。

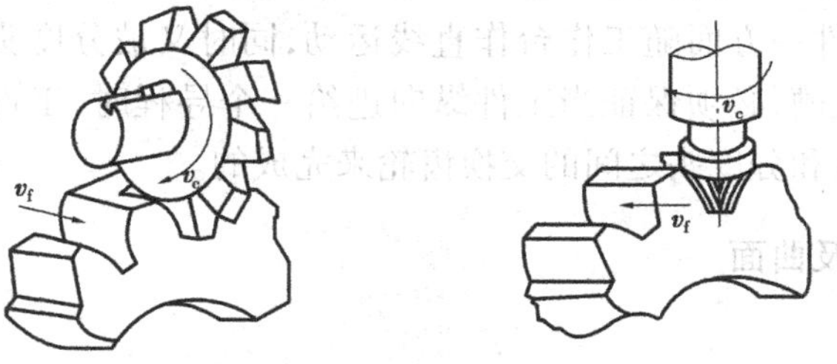

(a)盘形齿轮铣刀　　(b)指形齿轮铣刀

图 8.29　成形法铣齿

成形法铣齿的加工原理如图8.30所示。铣刀作旋转运动,齿坯装在芯轴上,芯轴装在分度头顶尖与尾座顶尖之间,随工作台作纵向进给。每铣完一个齿,纵向退刀进行分度,再铣下一个齿。

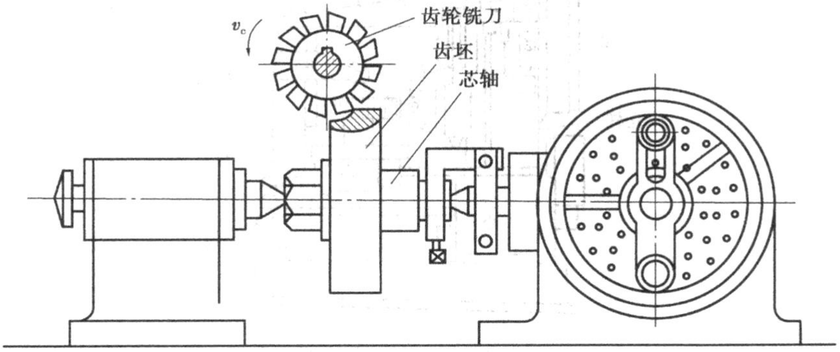

图8.30 成形法铣齿加工原理图

铣齿轮要用专用齿轮铣刀。对于同一模数的齿轮,只要齿数不同。齿形曲线也不相同,为了加工出准确的齿形,就需要备有数量很多的齿形不同的齿轮铣刀,这是不经济的。为了减少齿轮铣刀的数量,同一模数的齿轮铣刀按其所加工的齿数通常制成8把一套(精确的是15把一套),分为8个刀号,每种铣刀用于加工一定齿数范围的一组齿轮,见表8.2。每种刀号的齿轮铣刀的刀齿轮廓只与该号齿轮范围内的最少齿数齿槽的理论轮廓一致,所以在加工该范围内其他齿数的齿轮时,只能获得近似齿形。

表8.2 盘形齿轮铣刀刀号及加工齿数范围

刀 号	1	2	3	4	5	6	7	8
加工齿数范围	12~13	14~16	17~20	21~25	26~34	35~54	55~134	135以上

当加工斜齿圆柱齿轮且精度要求不高时,可以借用加工直齿圆柱齿轮的铣刀,但此时铣刀的号数应按照法向截面内的当量齿数来选择。

成形法铣齿的特点是:

①不需专用设备,普通铣床即可,刀具的成本也较低。

②铣刀每铣一齿都有切入、退刀和分度的辅助时间,故生产率较低。

③铣齿加工的齿形误差和分度误差较大,加工精度一般为IT11~IT9,属于低精度的齿形加工方法,表面粗糙度为R_a6.3~3.2 μm。

成形法铣齿一般多用于修配或单件制造某些低转速和精度要求不高的齿轮。

(2)展成法

展成法就是利用齿轮刀具与被切齿轮的互相啮合运动而切出齿形。滚齿和插齿属于展成法。

1)滚齿

滚齿就是在滚齿机上利用齿轮滚刀加工齿轮的方法。滚齿机是加工齿轮的专用机床,如图8.31所示。滚齿机主要由工作台、刀架、支承架、立柱和床身等部件构成。滚刀安装在刀架的刀轴上,刀轴可以扳转一定角度,刀架可沿立柱垂直导轨上下移动。齿轮毛坯安装在工作台的芯轴上。工作台既可以带动工件作旋转运动，又可沿床身水平导轨左右移动。

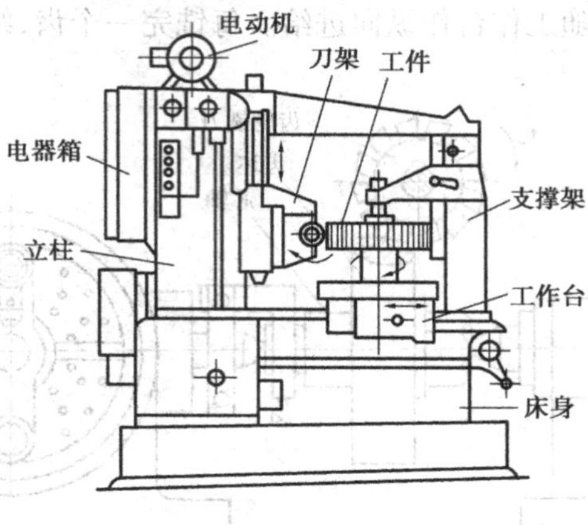

图 8.31　滚齿机示意图

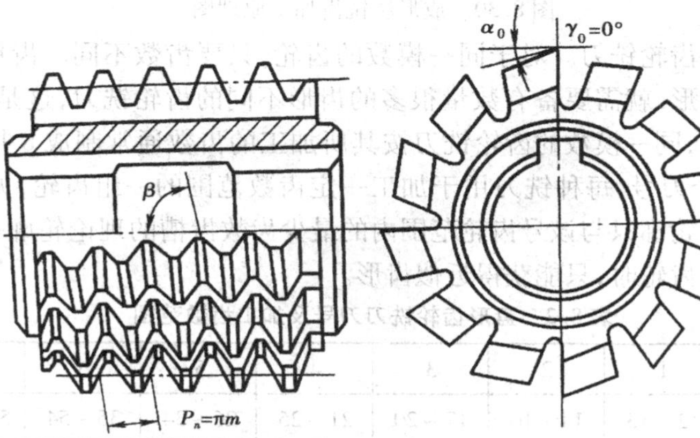

图 8.32　滚齿刀

齿轮滚刀如图 8.32 所示，其形状与蜗杆相似，不同之处是其法向模数为标准值，并在垂直于螺旋线的方向开出若干个容屑槽，从而形成刀齿并磨出切削刃。

滚齿的工作原理相当于齿条与齿轮啮合的原理，如图 8.33 所示。滚齿时，强制滚刀与齿轮毛坯按一定速比关系保持一对齿轮的啮合运动，即滚刀每转一圈，被切齿轮应转过 n 个齿（n 为滚刀的线数）。同时为了使滚刀刀齿的运动方向（即螺旋齿的切线方向）与被切齿轮的轮齿方向一致，滚刀的刀轴必须偏转一定的角度。

滚齿机在加工直齿圆柱齿轮时包含三种运动：

①主运动：滚刀的旋转运动。

②分齿运动：滚刀与被切齿轮间强制地保持齿条齿轮啮合运动的关系，即 $n_{工}/n_{刀}=n/z_{工}$。

③垂直进给运动：滚刀沿工件轴线进给，逐渐切出整个齿宽的运动。

滚齿加工的齿轮精度可达 IT7，表面粗糙度为 $R_a3.2\sim1.6$。另外，由于该方法是连续切削，生产率较高，因而滚齿加工在实际中应用广泛。滚齿不但能加工直齿圆柱齿轮，还可以加工斜齿圆柱齿轮和蜗轮，但不能加工内齿轮和多联齿轮。

2）插齿

插齿就是在插齿机上利用插齿刀加工齿轮齿形的方法。插齿机也是加工齿轮齿形的专

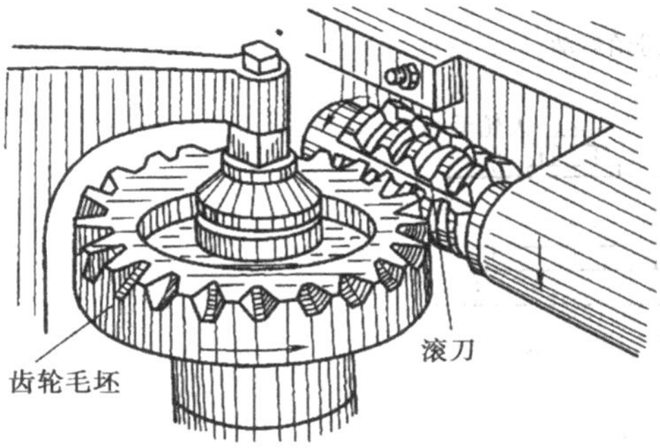

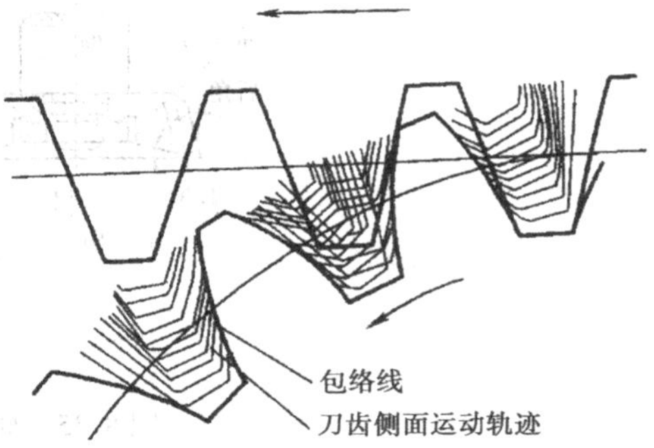

图 8.33　滚齿及滚齿渐开线的形成

用机床,如图 8.34 所示,主要由工作台、刀架、横梁和床身等部件组成。插齿刀安装在刀架的刀轴上,刀轴可带动插齿刀转动并同时沿工件轴线上下往复作直线移动。齿轮毛坯安装在工作台的芯轴上,工作台带动工件作旋转运动并作径向往复移动。

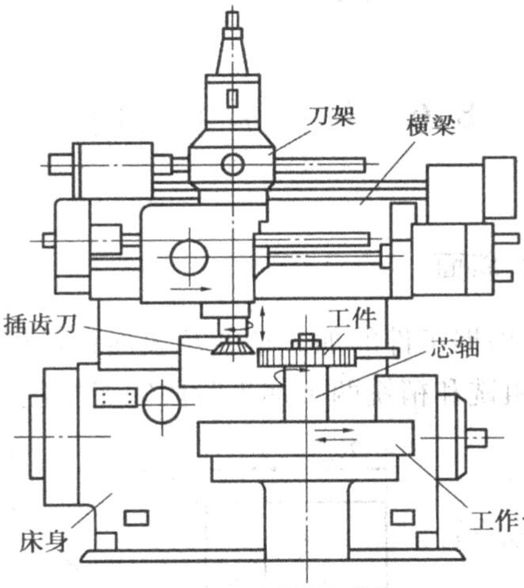

图 8.34　插齿机示意图

插齿机的工作原理如图 8.35 所示。插齿刀的形状类似于一个直齿圆柱齿轮,其齿顶呈圆锥形,即径向的外径不相等以形成切削刃后角,而在其大端面上磨出内圆锥面以形成切削刃前角,使其具有锋利的切削刃。插齿时,插齿刀在作上下往复运动的同时,与被切齿轮强制地保持一对齿轮的啮合关系,即 $n_{工}/n_{刀} = z_{刀}/z_{工}$(被切齿轮与插齿刀的转速比与其齿数成反比)。

插齿时,插齿机通常具有四种运动:

①主运动:插齿刀的上下往复直线运动。

②分齿运动:插齿刀与齿坯间强制地保持一对齿轮啮合关系的运动。

③径向进给运动:插齿刀向工件径向进给以逐渐切至全齿深的运动。

④让刀运动:为了避免插齿刀在回程时和吃面摩擦,工件所作的退让和复位的径向往复移动。

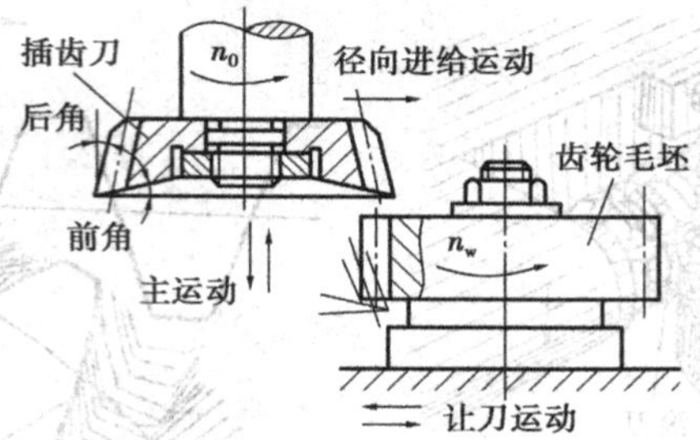

图 8.35　插齿的工作原理

插齿加工的齿轮精度也可达到 IT7,表面粗糙度为 R_a3.2～1.6。插齿不但广泛用于加工直齿圆柱齿轮,还可以加工内齿轮和多联齿轮。如果在插齿机上安装螺旋刀轴附件,还可以加工交错轴斜齿内外齿轮。

滚齿和插齿均能用同一把刀具加工同一模数不同齿数的齿轮,其加工精度和生产率都比成形法铣齿高,属于齿轮齿形的半精加工,应用较广泛。当要求精度等级 IT7 以上的齿轮时,还需进行剃齿、珩齿和磨齿等齿轮的精加工。

8.6　铣削加工实例

8.6.1　铣削平面、台阶面、斜面

加工图 8.36 所示的工件,根据工件的加工精度及表面粗糙度要求,选用机用虎钳、垫铁、25 mm 立铣刀等加工工具,分粗铣和精铣两个加工阶段完成铣削。其铣削过程如下:

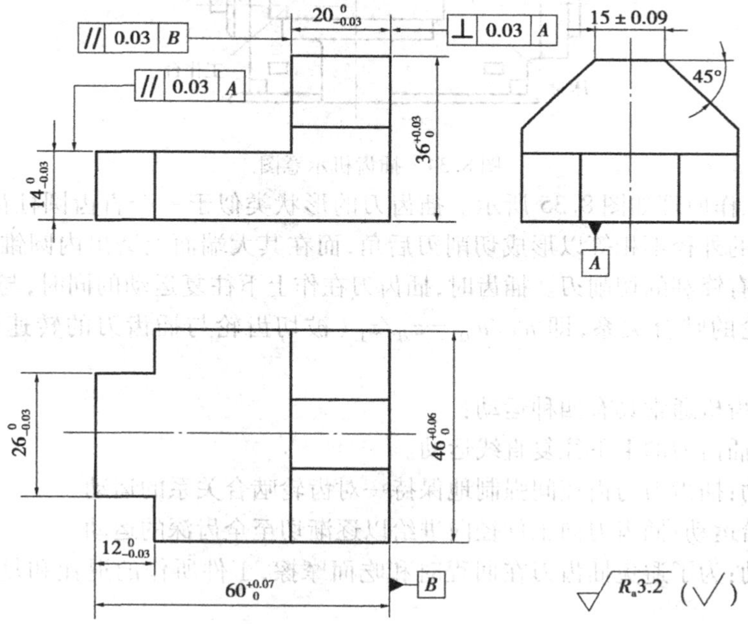

图 8.36　铣削平面、台阶面、斜面

(1)粗铣、精铣凸台(如图 8.37(a)所示)

①装立铣刀。安装后检测铣刀的跳动误差。

②工件以端面和侧面定位夹紧,用百分表复核顶面与工作台面的平行度误差,以及侧面与纵向的平行度误差。

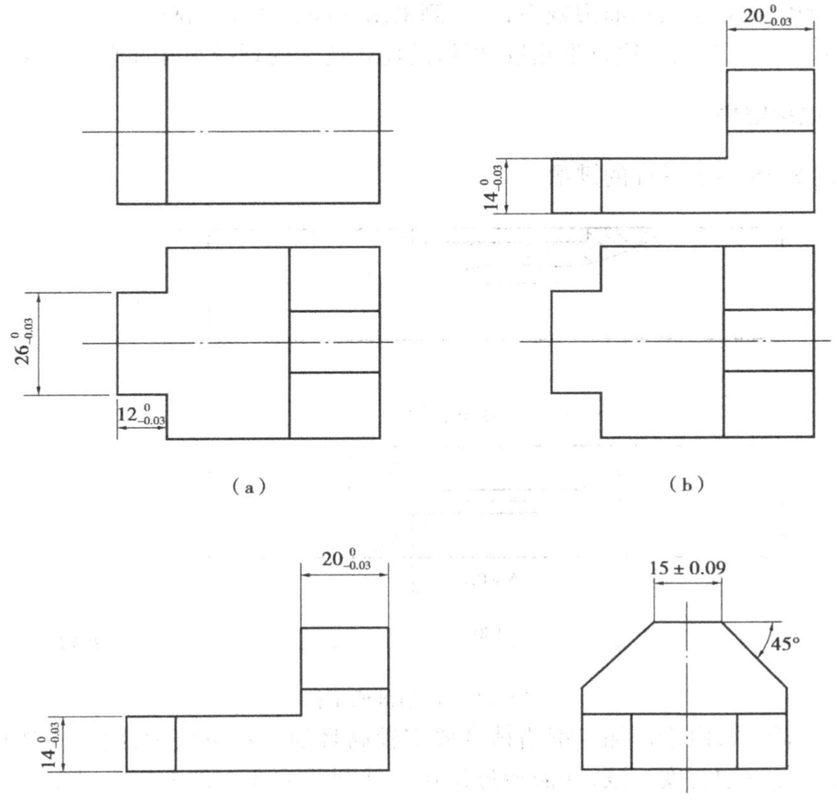

图 8.37　平面、台阶面、斜面工件铣削工艺

(2)粗、精铣台阶面(如图 8.37(b)所示)

①工件以侧面和底面为基准定位夹紧,用百分表检测台阶端面基准与横向的平行度误差。选择精度较高的平行垫铁将工件垫高,因夹紧高度比较小,平行垫铁应使台阶底面略高于钳口 1 mm。

②手动进给铣削大部分余量。

③精铣前重新装夹工件,消除切屑和粗铣的毛刺。

④精铣时,注意立铣刀底面的接刀痕对底面平面度的影响。用百分表测头在平面上移动,观察示值变动量。

⑤用千分尺测量台阶侧面与基准端面的平行度误差,测量点可尽量拉开,以测得最大误差。

(3)粗、精铣斜面(如图 8.37(c)所示)

①将机用虎钳在水平面内旋转 90°,找正钳口与横向平行。

②调整机床立铣刀,准确转过 45°倾斜角。

③工件以侧面和底面为基准装夹，用立铣刀端面刃粗铣斜面。铣削时，应使铣削方向向下，以免工件被拉起。

④用万能角度尺预检斜面夹角精度。

⑤用立铣头圆周刃精铣斜面，用换面法铣削，以使斜面获得较高的位置精度。也可一次装夹工件，一侧使用立铣头端面刃铣削，另一侧采用立铣头圆周刃铣削。

⑥顶面的连续位置尺寸比较难测量，可借助比较精确的划线和样冲眼予以保证。

8.6.2 铣削键槽

铣削如图 8.38 所示零件的键槽。

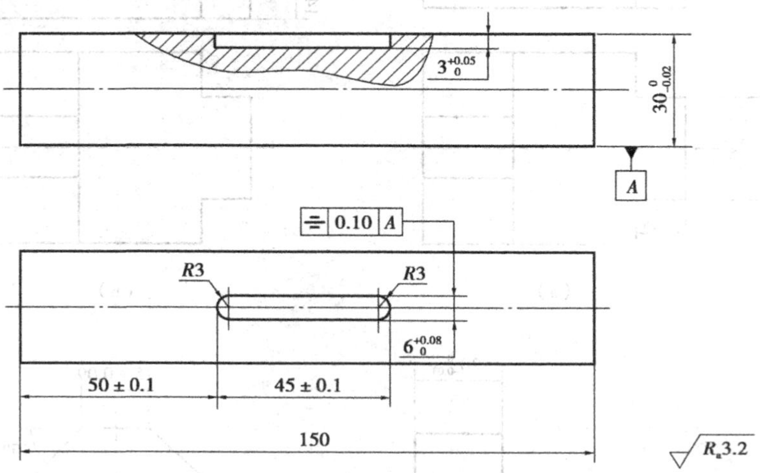

图 8.38 铣削键槽工件

键槽属于封闭槽，由于待加工键槽精度要求较高且加工数量较少，因此应选择键槽铣刀加工，铣刀直径与键槽宽度一致，并需经过试切。铣削前应在工件上划出键槽长度相对轴端的位置线。因键槽铣刀刚性较差，故采用多次走刀铣削，以免铣削时受力过大损坏刀具。铣削时，键槽两端留 0.5 ~ 1 mm 的精加工余量，最后铣到尺寸，以保证精度要求。键槽的加工工艺过程和铣削步骤分别见表 8.3、表 8.4。

表 8.3 键槽的加工工艺过程

工序	加工内容	机床
1	测量待加工工件尺寸，符合图样要求	
2	划线 以端面为基准划出 55 和 100 键槽长度加工参考线	
3	试铣 工件加工前应经过试切，以保证键槽的宽度符合技术要求	X5032
4	铣削键槽	X5032
5	检验	

表8.4 键槽的铣削步骤

步骤	操作内容	操作方法
1	对刀	1. 使用直径 Φ6 mm 的对刀棒对刀，防止损坏已加工表面 2. 对刀棒底端应低于工件中心位置
2	安装 Φ6 mm 的键槽铣刀	
3	铣刀对中心	1. 铣刀上升至高于工件上表面，横向向中心进给 18 mm 2. 锁紧横向进给机构 3. 启动机床，使铣刀旋转，升高工作台，使工件与铣刀底端相切，并将升降台手柄刻度盘对零
4	采用分层铣削法铣削键槽	1. 铣削每刀切深 0.5 ~ 1 mm，键槽两端留余量 0.5 mm，键槽深度约 2.8 mm 2. 测量键槽深度，确定余量，并垂直调整工作台 3. 工作台纵向进给，将键槽两端加工成形，铣削键槽使其达到图样技术要求

复习思考题

8.1 铣削加工有哪些特点?

8.2 铣削能加工哪些类型的零件？铣削一般能够达到的加工精度和表面粗糙度如何?

8.3 常用的铣床有哪些？各有何特点?

8.4 安装带孔铣刀时应注意什么?

8.5 什么是顺铣和逆铣？各有何特点？如何选用?

8.6 用机用虎钳装夹工件时应注意什么?

8.7 分度头的分度原理是什么?

8.8 铣六角螺栓的六方部分，每铣好一个面后，如何调整分度手柄铣下一个面?

8.9 铣轴上键槽时，如何对刀？对刀的目的是什么?

8.10 铣齿时为何会产生齿形误差？如何减少齿形误差?

8.11 什么是展成法？展成法加工齿轮的特点是什么?

8.12 铣齿、滚齿和插齿的应用范围是什么?

第 9 章 磨削加工

磨削安全操作规程：

①操作者需穿戴合适的工作服，长发要压入帽内，不得戴手套进行操作。

②多人共用一台机床时，必须严格分工，只允许一人上机操作，并注意他人安全。

③操作前必须检查机床声音是否正常，砂轮是否有裂纹，确定正常后才可以正常加工。

④砂轮必须进行平衡试验检查后才能安装，装夹工件和砂轮必须牢固可靠。

⑤工作时，由于砂轮转速很高，切勿面对砂轮旋转方向站立，要站在侧面以保安全。

⑥磨削工件时，背吃刀量不宜过大，以免损坏砂轮，发生安全事故。磨削时温度很高，必须使用大量切削液，以免工件表面被烧伤。

⑦砂轮退离工件前，不得中途停车。测量工件尺寸，必须停车且砂轮要停转。严禁用手摸砂轮和工件。

⑧按照工件长短，调整工作台定位挡块位置，紧固螺钉，并手动进行安全检查。开车前，砂轮与工件之间要有一定间隙，然后再开车。

⑨ 发生事故时，应立即关闭电源。

9.1 磨削加工概述

磨削就是利用高速旋转的磨具（砂轮、砂带、磨头等）从工件表面切削下细微切屑的加工方法。磨削是零件精密加工的主要方法之一，加工精度可达到 IT7 ~ IT5，表面粗糙度值为 R_a0.8 ~ 0.2 μm，精磨后还可以获得更小的表面粗糙度值。

磨削加工的特点：容易获得高加工精度和低表面粗糙度，在一般加工条件下，尺寸公差等级为 IT5 ~ IT6，表面粗糙度为 R_a0.32 ~ 1.25 μm，而且磨床可以加工其他机床不能或很难加工的高硬度材料，特别是淬硬零件的精加工。

磨削的加工范围很广，用于粗加工时，主要用于材料的切断、倒角，清除工件的毛刺、铸件上的浇、冒口和飞边等工作，如图 9.1 所示。

用于精加工时，可磨削零件的内外圆柱面、内外圆锥面和平面，还可加工螺纹、齿轮、叶片等成形表面。

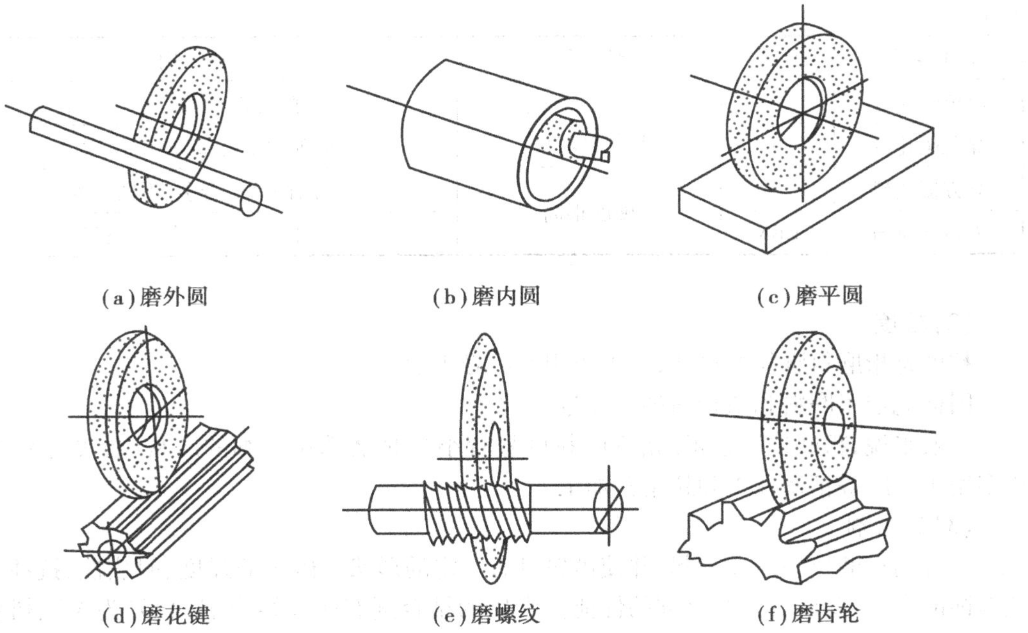

图9.1　磨削加工范围

9.2　砂轮简介

磨具分砂轮、油石、磨头、砂瓦、砂布、砂纸、砂带、研磨膏等类别。砂轮是磨削加工中最常用的磨具，由许多极硬的磨粒材料经过结合剂粘结而成的多孔体，如图9.2所示。磨料、结合剂和孔隙构成砂轮结构的三要素。磨料起切削作用，结合剂使砂轮具有一定的形状、硬度和强度，孔隙在磨削中起散热和容纳磨屑的作用。

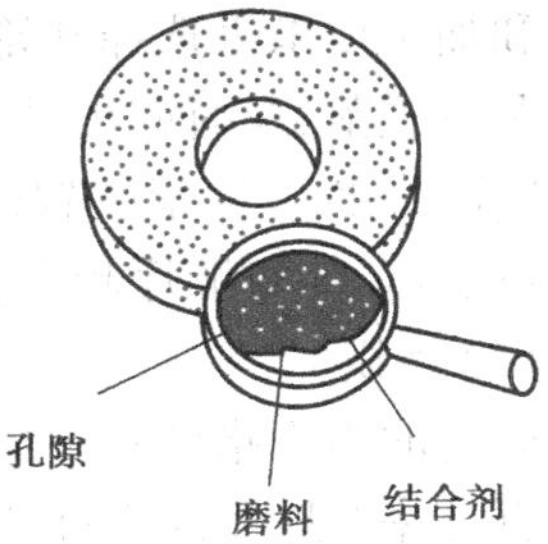

图9.2 砂轮的结构

9.2.1　砂轮的特性

砂轮特性包括磨料、粒度、结合剂、硬度、组织、形状和尺寸等。

(1)磨料

磨料是制造磨具的主要原料，直接担负着切削工作。磨料在磨削过程中承受着强烈的挤压力及高温的作用，所以必须具有很高的硬度、强度、耐热性和相当的韧性。目前常用的磨料有棕刚玉(A)、白刚玉(WA)、黑碳化硅(C)和绿碳化硅(GC)等，见表9.1。

表9.1　常用的磨料种类、代号、性能及应用

磨料名称	代号	性　能	应　用
棕刚玉	A	硬度较高， 韧性较好	磨削碳钢、合金钢、可锻铸铁等
白刚玉	WA		磨削淬硬钢、高速钢等

续表

磨料名称	代号	性　能	应　用
黑色碳化硅	C	硬度高,韧性差、导热性较好	磨削铸铁、黄铜、铝合金等
绿色碳化硅	GC		磨削硬质合金、玻璃、陶瓷等
立方氮化硼	SD	硬度很高	磨削高温合金、不锈钢等
人造金刚石	CBN		磨削硬质合金、宝石等

(2)粒度

粒度是指磨料颗粒的尺寸,其大小用粒度号表示。

国标规定了磨料和微粉两种粒度号。

一般来说,粗磨选用较粗的磨料(粒度号较小),精磨选用较细的磨料(粒度号较大);微粉多用于研磨等精密加工和超精密加工。

(3)结合剂

结合剂将磨粒黏结在一起,并使砂轮具有一定的形状。砂轮的强度、耐热性、抗冲击性及抗腐蚀能力,主要取决于结合剂的性能。常用的结合剂有陶瓷结合剂(代号为V)、树脂结合剂(代号为B)和橡胶结合剂(代号为R)。陶瓷结合剂由于耐热、耐水、耐油、耐酸碱腐蚀且强度大,应用范围最广,适用于外圆、内圆、平面、无芯磨削和成形磨削的砂轮等;树脂结合剂适用于切断和开槽的薄片砂轮及高速磨削砂轮;橡胶结合剂适用于无芯磨削导轮、抛光砂轮;金属结合剂适用于金刚石砂轮等。

(4)硬度

砂轮硬度不是指磨料的硬度,而是指在外力作用下磨粒从砂轮上掉下来的难易程度。磨粒易脱落,则砂轮的硬度低;磨粒不易脱落,则砂轮的硬度高。在磨削时,应根据工件材料的特性和加工要求来选择砂轮的硬度。一般情况下,磨削较硬材料应选择软砂轮,可使磨钝的磨粒及时脱落,及时露出具有尖锐棱角的新磨粒,有利于切削顺利进行,同时防止磨削温度过高"烧伤"工件。磨削较软材料则采用硬砂轮。精密磨削应采用软砂轮。砂轮硬度代号以英文字母表示,字母顺序越大,砂轮硬度越高。

(5)组织

砂轮的组织指砂轮中磨粒、结合剂、气孔三者体积的比例关系,以磨粒率(磨粒占磨具体积的百分率)表示磨具的组织号。磨料所占的体积比例越大,砂轮的组织越紧密;反之,组织越疏松。

国标中规定了15个组织号:0,1,2,…,13,14。0号组织最紧密,磨粒率最高;14号组织最疏松,磨粒率最低。一般磨削加工使用中等组织的砂轮,精密磨削应采用紧密组织砂轮,磨削较软的材料应选用疏松组织的砂轮。

普通磨削常用4~7号组织的砂轮。

(6)形状与尺寸

为了磨削各种形状和尺寸的工件,砂轮可制成各种形状和尺寸。表9.2为常用砂轮的形状、代号。

表9.2　常用砂轮的形状、代号

砂轮名称	代号	简图	主要用途
平形砂轮	1	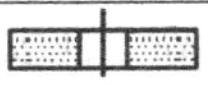	用于磨外圆、内圆、平面、螺纹及无芯磨等
双斜边形砂轮	4	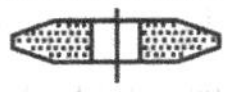	用于磨削齿轮和螺纹
薄片砂轮	41	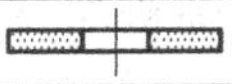	主要用于切断和开槽等
筒形砂轮	2	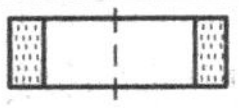	用于立轴端面磨
杯形砂轮	6	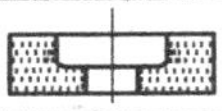	用于磨平面、内圆及刃磨刀具
碗形砂轮	11	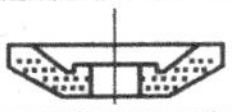	用于导轨磨及刃磨刀具
碟形砂轮	12a	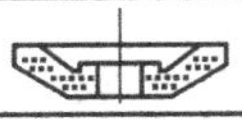	用于磨铣刀、铰刀、拉刀等，大尺寸的用于磨齿轮端面

9.2.2　砂轮标记和选用

(1)砂轮标记

通常在砂轮的非工作表面标示砂轮的特性代号，按 GB/T 2485 – 1994 规定，砂轮标志的顺序为：形状代号、尺寸、磨料、粒度号、硬度、组织号、结合剂、允许的磨削速度。

(2)砂轮的选用

选用砂轮时，应综合考虑工件的形状、材料性质及磨床条件等各种因素，具体可根据表9.3的推荐加以选择。

表9.3　砂轮的选用

磨削条件	粒度		硬度		组织		结合剂			磨削条件	粒度		硬度		组织		结合剂		
	粗	细	软	硬	松	紧	V	B	R		粗	细	软	硬	松	紧	V	B	R
外圆磨削				●			●			磨削软金属	●			●		●			
内圆磨削			●				●			磨韧性、延展性大的材料	●				●			●	
平面磨削			●				●			磨硬脆材料		●	●						
无心磨削				●			●			磨削薄壁工件	●		●		●			●	
粗磨、打磨毛刺	●		●							干 磨	●		●						
精密磨削		●				●	●	●		湿磨		●		●					
高精密磨削		●		●		●	●	●		成形磨削		●				●	●		
超精密磨削		●		●		●	●	●		磨热敏性	●				●				
镜面磨削		●	●			●		●		材料刀具刃磨			●				●		
高速磨削		●		●						钢材切断			●					●	●

9.2.3 砂轮的安装和修整

砂轮的安装如图 9.3 所示。由于砂轮工作转速较高，在安装砂轮前应对砂轮进行外观检查和平衡试验，确保砂轮在工作时不因有裂纹而分裂或工作不平稳。砂轮经过一段时间的工作后，砂轮工作表面的磨粒会逐渐变钝，表面的孔隙被堵塞，切削能力降低，同时砂轮的正确几何形状也被破坏。这时就必须对砂轮进行修整。修整的方法是用金刚石将砂轮表面变钝了的磨粒切去，以恢复砂轮的切削能力和正确的几何形状，如图 9.4 所示。

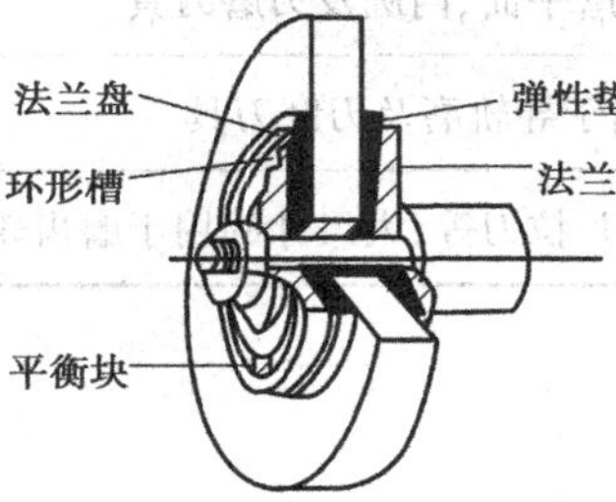

图 9.3 砂轮的安装

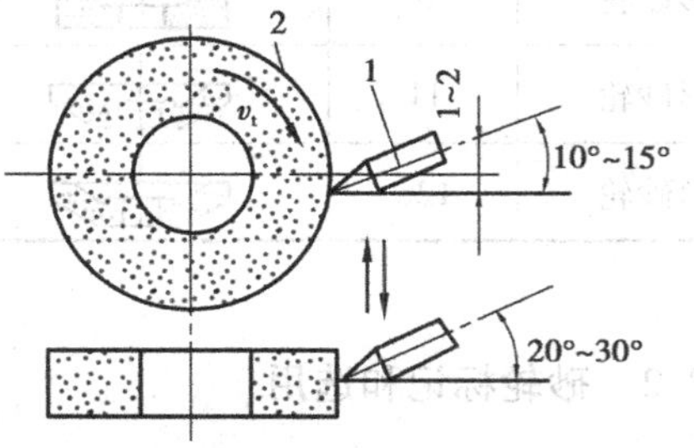

图 9.4 砂轮的修整

9.3 常用磨削机床简介

9.3.1 磨削机床型号简介

磨床有外圆磨床、内圆磨床、平面磨床、齿轮磨床、导轨磨床、无心磨床、工具磨床等多种类型。磨床的编号按照《金属切削机床型号编制方法》(GB/T 15375—1994)的规定表示。常用磨床编号见表 9.4。

表 9.4 常用磨床编号

类		组		系		主参数	
代号	名称	代号	名称	代号	名称	折算系数	名称
M	磨床	1	外圆磨床	4	万能外圆磨床	1/10	最大磨削直径
		2	内圆磨床	1	内圆磨床基型	1/10	最大磨削孔径
		7	平面磨床	1	卧轴矩台平面磨床	1/10	工作台面宽度

例如实习中所用磨床型号为 M1432，表示该型机床为万能外圆磨床，最大磨削直径为 320 mm。

9.3.2 万能外圆磨床简介

(1)万能外圆磨床的结构

万能外圆磨床可以加工工件的外圆柱面、外圆锥面、内圆柱面、内圆锥面、台阶面和端面。外圆磨床主要由以下几部分组成，如图 9.5 所示。

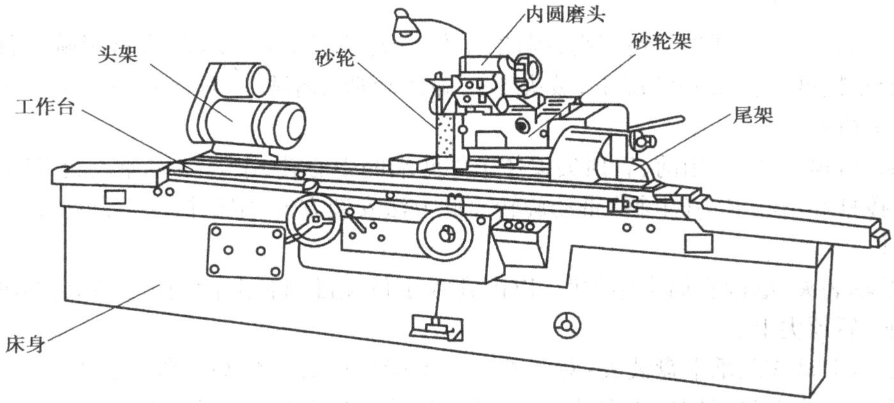

图9.5 外圆磨床

①床身。床身用来支承机床各部件。内部装有液压传动系统,上部装有工作台和砂轮架等部件。

②工作台。工作台有两层,下层工作台可沿床身导轨作纵向直线往复运动,上层工作台可相对下层工作台在水平面偏转一定的角度(±8°),以便磨削小锥度的圆锥面。

③头架。头架安装在上层工作台上。头架内装有主轴,主轴前端可安装卡盘、顶尖、拨盘等附件,用于装夹工件。主轴由单独的电动机经变速机构带动旋转,实现工件的圆周进给运动。

④砂轮架。砂轮架安装在砂轮架主轴上,由单独的电动机通过皮带传动带动砂轮高速旋转,实现切削主运动。砂轮架安装在床身的横向导轨上,可沿导轨作横向进给,还可水平旋转±30°,用来磨削较大锥度的圆锥面。

⑤内圆磨头。内圆磨头安装在砂轮架上,其主轴前端可安装内圆砂轮,由单独电机带动旋转,用于磨削内圆表面。内圆磨头可绕其支架旋转,使用时放下,不使用时向上翻起。

⑥尾架。尾架安装在上层工作台,用于支承工件。

(2)万能外圆磨床的磨削加工

1)磨削运动

磨削加工时,一般有一个主运动和四个进给运动,四个进给运动的参数组成磨削用量,如图9.6所示。应根据工件材料的特性、加工要求等因素来选择磨削用量,见表9.5所示。

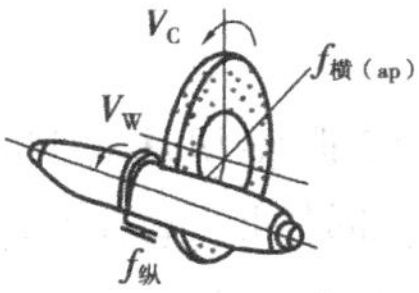

图9.6 磨削运动

表9.5 磨削用量的选择(B=砂轮宽度)

磨削用量	粗磨	精磨	选择磨削用量原则
纵向进给速度($f_{纵}$)	$(0.4\sim0.8)B$	$(0.2\sim0.4)B$	磨细长件时,取大$f_{横}$;精磨时$f_{纵}$取小些;反之取大些
横向进给量($f_{横}$)	0.01~0.06	0.002 5~0.01	磨细长件、硬件、韧性料及精磨时$f_{横}$取小些;反之取大些
圆周进给速度	0.3~0.5	0.08~0.3	磨细长件、大直径件、硬件、重件、端磨、韧性材料时,用大$f_{横}$;精磨时,V_w取小些;反之取大些
磨削速度	≤35		

2)磨削外圆操作

①工件的装夹。磨削加工精度高,因此,工件装夹是否正确、稳固,直接影响工件的加工精度和表面粗糙度。在某些情况下,装夹不正确还会造成事故。通常采用以下四种装夹方法,如图9.7所示。

a.用前、后顶尖装夹:用前、后顶尖顶住工件两端的中心孔,中心孔应加入润滑脂,工件由头架拨盘、拨杆和鸡心夹头(卡箍)带动旋转。此方法安装方便、定位精度高,主要用于安装实心轴类工件。

b.用芯轴装夹:磨削套筒类零件时,以内孔为定位基准,将零件套在芯轴上,芯轴再装夹在磨床的前、后顶尖上。

c.用三爪卡盘或四爪卡盘装夹:对于端面上不能打中心孔的短工件,可用三爪卡盘或四爪卡盘装夹。四爪卡盘特别适于夹持表面不规则工件,但校正定位较费时。

d.用卡盘和顶尖装夹:当工件较长,一端能打中心孔,一端不能打中心孔时,可一端用卡盘,一端用顶尖装夹工件。

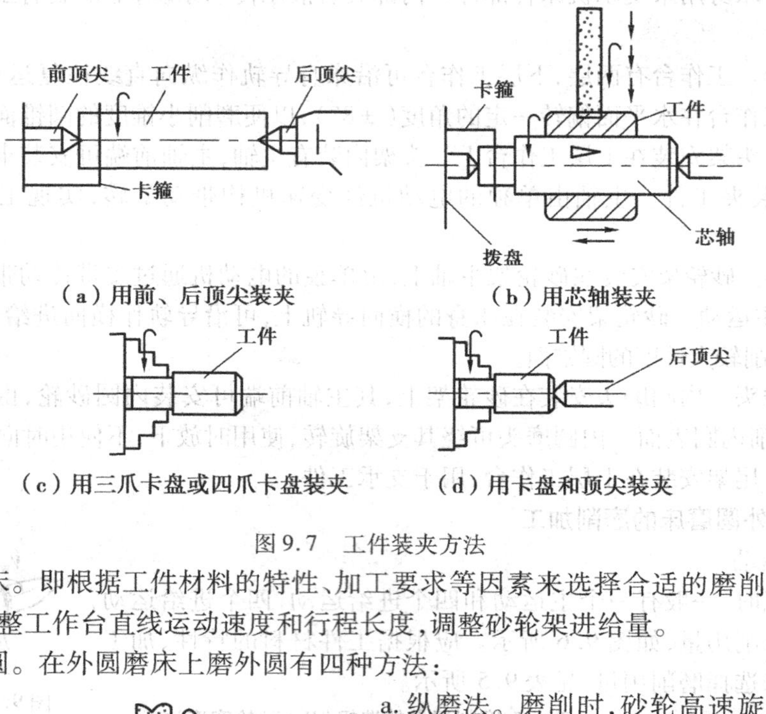

(a)用前、后顶尖装夹　(b)用芯轴装夹

(c)用三爪卡盘或四爪卡盘装夹　(d)用卡盘和顶尖装夹

图9.7　工件装夹方法

②调整机床。即根据工件材料的特性、加工要求等因素来选择合适的磨削用量,调整头架主轴转速,调整工作台直线运动速度和行程长度,调整砂轮架进给量。

③磨削外圆。在外圆磨床上磨外圆有四种方法:

图9.8 纵磨法

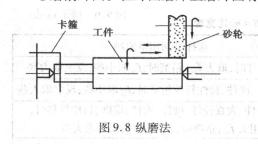

a.纵磨法。磨削时,砂轮高速旋转,工件作圆周进给运动,工作台作纵向进给运动,每次纵向行程或往复行程结束后,砂轮作一次小量的横向进给。当工件尺寸达到要求时,再无横向进给地纵向往复磨削几次,直至火花消失,停止磨削。纵磨法的磨削深度小,磨削力小,磨削温度低,最后几次无横向进给的光磨行程,能消除由机床、工件、夹具弹性变形而产生的误差,所以磨削精度较高,表面粗糙度小,适合于单件小批量生产和细长轴的精磨,如图9.8所示。

纵磨法磨削外圆步骤：

·启动机床油泵电机；

·启动砂轮电机；

·启动快速进退阀，将砂轮快速移近工件，供冷却液；

·启动工作台作纵向进给运动，摇进给手轮，让砂轮轻微接触工件表面；

·调整切削深度；

·先进行试磨，边磨边调整锥度，直至消除锥度误差；

·粗磨，每次切深为0.01～0.025 mm；

·精磨至规定尺寸，每次切深为0.005～0.015 mm；

·进行光磨，无横向进给，直至火花消失；

·停止机床，检验工件。

b.横磨法（切入磨法）。磨削时，工件不作纵向进给运动，采用比工件被加工表面宽（或等宽）的砂轮连续地或间断地以较慢的速度作横向进给运动，直至磨掉全部加工余量。横磨法的生产率高，但砂轮的形状误差直接影响工件的形状精度，所以加工精度较低，而且由于磨削力大，磨削温度高，工件容易变形和烧伤，磨削时应使用大量冷却液。横磨法主要用于大批量生产，适合磨削长度较短、精度较低的外圆面，如图9.9所示。

c.分段综合磨法。先采用横磨法对工件外圆表面进行分段磨削，每段都留下0.01～0.03 mm的精磨余量，然后用纵磨法进行精磨。这种磨削方法综合了横磨法生产率高，纵磨法精度高的优点，适合于当磨削加工余量较大，刚性较好的工件。

d.深磨法。深磨法将砂轮的一端外缘修成锥形或阶梯形，选择较小的圆周进给速度和纵向进给速度，在工作台一次行程中，将工件的加工余量全部磨除，达到加工要求尺寸。深磨法的生产率比纵磨法高，加工精度比横磨法高，但修整砂轮较复杂，只适合大批量生产、刚性较好的工件，而且被加工面两端应有较大的距离方便砂轮切入和切出。深磨法如图9.10所示。

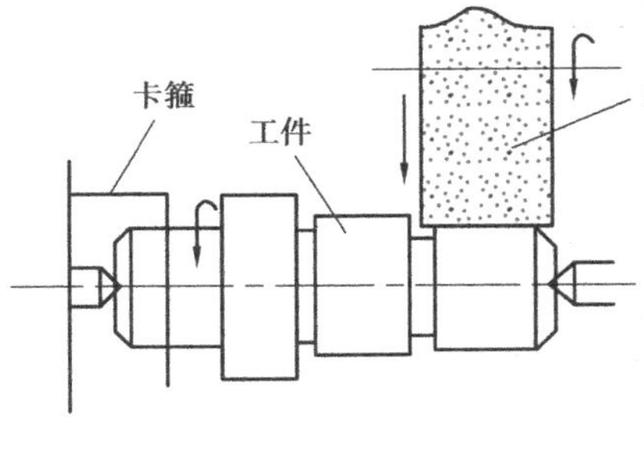

图9.9　横磨法

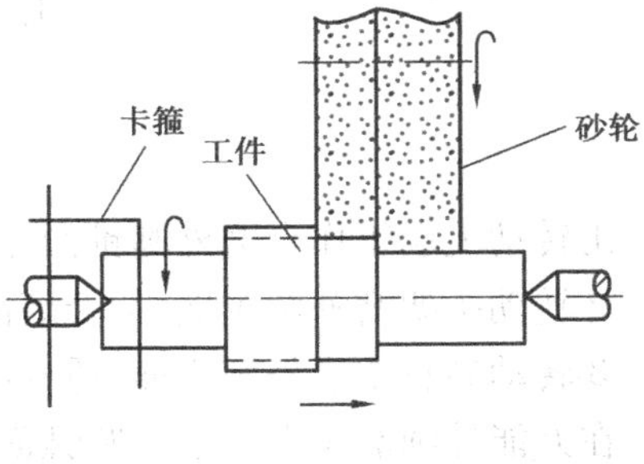

图9.10　深磨法

3）磨削内圆

在万能外圆磨床上可以磨削内圆。与磨削外圆相比，由于砂轮直径较小，切削速度大大低于外圆磨削，加上磨削时散热、排屑困难，磨削用量不能选择太高，所以生产效率较低。此外，由于砂轮轴悬伸长度大，刚性较差，因此，加工精度较低。磨削内圆如图9.11所示。

①工件的装夹。在万能外圆磨床上磨削内圆时，短工件用三爪卡盘或四爪卡盘找正外圆装夹。长工件的装夹方法有两种：一种是一端用卡盘夹紧，一端用中心架支承，另一种是用V形夹具装夹。

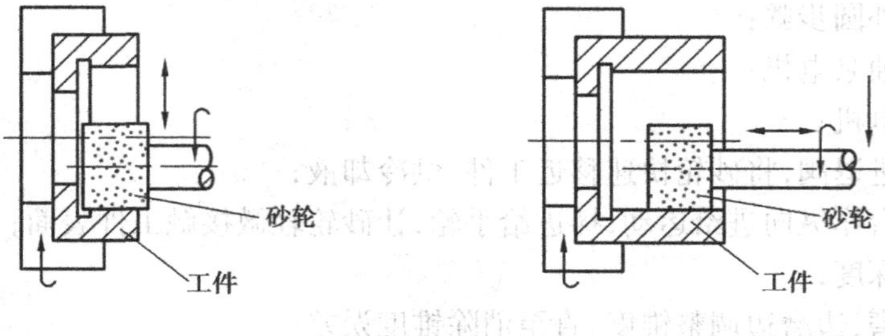

(a)切入磨　　(b)纵向磨

图9.11　磨削内孔

②磨内孔的方法。磨削内孔一般采用纵向磨和切入磨两种方法。磨削时,工件和砂轮按相反的方向旋转。

4)磨削锥面

圆锥面有外圆锥面和内圆锥面两种。工件的装夹方法与外圆和内圆的装夹方法相同。在万能外圆磨床上磨外圆锥面有三种方法,如图9.12所示。

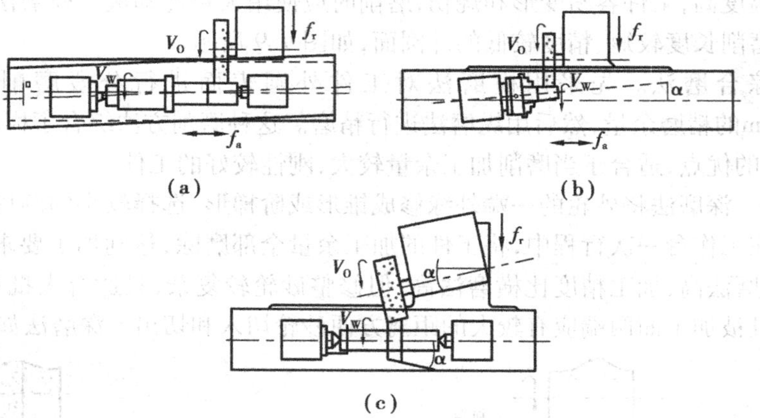

(a)　　(b)

(c)

图9.12　磨外圆锥

①转动上层工作台磨外圆锥面,适合磨削锥度小而长度大的工件;

②转动头架磨外圆锥面,适合磨削锥度大而长度短的工件;

③转动砂轮架磨外圆锥面,适合磨削长工件上锥度较大的圆锥面。

在万能外圆磨床上磨削内圆锥面方法有两种方法:

①转动头架磨削内圆锥面,适合磨削锥度较大的内圆锥面;

②转动上层工作台磨内圆锥,适合磨削锥度小的工件。

9.3.3　平面磨床简介及操作

平面磨床主要用于磨削平面。磨削加工时,砂轮的旋转运动为主运动 V_c(m/s),工作台提供的工件直线运动为纵向进给运动 V_w(m/s),砂轮的横向进给运动 $f_{横}$(mm/r)和砂轮的垂直进给运动 $f_{垂}$(mm)。这四个运动的参数组成平面磨削的磨削用量。

(1)平面磨床的结构

实训中所用平面磨床为卧轴式矩台平面磨床,型号为 M7120,它由床身、工作台、立柱、滑鞍、磨具架和砂轮修整器等部件组成,如图 9.13 所示。

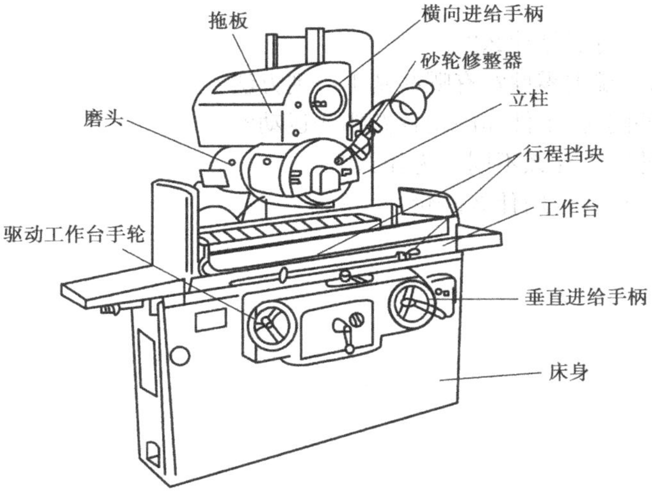

图 9.13　平面磨床

①床身:承载机床各部件,内部安装液压传动系统。

②矩形工作台:由液压系统驱动,可沿床身导轨作直线往复运动,其上安装有电磁吸盘,利用电磁吸力装夹工件。

③砂轮架:安装砂轮,由电机直接驱动砂轮旋转。

④滑鞍:砂轮架安装在滑鞍水平导轨上,可沿水平导轨移动;滑鞍安装在立柱上,可沿立柱导轨垂直移动。

⑤立柱:其侧面有垂直导轨,滑鞍安装其上。

(2)磨削平面步骤

1)装夹工件

磁性工件可以直接吸在电磁吸盘上,对于非磁性工件(如有色金属)或不能直接吸在电磁吸盘上的工件,可使用精密平口钳或其他夹具装夹后,再吸在电磁吸盘上。

2)调整机床

根据工件材料的特性、加工要求等因素来选择合适的磨削用量,调整工作台直线运动速度和行程长度,调整砂轮架横向进给量。

3)启动机床

启动工作台,摇进给手轮,让砂轮轻微接触工件表面,调整切削深度,磨削工件至规定尺寸。

4)停车

测量工件,退磁,取下工件,检验。

复习思考题

9.1　磨削加工的特点是什么？

9.2　磨削能加工哪类零件？有哪些基本磨削方法？

9.3　磨削内、外圆时，工件和砂轮各做哪些运动？

9.4　磨削内、外圆有什么不同？为什么？

9.5　磨削硬、软材料各用什么砂轮？

第10章 钳工

安全操作规程：

①操作者需穿戴合适的工作服，长发要压入帽内，不得戴手套进行操作。

②不准擅自使用不熟悉的机器和工具，设备使用前应检查，如发现损坏或其他故障，应停止使用并报告。

③钳工工件必须牢固地装夹在台虎钳钳口的中部。

④使用锯弓时，锯条的张力不可太大或太小。锯条要装于挂销根部、锯齿向前。

⑤锉、刮削时，锉刀和刮刀选择要适当。不得使用无木柄的锉刀和刮刀，并且木柄要安装牢固。

⑥不能用锉刀敲击或撬物，以防折断，锉刀不得叠放。

⑦锉屑要用毛刷顺向清除，不得用手清除或用嘴吹除。

⑧刮削时，不得手持工件刮削。

⑨使用锤子时，要查看木柄有无松脱、裂纹和柄上有无油腻污物，以防锤头脱出伤人。

⑩錾子的头部若又有因击打而形成蘑菇状的卷边时，要及时在砂轮机上磨去卷边，以防卷边脱出伤人。

10.1 钳工概述

钳工是手持工具对金属进行加工的方法。钳工工作主要以手工方法，利用各种工具和常用设备对金属进行加工。

(1)钳工的专业分工

①装配钳工；

②机修钳工；

③工具钳工。

(2)钳工的基本操作

①划线；

②锉削；

③錾削；

④锯削；
⑤钻孔、扩孔、锪孔、铰孔；
⑥攻螺纹、套螺纹；
⑦刮削；
⑧装配。

(3)钳工的特点

①加工灵活、方便，能够加工形状复杂、质量要求较高的零件。
②工具简单，制造刃磨方便，材料来源充足，成本低。
③劳动强度大，生产率低，对工人技术水平要求较高。

(4)钳工的加工范围

①加工前的准备工作。如清理毛坯，在工件上划线等。
②加工精密零件。如锉样板、刮削或研磨机器量具的配合表面等。
③零件装配成机器时互相配合零件的调整，整台机器的组装、试车、调试等。
④机器设备的保养维护。

10.2 钳工的常用设备、工具和量具

10.2.1 钳 台

钳台也称为钳桌，其样式有多人单排和多人双排两种。双排式钳台由于操作者是面对面操作，故钳台中央必须加设防护网以保证安全。钳台的高度一般为 800 mm ~ 900 mm，使装上台虎钳后，能得到合适的钳口高度。一般钳口高度以其人手肘为宜，如图 10.1 所示。钳台长度和宽度可随工作场地和工作需要而定。钳台要安放在光线充足而又避免阳光直射的地方，钳台之间要留有足够的空间，一般以每人不少于 2 m^2 为宜。

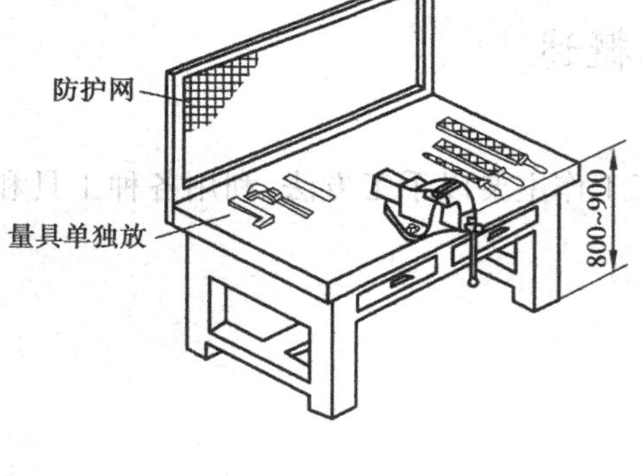

图 10.1 钳台

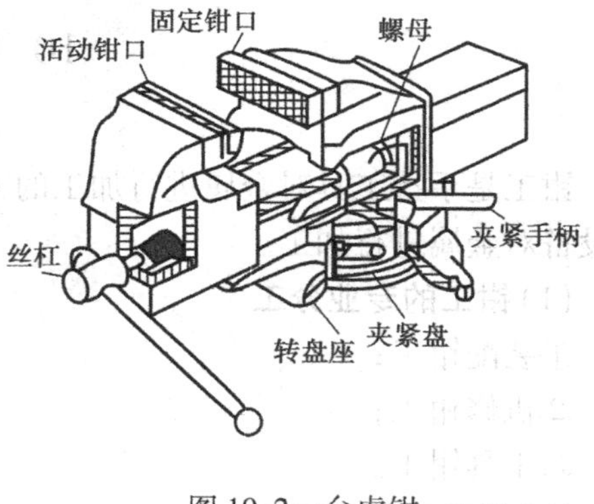

图 10.2 台虎钳

10.2.2 台虎钳

台虎钳为钳工必备工具，安装在钳工台上。台虎钳的用途是装置在工作台上，用以夹稳

加工工件,为钳工车间必备工具。常用的台虎钳有固定式和回转式两种;按外形功能分为有带砧和不带砧两种。台虎钳规格用钳口的宽度表示,常用的为100~150 mm。在夹持工件时,应尽可能夹在钳口中部,使钳口受力均匀。回转式台虎钳的结构如图10.2所示。

10.2.3 砂轮机

砂轮机是用来刃磨各种刀具或磨除毛边、工具的常用设备。砂轮机主要由机体、电动机和砂轮组成,按外形可分为台式砂轮机和立式砂轮机两种,如图10.3、图10.4所示。

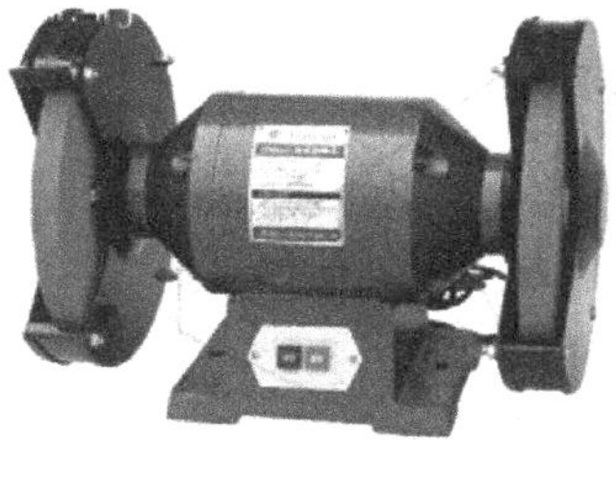

图10.3 台式砂轮机

图10.4 立式砂轮机

10.2.4 钳工常用工量具

常用工量具:划针、划线盘、划规、样冲、平板和方箱;錾削用的手锤和錾子;锯削用的锯弓和锯条;锉削用的各种锉刀;孔加工用的各种麻花钻、锪钻和铰刀;攻丝用的各种丝锥、铰杠、板牙架、板牙;刮削用的各种刮刀等。

钳工操作用的量具有钢直尺、游标卡尺、外径千分尺、内外卡钳、直角尺、刀口尺、万能角度尺、塞尺、高度游标卡尺、百分表和半径规等。

10.3 划 线

10.3.1 划线的基本概念

划线就是按照图纸的要求,在零件的表面准确地划出加工界限,如图10.5所示。

(1)划线的作用

①确定工件加工表面的加工余量和位置;

②检查毛坯的形状、尺寸是否符合图纸要求;

③合理分配各加工面的余量。

划线不仅能使加工有明确的界限,而且能及时发现和处理不合格的毛坯,避免造成损失,而在毛坯误差不太大时,往往又可依靠划线的借料法予以补救,使零件加工表面仍符合要求。

(2)划线的种类

①平面划线:在工件的一个表面上划线,如图10.6所示。

②立体划线:在工件的几个表面上划线,如图10.7所示。

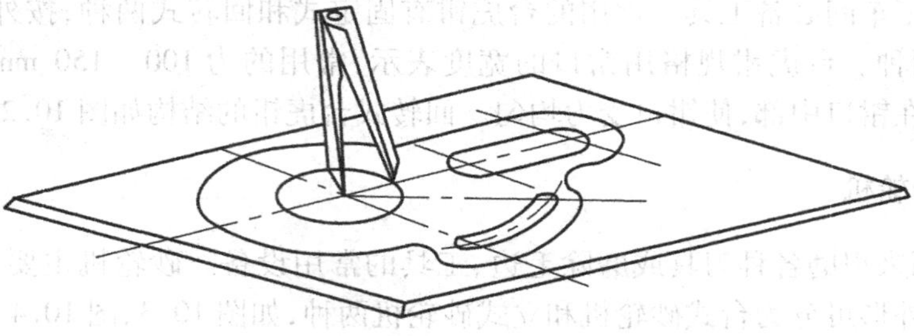

图 10.5　划线

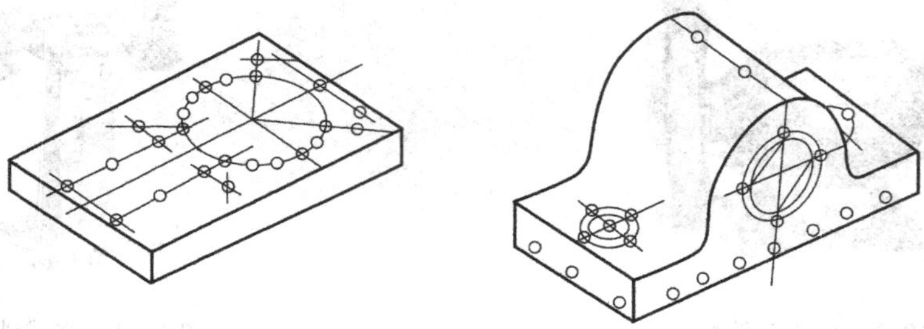

图 10.6　平面划线

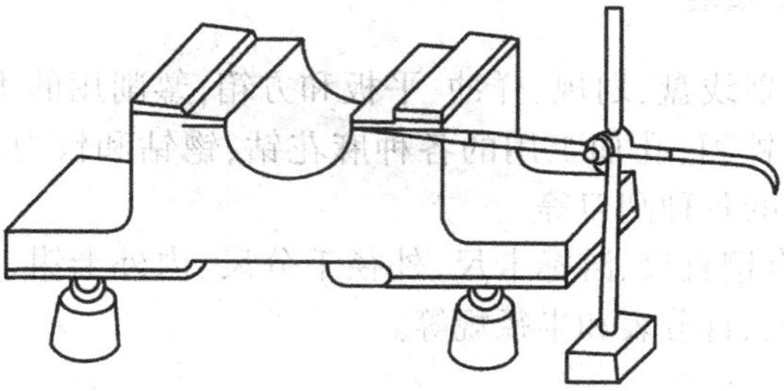

图 10.7　立体划线

10.3.2　划线工具

(1)基准工具

①划线平板,如图 10.8 所示;

②划线方箱,如图 10.9 所示。

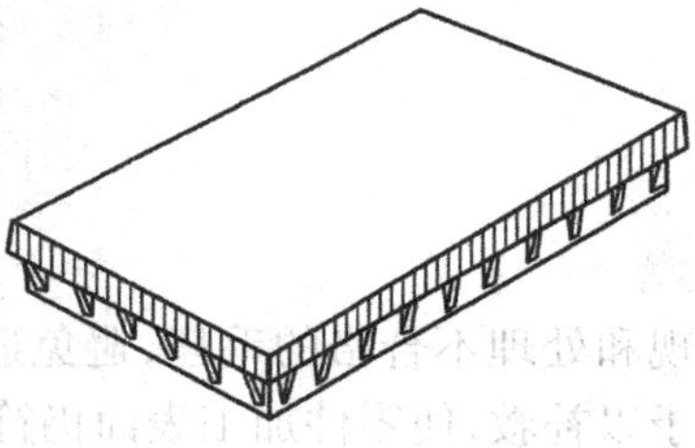

图 10.8　划线平板

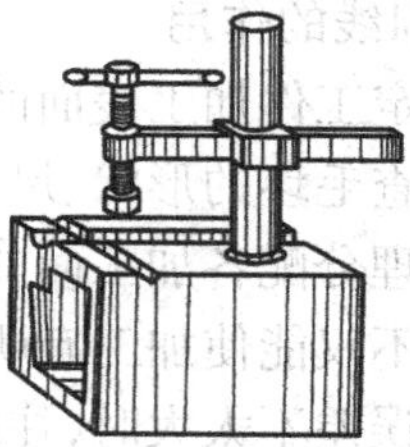

图 10.9　划线方箱

(2)测量工具:

①游标高度尺,如图 10.10 所示;

②钢尺;

③直角尺,如图10.11所示。

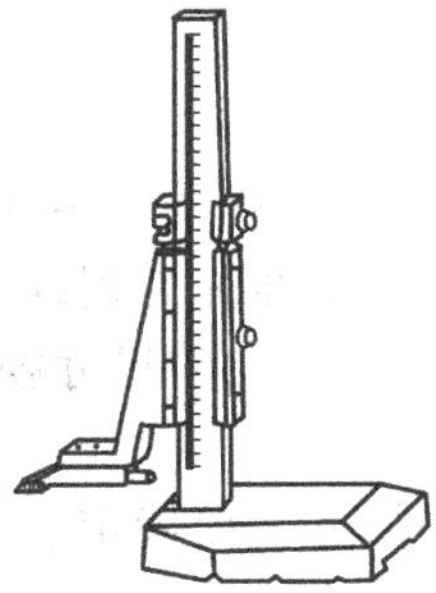

图10.10 游标高度尺

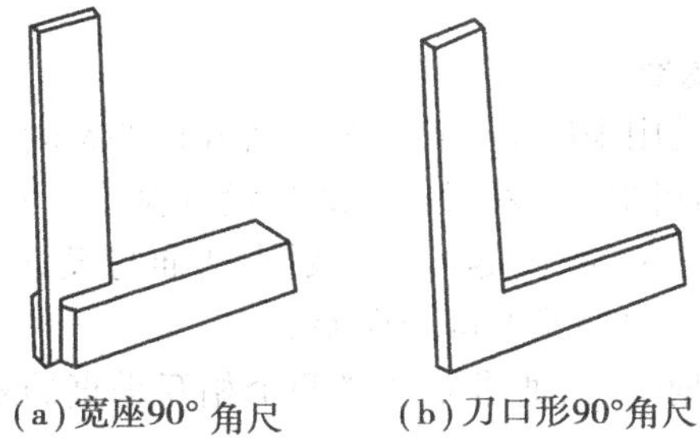

图10.11 直角尺

(3)划线工具

①划针,如图10.12所示;

②划规,如图10.13所示;

③划卡;

④划针盘;

⑤样冲。

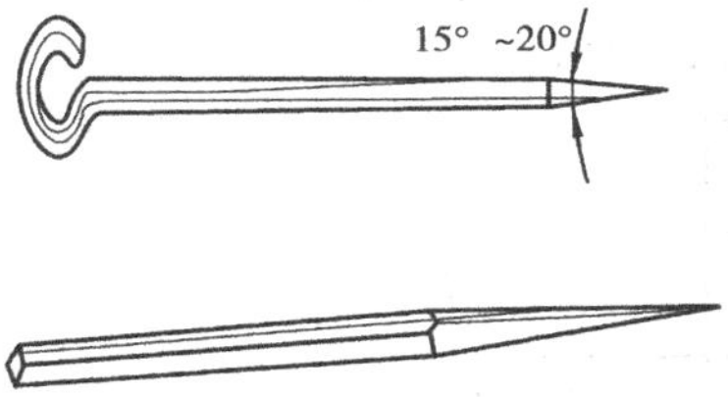

图10.12 划针

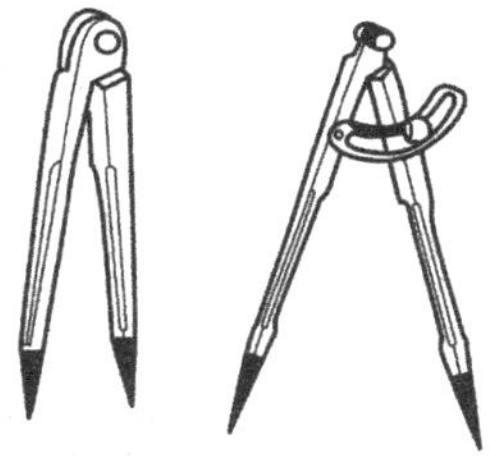

图10.13 划规

(4)夹持工具

①V形铁,如图10.14所示;

②千斤顶,如图10.15所示。

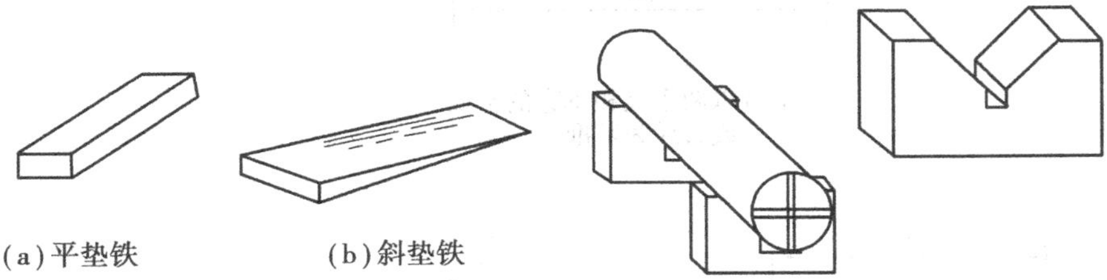

图10.14 V形铁

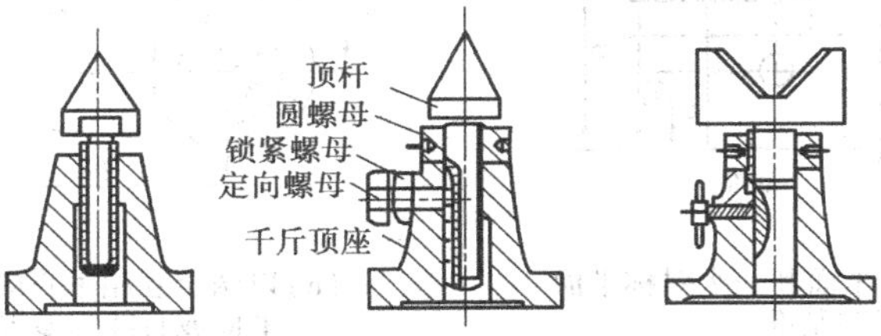

图10.15 千斤顶

10.3.3 划线基准的确定

(1)基准

基准是用来确定生产对象上各几何要素间的尺寸大小和位置关系所依据的一些点、线、面。

在设计图样上采用的基准为设计基准。在工件划线时所选用的基准称为划线基准。在选用划线基准时,应尽可能使划线基准与设计基准一致,这样,可避免相应的尺寸换算,减少加工过程中的基准不重合误差。

平面划线时,通常要选择两个相互垂直的划线基准;立体划线时,通常要确定三个相互垂直的划线基准。

(2)划线基准的类型

1)以两个相互垂直的平面或直线为基准(图 10.16(a))

该零件有相互垂直两个方向的尺寸。可以看出,每一方向的尺寸大多是依据它们的外缘线确定的(个别的尺寸除外)。此时,就可把这两条边线分别确定为这两个方向的划线基准。

2)以一个平面或直线和一个对称平面或直线为基准(图 10.16(b))

该零件高度方向的尺寸是以底面为依据而确定的,底面就可作为高度方向的划线基准;宽度方向的尺寸对称于中心线,故中心线可作为宽度方向的划线基准。

3)以两个互相垂直的中心平面或直线为基准(图 10.16(c))

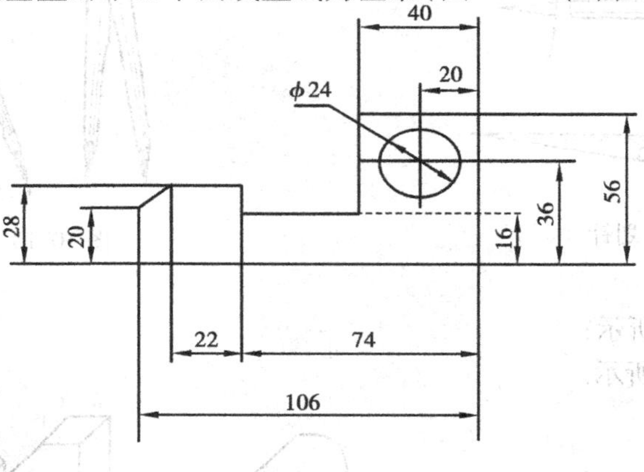

(a)以两个互相垂直的平面或直线为基准

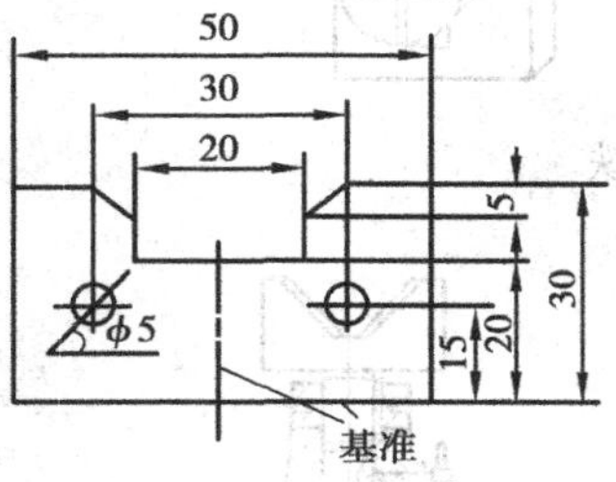

(b)以一个平面和一个对称平面或直线为基准

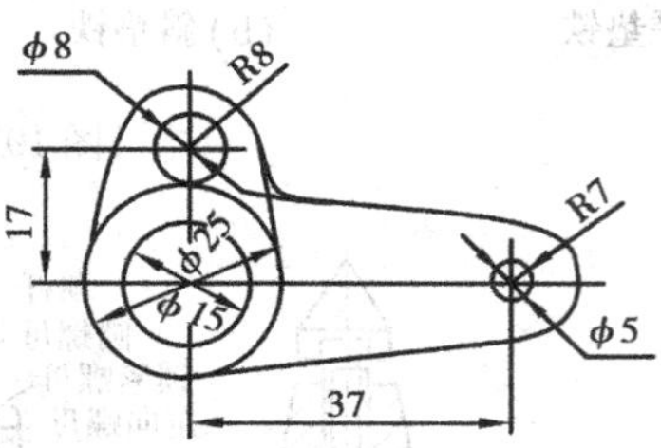

(c)以两个互相垂直的中心平面或直线为基准

图 10.16 平面基准的确定

该零件两个方向的许多尺寸分别与其中心线具有对称性,其他尺寸也从中心线起始标注。此时,就可把这两条中心线分别确定为这两个方向的划线基准。

(3)基准的选择

当工件上有已加工面(平面或孔)时,应该以已加工面作为划线基准。若毛坯上没有已加工面,首次划线应选择最主要的(或大的)非加工面为划线基准(称为粗基准)。但该基准只能使用一次,在下一次划线时,必须用已加工面作划线基准。

一个工件有很多线条要划,究竟从哪一根线开始,常要遵守从基准开始的原则,这可以提高划线的质量和效率,并相应提高毛坯合格率。

10.3.4　划线步骤

①研究图纸,确定划线基准,详细了解需要划线的部位,这些部位的作用和需求以及有关的加工工艺。

②初步检查毛坯的误差情况,去除不合格毛坯。

③工件表面涂色(蓝油)。

④正确安放工件和选用划线工具。

⑤划线。

⑥详细检查划线的精度以及线条有无漏划。

⑦在线条上打冲眼。

10.4　锯　割

10.4.1　锯削的概念及工作范围

用手锯锯断金属材料或在工件上锯出沟槽的操作称为锯削。其工作范围主要有:

①分割各种材料或半成品;

②锯掉工件上的多余部分;

③在工件上锯槽。

10.4.2　锯削工具

(1)锯弓

锯弓是用来张紧锯条的工具,分为固定式和可调式两类,如图10.17所示。

(2)锯条

锯条是用来直接锯削材料或工件的工具,一般由渗碳钢冷轧制成,也有用碳素工具钢或合金钢制造的。锯条的长度以两端装夹孔的中心距来表示,手锯常用的锯条尺寸为300 mm、宽12 mm、厚0.8 mm。从图10.18中可以看出,锯齿排列呈左右错开状,人们称之为锯路。其作用就是防止在锯削时锯条夹在锯缝中,同时可以减少锯削时的阻力和便于排屑。

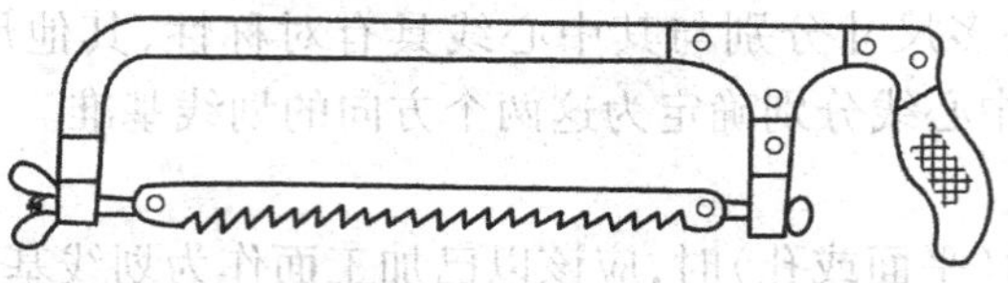

(a)固定式

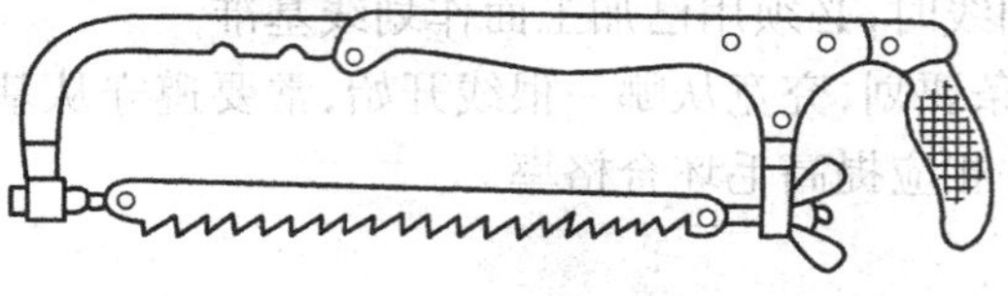

(b)可调式

图 10.17　锯弓的构造

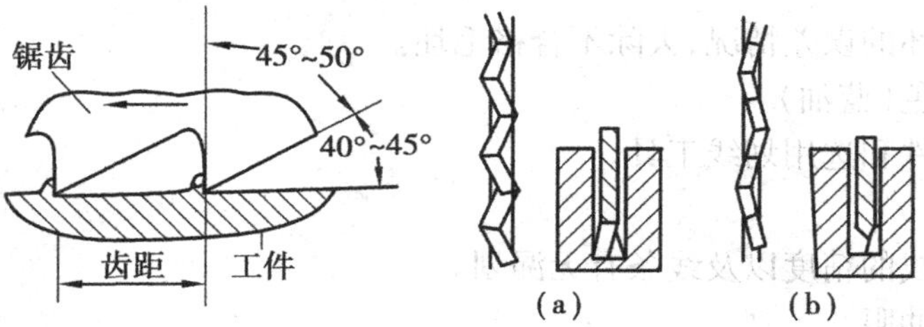

图 10.18 锯条

(3)锯条的选择

1)锯条选用原则

①根据被加工工件尺寸精度；

②根据加工工件的表面粗糙度；

③根据被加工工件的大小；

④根据加工工件的材质。

2)锯条实际选用

锯条实际选用见表 10.1。

表 10.1 锯条的选用

锯齿粗细	锯齿齿数/25 mm	应　用
粗	14 ~ 18	锯削软钢、黄铜、铝、铸铁、紫铜、人造胶质材料
中	22 ~ 24	锯削中等硬度钢、厚壁铜管、铜管
细	32	薄片金属、薄壁管材

10.4.3　锯割操作

(1)锯条的安装

锯条的安装如图 10.19 所示，安装的原则归纳起来有三条：

①齿尖朝前；

②松紧适中；

③锯条无扭曲。

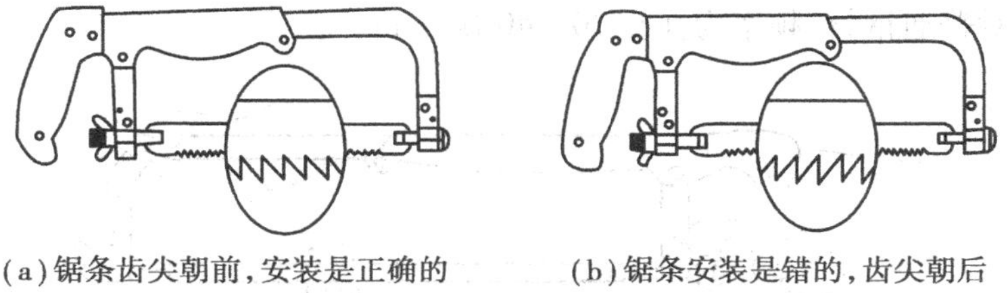

(a)锯条齿尖朝前，安装是正确的
(b)锯条安装是错的，齿尖朝后

图10.19　锯条的安装

(2)工件的夹持

工件一般应夹在虎钳的左面，以便操作；工件伸出钳口不应过长，应使锯缝离开钳口侧面20 mm左右，防止工件在锯割时产生振动；锯缝线要与钳口侧面保持平行，便于控制锯缝不偏离划线线条；夹紧要牢靠，同时要避免将工件夹变形和夹坏已加工面。

(3)起锯方法

起锯时，利用锯条的前端(远起锯)或后端(近起锯)靠在一个面的棱边上起锯，如图10.20所示。

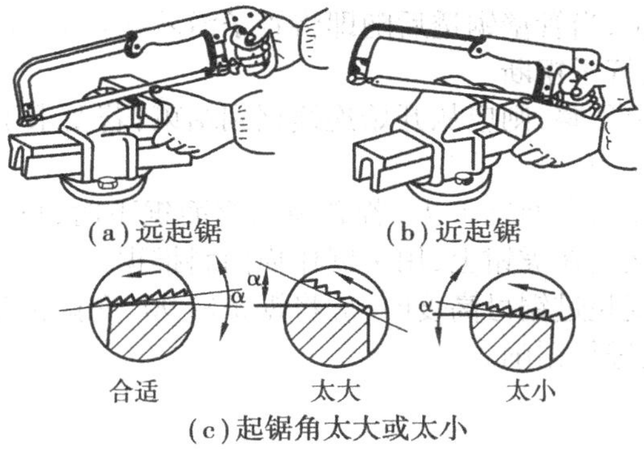

图10.20　起锯方法

起锯时，锯条与工件表面倾斜角约为15°左右，最少要有3个齿同时接触工件，如图10.21所示。

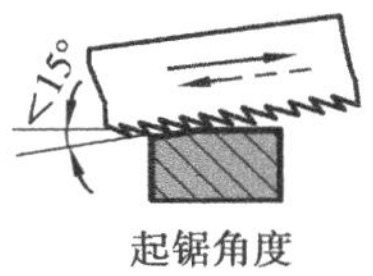

图10.21　起锯角度

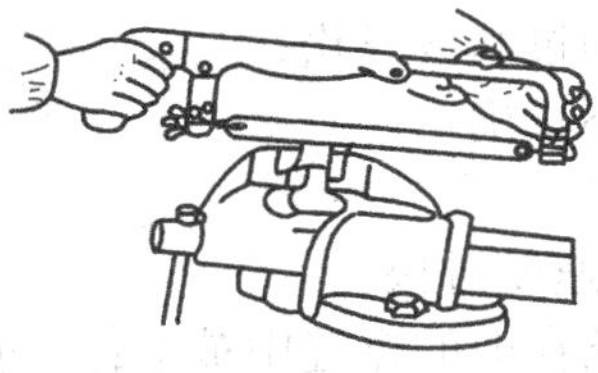

图10.22　起锯姿势

为了起锯平稳准确，可用拇指挡住锯条，使锯条保持在正确的位置。

(4)锯削姿势

锯削时，左脚超前半步，身体略向前顷与台虎钳中心约成75°，两腿自然站立，人体重心稍偏于右脚。如图10.22所示，锯削时，视线要落在工件的切削部位。推锯时，身体上部稍向前倾，给手锯以适当的压力而完成锯削。

(5)锯削压力、速度及行程长度的控制

推锯时，给以适当压力；拉锯时应将所给压力取消，以减少对锯齿的磨损。锯割时，应尽量利用锯条的有效长度。锯削时应注意推拉频率:对软材料和有色金属材料,频率为往复50～60次/min;对普通钢材,频率为往复30～40次/min。

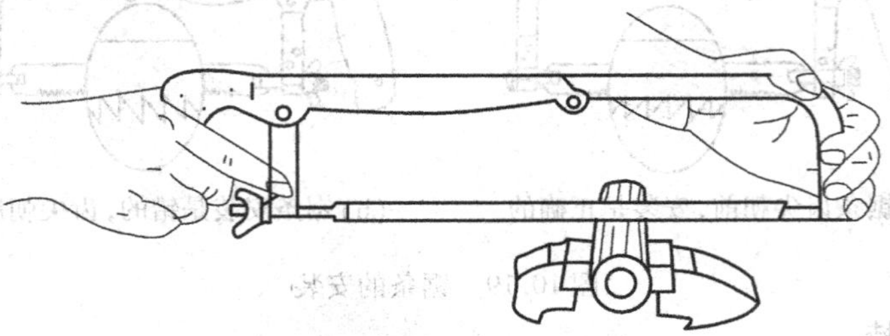

图10.23 手锯握法

10.4.4 锯削加工方法及安全操作

(1)锯削加工方法

①扁钢、型钢:在锯口处画一周圈线,分别从宽面的两端锯下,两锯缝将要结接时,轻轻敲击使之断裂分离。

②圆管:选用细齿锯条,当管壁锯透后随即将管子沿着推锯方向转动一个适当角度,再继续锯割,依次转动,直至将管子锯断。

③棒料:如果断面要求平整,则应从开始连续锯到结束;若要求不高,可分几个方向锯下,以减小锯切面,提高工作效率。

④薄板:锯削时尽可能从宽面锯下去,若必须从窄面锯下时,可用两块木垫夹持,连木块一起锯下;也可把薄板直接夹在虎钳上,用手锯作横向斜推锯。

⑤深缝;当锯缝的深度超过锯弓高度时,应将锯条转90°重新装夹;当锯弓高度仍不够时,可把将锯齿朝向锯内装夹进行锯削。

(2)安全操作

①锯条松紧要适度。

②工件快要锯断时,施给手锯的压力要轻,以防锯条突然断开而伤人。

10.4.5 锯条折断原因

①锯条安装的过紧或过松;

②工件装夹不正确;

③锯缝歪斜过多,强行纠正;

④压力太大,速度过快;

⑤新换的锯条在旧的锯缝中被卡住,而造成折断。

10.4.6 锯条崩齿原因及废品分析

(1)崩齿原因

①起锯角度太大;

②起锯用力太大;

③工件钩住锯齿。

(2)废品分析

①尺寸锯小;

②锯缝歪斜过多，超出要求范围；

③起锯时把工件表面损伤。

10.5　錾　削

10.5.1　錾削的概念与工具

錾削是利用手锤敲击錾子对工件进行切削加工的一种工艺。錾削可以加工平面、沟槽、切断金属及清理铸、锻件上的毛刺等。常用的工具有：

(1)錾子

①錾子一般用碳素工具钢锻成，然后将切削部分刃磨成楔形，经热处理后其硬度达到HRC56～62。

②钳工常用的錾子有阔錾(扁錾)、狭錾(尖錾)、油槽錾和扁冲錾四种，如图10.24所示。

阔錾用于錾切平面，切割和去毛刺；狭錾用于开槽；油槽錾用于切油槽；扁冲錾用于打通两个钻孔之间的间隔。

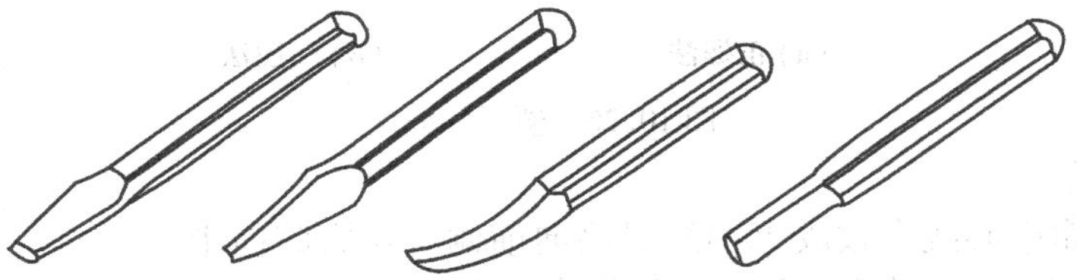

(a)扁錾　(b)尖錾　(c)油槽錾　(d)扁冲錾

图10.24　常用錾子

(2)手锤

手锤是钳工常用的敲击工具，由锤头、木柄和楔子组成。手锤的规格以锤头的质量来表示，有0.46 kg、0.69 kg、0.92 kg等。锤头用T7钢制成，并经热处理淬硬。木柄用比较坚韧的木材制成，常用的0.69 kg手锤，其柄长约350 mm；木柄装在锤头中，必须稳固可靠，要防止脱落造成事故。为此，装木柄的孔做成椭圆形，且两端大中间小。木柄敲紧在孔中后，端部再打入楔子可防松动。木柄做成椭圆形防止锤头孔发生转动以外，握在手中也不易转动，便于进行准确敲击。

10.5.2　錾削姿势

(1)手锤的握法

1)紧握法

用右手五指紧握锤柄，大拇指合在食指上，虎口对准锤头方向(木柄椭圆的长轴方向)，木柄尾部露出15～30 mm，如图10.25(a)所示。在挥锤和锤击过程中，五指始终紧握。

2)松握法

只用大拇指和食指始终握紧手柄。在挥锤时，小指、无名指、中指依次放松；在锤击时，又以相反的方向依次收拢握紧，如图10.25(b)所示。这种握法手不易疲劳，且锤击力大。

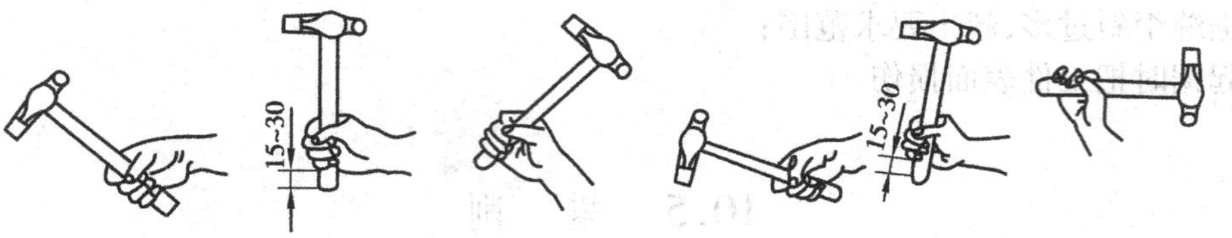

(a)紧握法　　(b)松握法

图 10.25　手锤的握法

(2)錾子的握法

1)正握法

手心向下,腕部伸直,用中指、无名指握住錾子,小指自然合拢,食指和大拇指自然伸直地松靠,錾子头部伸出约 20 mm,如图 10.26(a)所示。

2)反握法

手心向上,手指自然捏住錾子,手掌悬空,如图 10.26(b)所示。

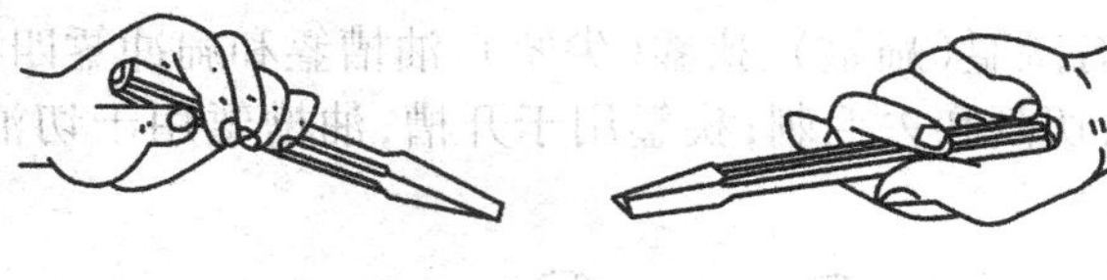

(a)正握法　　(b)反握法

图 10.26　錾子的握法

(3)站立姿势

身体与台虎钳中心线大致成 45°角,且略向前倾。左脚跨前半步,膝盖处稍有弯曲,保持自然,右脚站稳伸直,不要过于用力,如图 10.27 所示。

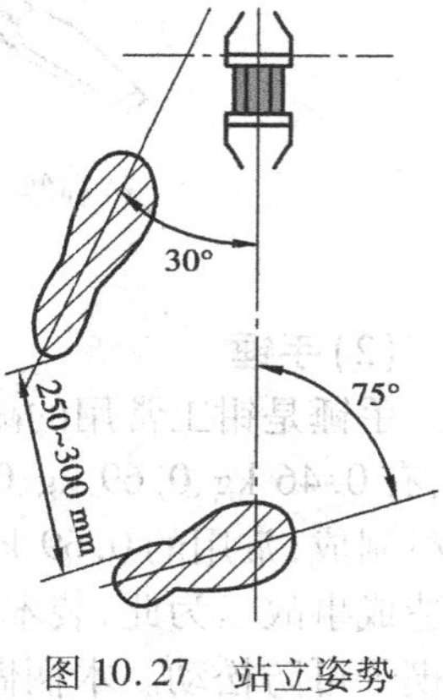

图 10.27　站立姿势

(4)挥锤方法

挥锤有腕挥、肘挥和臂挥三种方法。

①腕挥是仅用手腕的动作来进行锤击运动,采用紧握法握锤,一般仅用于錾削余量较少及錾削开始或结尾,如图 10.28(a)所示。

②肘挥是用手腕与肘部一起挥动作锤击运动,采用松握法握锤,因挥动幅度较大,锤击力大,应用最广,如图 10.28(b)所示。

③臂挥是手腕、肘和全臂一起挥动,其锤击力最大,用于需大力錾削的工件,如图 10.28(c)所示。

(5)锤击速度

錾削时的锤击要稳、准、狠,其动作要有节奏地进行,一般肘挥时约 40 次/min,腕挥 50 次/min。

(a)腕挥　　(b)肘挥　　(c)臂挥

图 10.28　挥锤方法

(6)锤击要领

①挥锤:肘收臂提,举锤过肩,手腕后弓,三指微松,锤面朝天,稍停瞬间。

②锤击:目视錾刃,臂肘齐下,收紧三指,手腕加劲,锤錾一线,锤走弧形,左脚着力,右腿伸直。

③要求:稳——速度节奏40次/min,准——命中率高,狠——锤击有力。

10.6 锉 削

锉削是用锉刀对工件表面进行切削加工的操作。它可以加工平面、型孔、曲面、沟槽及各种形状复杂的表面。其加工表面粗糙度 R_a 值可达 1.6 ~ 0.8 μm,是钳工最基本的操作。

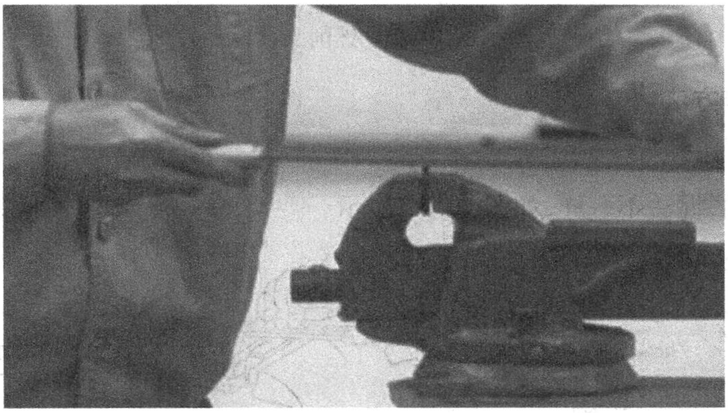

图10.29 锉削

10.6.1 锉 刀

(1)材料

T12或T13。

(2)种类

①普通锉:按断面形状不同分为五种,即平锉、方锉、圆锉、三角锉、半圆锉,如图10.30所示。

②整形锉:用于修整工件上的细小部位。

③特种锉:用于加工特殊表面,种类较多如棱形锉。

(3)锉刀的粗细确定与选择使用

1)确定方法

以锉刀长10 mm的锉面上齿数多少来确定。

2)分类与使用

①粗锉刀(齿数4 ~ 12)用于加工软材料,如铜、铅等或粗加工时。

②细锉刀(齿数13 ~ 24)用于加工硬材料或精加工时 。

③光锉刀(齿数30 ~ 40)用于修光表面。

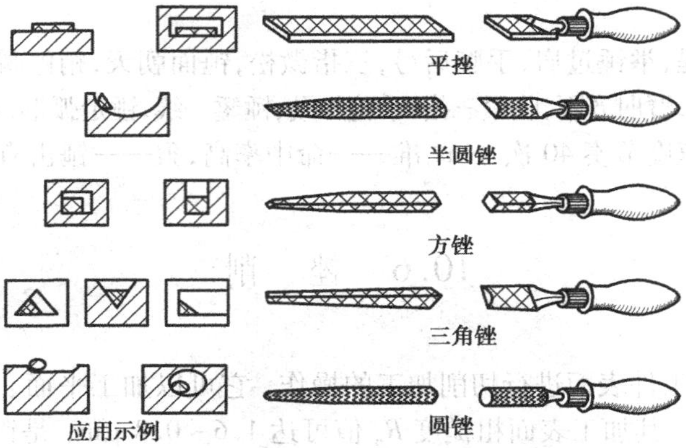

图 10.30　锉削工具

10.6.2　操作方法

(1)锉刀握法

锉刀大小不同,握法不一样,如图 10.31 所示。

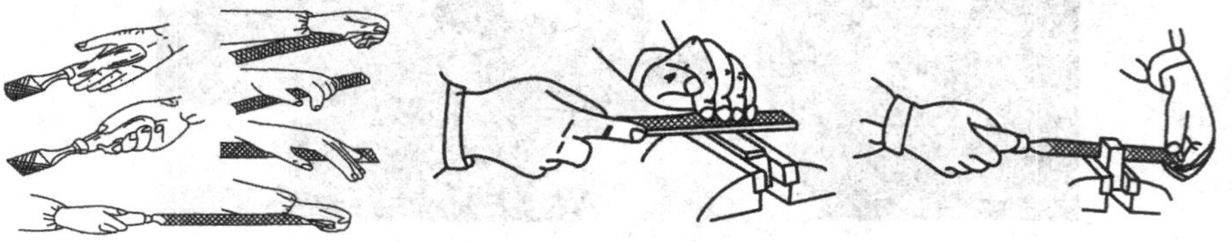

(a)较大型锉刀握法　(b)中型锉刀握法　(c)小型锉刀握法

图 10.31　锉刀握法

(2)锉削姿势

锉削姿势如图 10.32 所示。开始锉削时,身体要向前倾斜 10°左右,左肘弯曲,右肘向后。锉刀推出 1/3 行程时,身体向前倾斜 15°左右,此时左腿稍直,右臂向前推;推到 2/3 时,身体倾斜到 18°左右,最后左腿继续弯曲,右肘渐直,右臂向前使锉刀继续推进至尽头,身体随锉刀的反作用方向回到 15°位置。

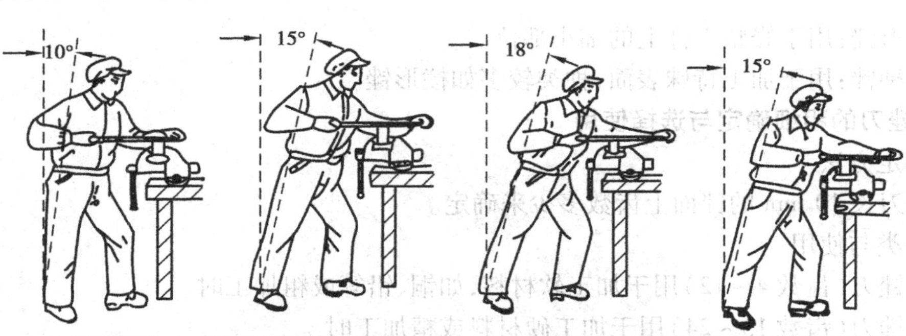

(a)开始锉削　(b)锉刀推出1/3的行程　(c)锉刀推出2/3的行程　(d)锉刀行程推尽时

图 10.32　锉削姿势

(3)锉削力的运用

锉削时有两个力,一个是推力,一个是压力,其中推力由右手控制,压力由两手控制。在锉削中,要保证锉刀前后两端所受的力矩相等,即随着锉刀的推进左手所加的压力由大变小,右手的压力由小变大,否则锉刀不易锉削。

(4)注意的问题

锉刀只在推进时加力进行切削,返回时,不加力、不切削 ,把锉刀返回即可,否则易使锉刀过早磨损;锉削时利用锉刀的有效长度进行切削加工,不能只用局部某一段,否则局部磨损过重,造成寿命降低。速度一般 30 ~40 次/min,速度过快,易降低锉刀的使用寿命。

10.6.3 平面锉削的步骤与方法

(1)选择锉刀

根据加工余量选择:若加工余量大,则选用粗锉刀或大型锉刀;反之选用细锉刀或小型锉刀。

根据加工精度选择:若工件的加工精度要求较高,则选用细锉刀,反之用粗锉刀。

(2)工件夹持

将工件夹在虎钳钳口的中间部位,伸出不能太高,否则易振动;若表面已加工过,则垫铜钳口。

(3)方法

顺向锉;交叉锉;推锉,如图 10.33 所示。

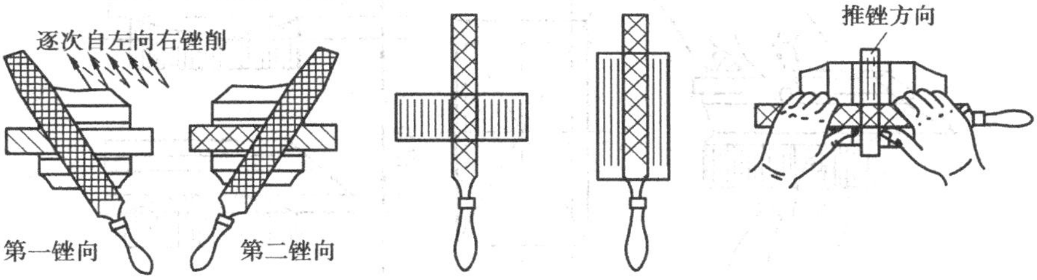

(a)交叉锉法 (b)顺向锉法 (c)推锉法

图 10.33 锉削方法

10.6.4 曲面锉削

(1)外圆弧的锉削

①运动形式:横锉、顺锉;

②方法:横向圆弧锉法,用于圆弧粗加工;滚锉法用于精加工或余量较小时,如图 10.34 所示。

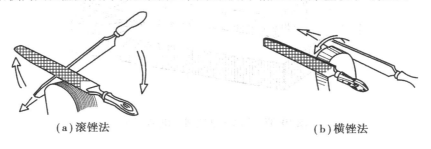

(a)滚锉法 (b)横锉法

图 10.34 外圆弧锉削方法

(2)内圆弧的锉削

①锉削形式:横锉、推锉。

②运动形式:(工具为半圆锉)前进运动;向左或向右移动;绕锉刀中心线转动。3 个运动同时完成。

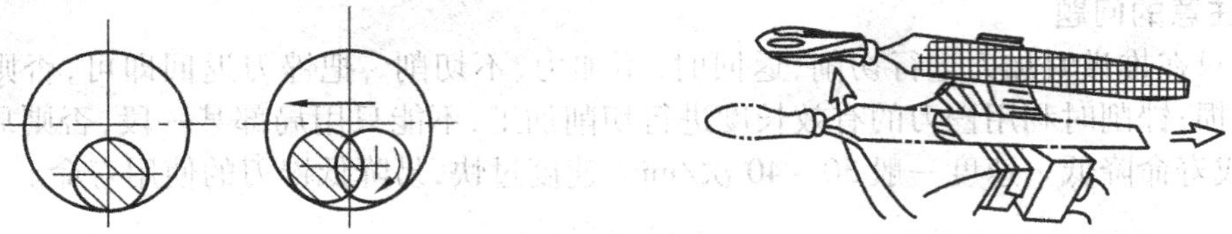

图 10.35　内圆弧锉削

10.6.5　检验工具及其使用

检验工具有刀口尺、直角尺、游标角度尺等。刀口尺、直角尺可检验工件的直线度、平面度及垂直度。下面介绍用刀口尺检验工件平面度的方法。

①将刀口尺垂直紧靠在工件表面,并在纵向、横向和对角线方向逐次检查,如图 10.36 所示;

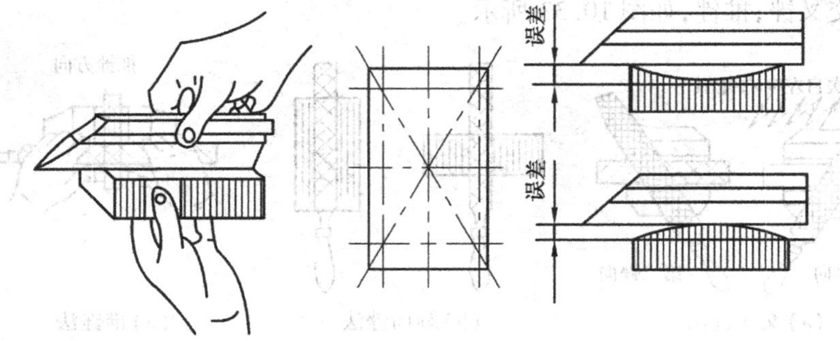

图 10.36　用刀口尺检验平面度

②检验时,如果刀口尺与工件平面透光微弱而均匀,则该工件平面度合格;如果进光强弱不一,则说明该工件平面凹凸不平。可在刀口尺与工件紧靠处用塞尺插入,根据塞尺的厚度即可确定平面度的误差,如图 10.37 所示。

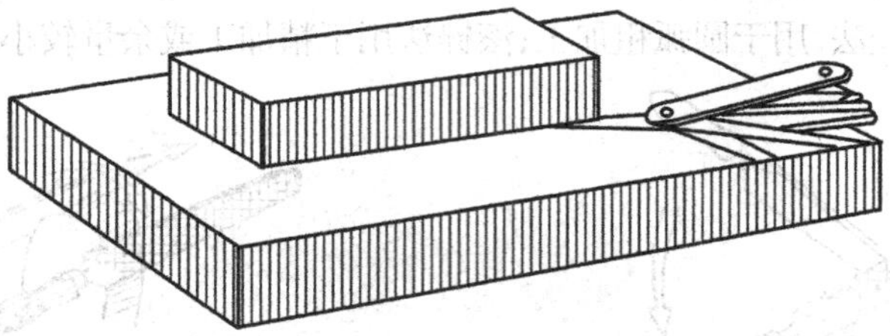

图 10.37　用塞尺测量平面度误差值

10.6.6 锉刀使用及安全注意事项

①不使用无柄或柄已裂开的锉刀,防止刺伤手腕;
②不能用嘴吹铁屑,防止铁屑飞进眼睛;
③锉削过程中不要用手抚摸锉面,以防锉时打滑;
④锉面堵塞后,用铜锉刷顺着齿纹方向刷去铁屑;
⑤锉刀放置时不应伸出钳台以外,以免碰落砸伤脚。

10.7 钻孔、扩孔和铰孔

10.7.1 孔的形成及加工方法

(1)孔的形成

无论什么机器,从制造每个零件到最后装成机器为止,几乎都离不开孔,这些孔是通过铸、锻、车、镗、磨等加工方式而得到的,钳工有钻、扩、绞、锪等。选择不同的加工方法所得到的精度、表面粗糙度不同。合理选择加工方法有利于降低成本,提高工作效率。

(2)定义

1)钻孔

用钻头在实心工件上加工孔叫钻孔,如图10.38所示。钻孔只能进行孔的粗加工,约IT12,R_a12.5 μm。

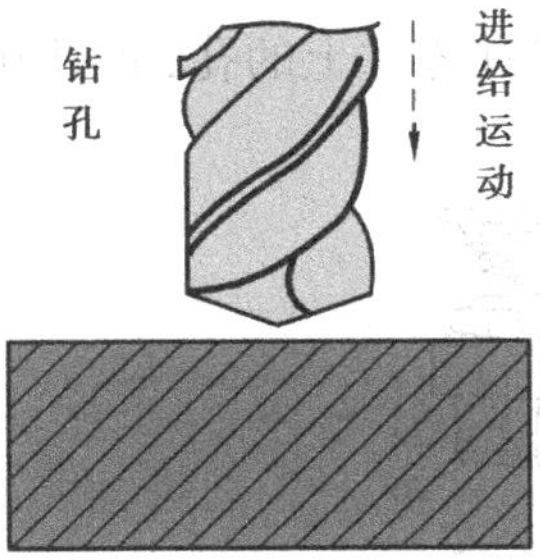

图10.38 钻孔

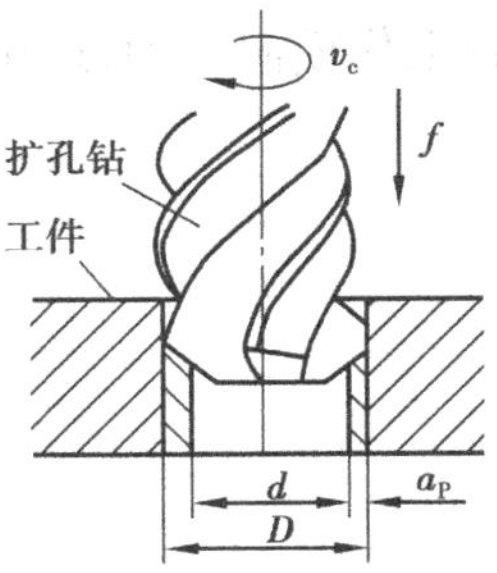

图10.39 扩孔

2)扩孔

扩孔用于扩大已加工出的孔,如图10.39所示。它常作为孔的半精加工,约IT10,R_a6.3 μm,余量为0.5~4 mm。

3)铰孔

铰孔是用铰刀从工件壁上切除微量金属层,以提高其尺寸精度和表面质量,如图10.40所示。IT8-IT7, R_a1.6-0.8 μm,余量可根据孔的大小从手册中查取。

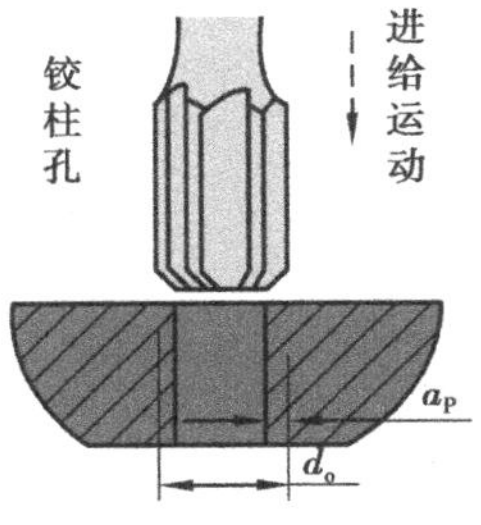

图10.40 铰孔

4）锪孔

锪孔是用锪钻对工件上的已有孔进行孔口形面的加工，如图 10.41 所示。其目的是为保证孔端面与孔中心线的垂直度，以便使与孔连接的零件位置正确，连接可靠。

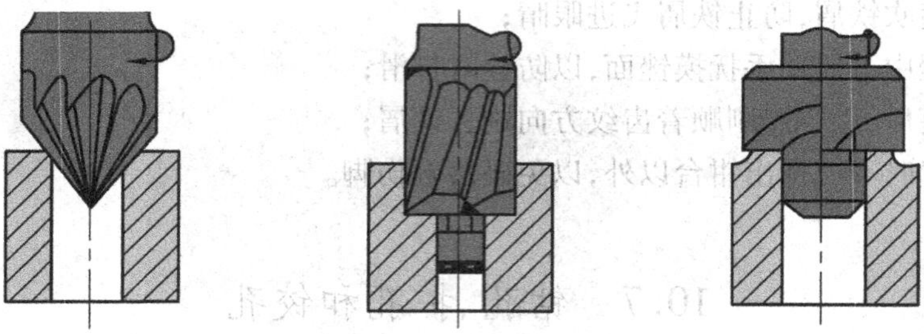

图 10.41　锪孔

10.7.2　**钻孔的设备**

（1）台式钻床

台式钻床外形结构如图 10.42 所示。其钻孔直径一般为 12 mm 以下，特点是小巧灵活，主要加工小型零件上的小孔。

（2）立式钻床

立式钻床主要由主轴、主轴变速箱、进给箱、立柱、工作台和底座组成，如图 10.43 所示。立式钻床可以完成钻孔、扩孔、铰孔、锪孔、攻丝等加工，立式钻床适于加工中小型零件上的孔。

（3）摇臂钻床

摇臂钻床有一个能绕立柱旋转的摇臂，摇臂带着主轴箱可沿立柱垂直移动，同时主轴箱等还能在摇臂上作横向移动，适用于加工大型笨重零件及多孔零件上的孔，如图 10.44 所示。

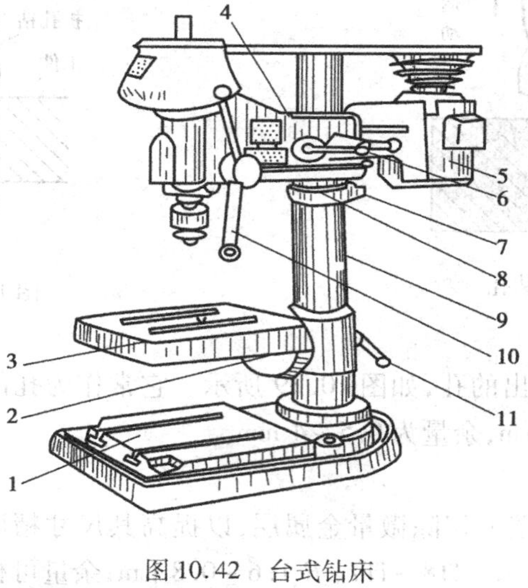

图 10.42　台式钻床

面；2—紧锁螺钉；3—工作台；4—头架；5—电动机；6—手柄；

螺钉；8—保险环；9—立柱；10—进给手柄；11—紧锁手柄

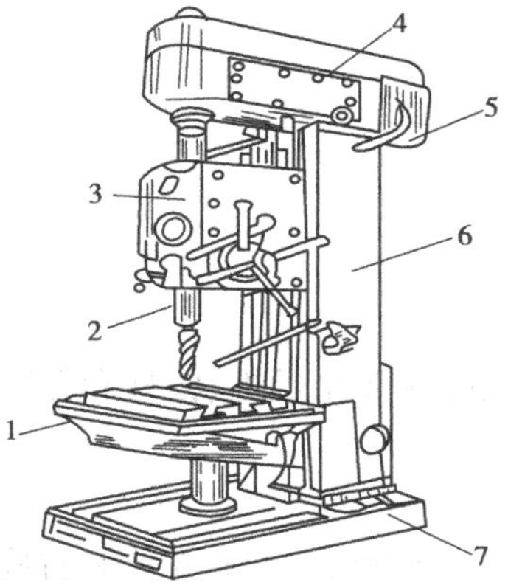

图 10.43 立式钻床
—工作台;2—主轴;3—进给变速箱;
4—主轴变速箱;5—电动机;
6—床身;7—底座

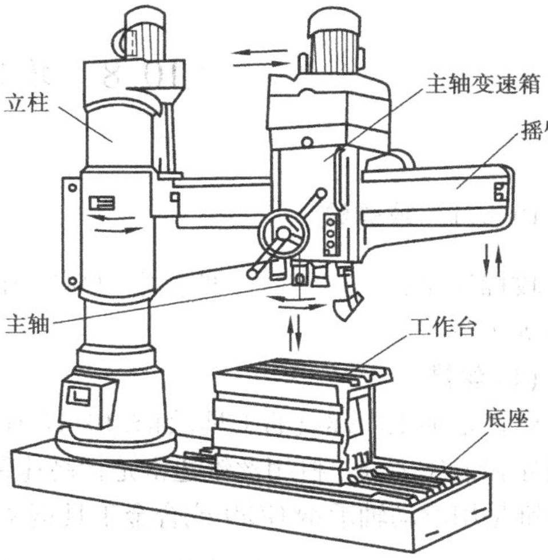

图 10.44　摇臂钻床

(4) 手电钻

在其他钻床不方便钻孔时,可用手电钻钻孔。

另外,现在市场有许多先进的钻孔设备,如数控钻床减少了钻孔划线及钻孔偏移的烦恼,还有磁力钻床等。

10.7.3　刀具和附件

(1) 刀具

①钻头:有直柄和锥柄两种,如图 10.45、图 10.46 所示。钻头由柄部、颈部和切削部分组成。它有两个前刀面,两个后刀面,两个副切削刃,一个横刃,顶角为 116° ~118°。

②扩孔钻:基本上和钻头相同,不同的是,它有 3 ~4 个切削刃,无横刃,刚度、导向性好,切削平稳,所以加工孔的精度、表面粗糙度较好。

图 10.45　直柄钻头

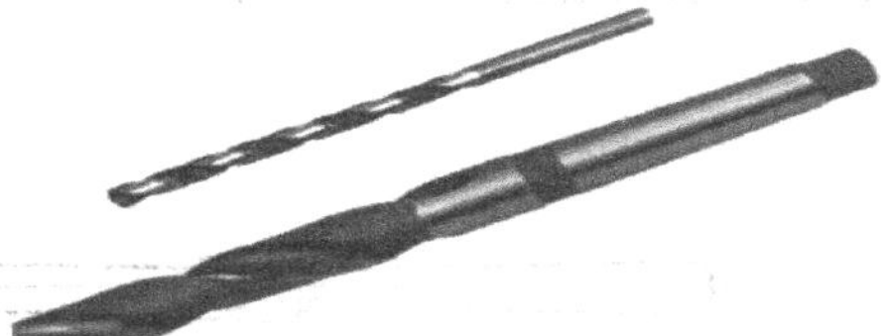

图 10.46　锥柄钻头

③铰刀:有手用、机用、可调锥形等多种。铰刀有 6 ~12 个切削刃,没有横刃,它的刚性、导向性更高。

④锪孔钻:有锥形、柱形、端面等几种。

(2) 附件

①钻头夹:装夹直柄钻头。

②过渡套筒:连接椎柄钻头。

③手虎钳:装夹小而薄的工件。

④平口钳:装夹加工过而平行的工件。

⑤压板:装夹大型工件。

10.8 攻螺纹和套螺纹

10.8.1 攻螺纹

攻螺纹是指用丝锥在工件孔中切削出内螺纹的加工方法。攻螺纹要用丝锥、铰杠和保险夹头等工具。

(1)丝锥

丝锥是加工内螺纹的工具,如图10.47所示,分为机用丝锥和手用丝锥,它们有左旋和右旋及粗牙和细牙之分。机用丝锥通常是指高速钢磨牙丝锥,螺纹公差带分为H1、H2、H3三种。手用丝锥是用滚动轴承钢GCr9或合金工具钢9SiCr制成的滚牙(或切牙)丝锥,螺纹公差带为H4。

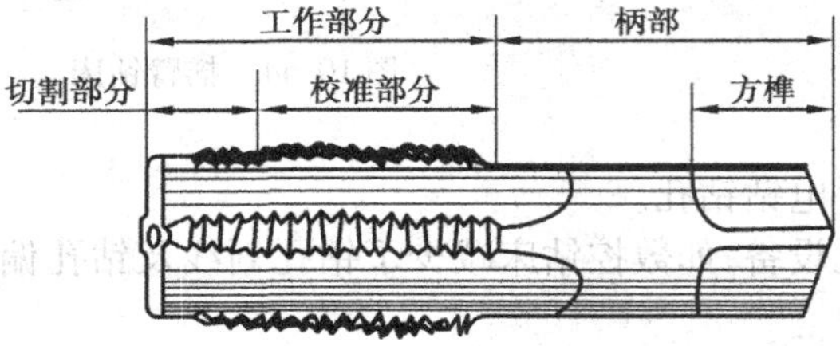

(a)外形

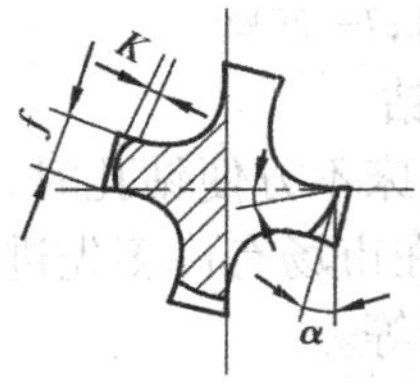

(b)切削部分和校准部分的角度

图10.47 丝锥

(2)铰杠

铰杠是手工攻螺纹时用来夹持丝锥的工具,分普通铰杠(图10.48)和丁字铰杠(图10.49)两类,这两类铰杠又可分为固定式和活络式两种。其中,丁字铰杠适用于在高凸台旁边或箱体内部攻螺纹,活络式丁字铰杠用于M6以下丝锥,固定式普通铰杠用于M5以下丝锥。

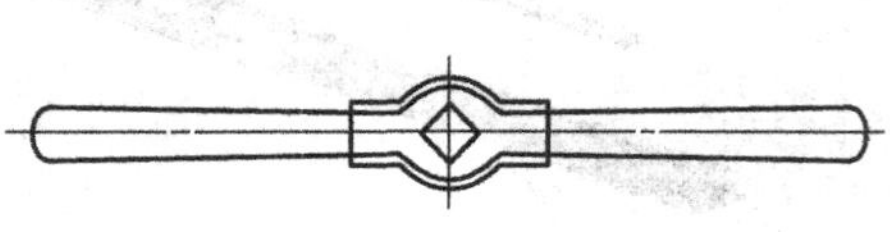

(a)固定式

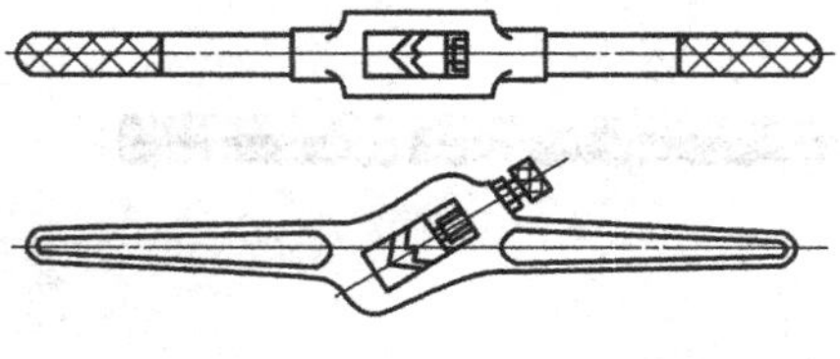

(b)活络式

图10.48 普通铰杠

10.8.2 攻螺纹方法

①按图样尺寸要求划线。

②根据螺纹公称直径,按有关公式计算出底孔直径后钻孔。

③用头锥起攻。

④攻螺纹时,每扳转铰杠1/2~1圈,就应倒转1/4~1/2圈,使切屑碎断后容易排除,如图10.50所示。

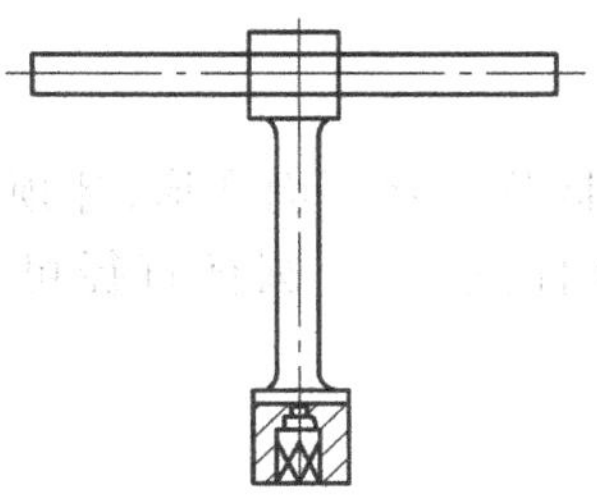

图 10.49　丁字形铰杠

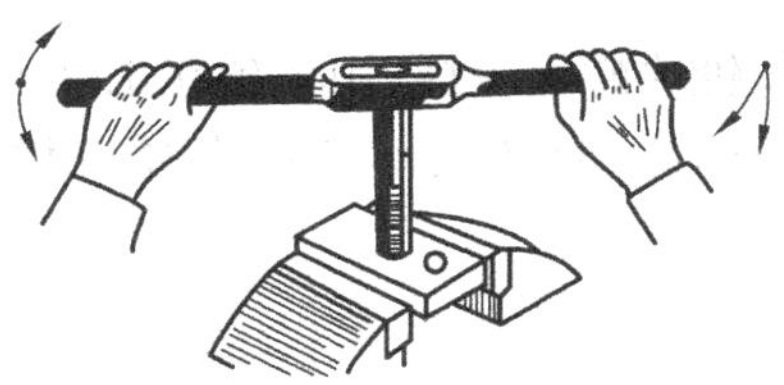

图 10.50　起攻方法

⑤攻螺纹时，必须按头攻、二攻、三攻的顺序攻削到标准尺寸。

⑥在不通孔上攻制有深度要求的螺纹时，可根据所需螺纹深度在丝锥上做好标记，避免因切屑堵塞而使攻螺纹达不到深度要求。

⑦在塑性材料上攻螺纹时，一般都应加润滑油，以减小切削阻力和螺孔的表面粗糙度值，延长丝锥的使用寿命。

10.8.3　套螺纹

套螺纹是指用板牙在圆杆上切出外螺纹的加工方法。

1）板牙

板牙是加工外螺纹的工具，用合金工具钢 9SiCr 或高速钢制作并经淬火回火处理。板牙由切削部分校准部分排屑孔组成。板牙两端有切削锥角的部分是切削部分，如图 10.51 所示。

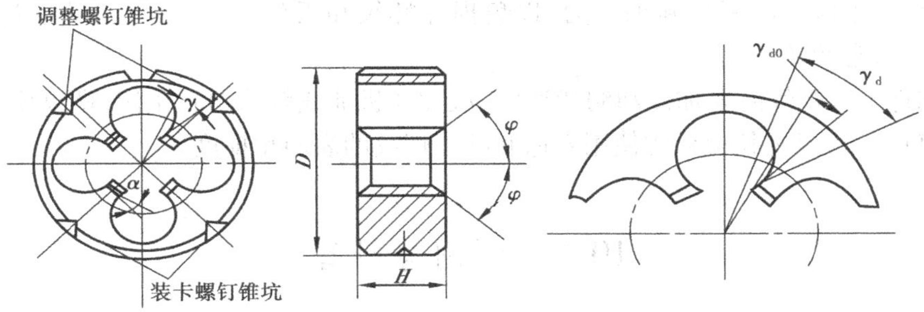

图 10.51　圆板牙

2）板牙架

板牙架是装夹板牙的工具，如图 10.52 所示为圆板牙铰杠。板牙放入后，用螺钉紧固。

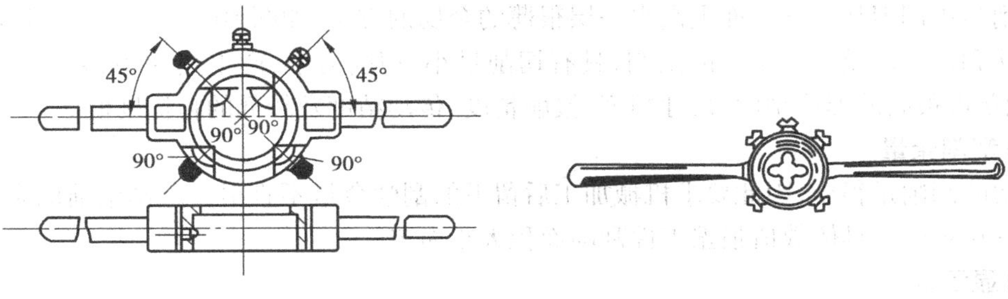

图 10.52　板牙架

10.8.4 套螺纹前圆杆直径的确定

与丝锥攻螺纹一样,用板牙在工件上套螺纹时,工件材料同样因挤压而变形,牙顶将被挤高一些。因此,套螺纹前圆杆直径应稍小于螺纹的大径(公称直径)。圆杆直径可用下式计算:

$$D_0 \approx d - 0.13P$$

10.8.5 套螺纹的操作方法

①为了使板牙容易对准工件和切入工件,圆杆端部要倒角成圆锥斜角为 15°~20°的锥体。锥体的最小直径可略小于螺纹小径,使切出的螺纹端部避免出现锋口和卷边而影响螺母的拧入。

②套螺纹时,由于切削力矩很大,工件为圆杆形状,圆杆不易夹持牢固,所以要用硬木的V形块或铜板作衬垫,才能牢固地将工件夹紧。在加衬垫时,圆杆套螺纹部分离钳口要尽量近些。

③起套时,右手手掌按住铰杠中部,沿圆杆的轴向施加压力,左手配合做顺向旋进,此时转动宜慢,压力要大,应保持板牙的端面与圆杆轴线垂直,否则切出的螺纹牙齿一面深一面浅。当板牙切入圆杆 2~3 牙时,应检查其垂直度,否则继续扳动铰杠时将造成螺纹偏切烂。

④起套后,不应再向板牙施加压力,以免损坏螺纹和板牙,应让板牙自然引进。为了断屑,板牙也要时常倒转。

⑤在钢件上套螺纹时要加冷却润滑液(一般加注机油或较浓的乳化液,螺纹要求较高时,可用工业植物油),以延长板牙的使用寿命和减小螺纹的表面粗糙度。

10.9 刮削与研磨

10.9.1 刮削的基本知识

(1)刮削的概念及特点

刮削是用刮刀从工件表面上刮去一层很薄的金属的方法,如图 10.53。其用法简单,不受工件形状和位置以及设备条件的限制,具有切削量小、切削力小、产生热量小、装夹变形小等特点,能获得很高的形位精度、尺寸精度、接触精度、传动精度及较低的粗糙度值。

(2)刮削余量

每次的刮削量很少,因此要求机械加工后留下的刮削余量不宜很大。刮削前的余量一般为 0.05~0.4 mm,具体数值根据工件刮削面积大小而定。

(3)显示剂

常用的显示剂是红丹粉,其成分有两种,一种是氧化铁,呈褐红色称为铁丹;另一种是氧化铅,呈枯黄色称为铅丹。红丹粉颗粒较细,使用时,用机油和牛油调合而成。红丹粉广泛用

图10.53 刮削

于铸铁和钢的工件上,因为它没有反光、显点清晰,其价格又较低廉,故为最常用的一种。刮削时,红丹粉可涂在工件表面上,也可涂在基准面上。但要保持清洁,不能混进砂粒等污物。

另一种显示剂蓝油,是用普鲁士蓝粉和蓖麻油及适量的机油调节器合而成。蓝油研点小而清楚,故用于精密工件或有色金属和铜合金、铝合金的工件上。有时候为了使研点清楚,与红丹粉同时使用。使用时,将红丹粉涂在工件表面,基准面上涂以蓝油。通常粗刮时红丹粉应调得稀些,精刮时可调节得干些,在工件表面应涂得薄些。涂色时要分布均匀,并要保持清洁,防止切屑和其他杂物或砂粒等渗入,否则堆磨时容易划伤工件的表面和基准面。

(4)刮削精度的检查

刮削精度用边长为25 mm的正方形方框罩在被检查面上,根据在方框内的研点数目的多少来表示,点数越多,说明精度越高。

10.9.2 刮削工具及操作

(1)刮刀

刮刀分平面刮刀和曲面刮刀两种,材料为T10A,刀头部分具有足够的硬度,刃口必须锋利,用钝后,可在油石上修磨。

(2)平面刮削姿势

目前采用的刮削姿势有手刮法和挺刮法两种。刮削可分为粗刮、细刮、精刮和刮花等四个步骤进行。

1)粗刮

当工件表面还留有较深的加工刀痕,工件表面严重生锈,或刮削余量较多(如0.2 mm以上)的情况下,都需要进行粗刮。粗刮的目的是用粗刮刀在刮削面上均匀地铲去一层较厚的金属,使其很快去除刀痕、锈斑或过多的余量。因此,刮削时可采用长刮法,刮削的刀迹连成长片。在整个刮削面上要均匀地刮削,刮削的方向一般应顺工件长度方向。

2)细刮

细刮主要是使刮削面进一步改善不平现象,用细刮刀在工件上刮去稀疏的大块研点。刮削时,可采用短刮刀法(刀迹长度约为刀刃的宽度)刮削。

3)精刮

在细刮的基础上,通过精刮增加研点,使工件符合精度要求。刮削时,用精刮刀采用点刮法刮削。精刮时,更要注意落刀要轻,起刀要迅速挑起。要每个研点上只刮一刀不应重复,并始终交叉地进行刮削。

4)手刮法

右手握刀柄,左手四指向下握住近刮刀头部约50 mm处,刮刀与被刮削表面成25°~30°角度。同时,左脚前跨一步,上身随着往前倾斜,使刮刀向前推进;左手下压,落刀要轻,当推进到所需要位置时,左手迅速提起,完成一个手刮动作。

5)挺刮法

将刮刀柄放在小腹右下侧,双手并拢握在刮刀前部距刀刃约80 mm处,左手下压,利用腿部和臀部力量,使刮刀向前推进,在推动到位的瞬间用双手将刮刀提起,完成一次刮削。

图10.54　平面刮削

(3)刮削的安全技术

①刮削前,工件的锐边、锐角必须去掉,防止碰手。

②刮削工件边缘时,用力不能过大过猛。

③刮刀用后,用纱布包裹好妥善安放。

10.9.3　研磨简介

(1)研磨的概念

研磨是指用研磨工具和研磨剂从工件表面上磨掉一层极薄的金属,使工件表面达到精确的尺寸、准确的几何形状和很高的光洁度。

(2)研磨的作用

1)减少表面粗糙度

与其他加工方法相比,经过研磨加工后的表面粗糙度较小。一般情况下,表面粗糙度为R_a0.8~0.05 μm,最小可达到R_a0.006 μm。

2)能达到精确的尺寸

通过研磨后的工件,尺寸精度可以达到0.001~0.005 mm。

3)提高零件几何形状的准确性

工件在一般机械加工方法中产生的形状误差,可以通过研磨的方法来校正。

4)延长工件使用寿命

由于经过研磨后的工件,表面粗糙度很小,形状准确,所以工件的耐蚀性、抗腐蚀能力和抗疲劳强度也相应得到提高,从而延长了零件的使用寿命。

(3)研磨余量

研磨的切削量很小,一般每研磨一遍所能磨去的金属层不超过0.002 mm,所以研磨余量不能太大,否则会使研磨时间增加并且研磨工具的使用寿命也要缩短。通常,研磨余量在0.005~0.03 mm范围内比较适宜。有时研磨余量就留在工件的公差以内。

1)对研具材料的要求

研具材料要具有很好的耐磨性和足够的钢度,同时还要具有嵌存磨料微粒的性能,表面硬度要比工件硬度低。

2)研具的主要材料

球铁:容易嵌存磨粒,嵌得均匀牢固,还能争加研具本身的耐用度。

低碳钢:韧性较好,不容易折断,常作为小形研具。

铸铁:润滑性能好、磨耗较慢、硬度适中,而且研磨剂容易涂布均匀,效果好。

3)研磨剂

研磨剂是磨料和研磨液混合而成的混合剂。

(4)研磨方法

研磨操作方法分为手工研磨和机械研磨。尺寸精度可达到0.25 μm,表面粗糙度可达到R_a0.08 μm,是其他加工方法无法取代的。

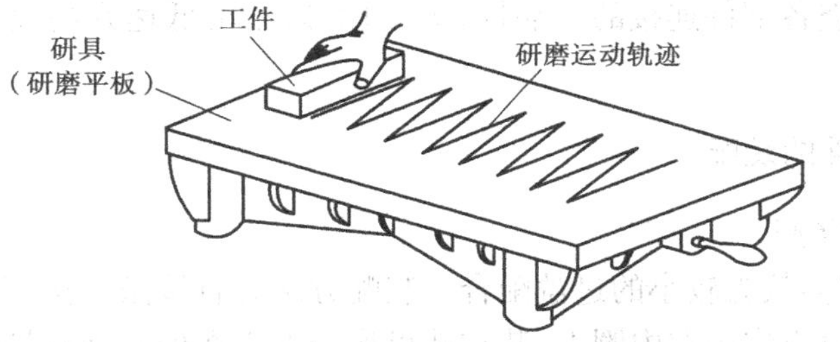

图10.55 手工研磨运动轨迹的形式

10.10 连接件的装配

10.10.1 装配的基础知识

(1)机械制造过程

从原材料进厂起,到机器在工厂制成为止,需要经过铸造、锻造毛坯,在金工车间把毛坯制成零件,用车、铣、刨、磨、钳等加工方法改变毛坯的形状、尺寸。装配就是在装配车间,按照一定的精度、标准和技术要求将若干零件组装成机器的过程,然后在经过调整、试验合格后涂油装箱,整个工作完成。

(2)装配

装配分为组件装配、部件装配、总装配

①组件装配:将若干个零件安装在一个基础零件上;

②部件装配:将若干个零、件组件安装在另一个基础零件上;

③总装配:将若干个零件、组件、部件安装在另一个较大、较重的基础零件上构成产品。

(3)常用装配工具

拉出器、拔销器、压力机、铜棒、手锤(铁锤、铜锤)、改锥(一字、十字)、扳手(呆扳手、梅花扳手、套筒扳手、活动扳手、测力扳手)、克丝钳。

10.10.2 装配过程

(1)装配前的准备工作

①研究和熟悉装配图的技术条件,了解产品的结构和零件的作用,以及相互连接关系。

②确定装配的方法程序和所需工具。

③清理和洗涤零件上的毛刺、铁屑、锈蚀、油污等脏物。

(2)装配

按组件装配—部件装配—总装配的次序进行,并经调整、试验、喷漆、装箱等步骤。

(3)装配要求

①装配时应检查零件是否合格,检查有无变形、损坏等。

②固定连结的零部件不准有间隙;活动连接在正常间隙下,灵活均匀地按规定方向运动。

③各运动表面润滑充分,油路必须畅通。

④密封部件,装配后不得有渗漏现象。

⑤试车前,应检查各部件连接的可靠性、灵活性,试车由低速到高速,根据试车情况进行调整达到要求。

10.10.3 典型件的装配

(1)滚珠轴承的装配

滚珠轴承的装配多数为较小的过盈配合。装配方法有直接敲入法、压入法和热套法。轴承装在轴上时,作用力应作用在内圈上,装在孔里作用力应在外圈,同时装在轴上和孔内时作用力应在内外圈上。

(2)螺钉、螺母的装配

①螺纹配合应做到用手自由旋入,过紧则咬坏螺纹,过松则螺纹易断裂。

②螺帽、螺母端面应与螺纹轴线垂直以便受力均匀。

③零件与螺帽、螺母的贴合面应平整光洁,否则螺纹容易松动,为了提高贴合质量可加垫圈。

④装配成组螺钉、螺母时,为了保证零件贴合面受力均匀应按一定顺序来旋紧,并且不要一次旋紧,要分两次或三次完成。

10.10.4 拆卸工作要求

①按其结构,预先考虑操作程序,以免先后倒置。

②拆卸顺序与装配顺序相反。

③拆卸时,合理使用工具,保证对合格零件不损伤。

④拆卸螺纹连结时辨明旋向。

⑤对轴类长件,要吊起来防止弯曲。

⑥严禁用铁锤等硬物敲击零件。

10.11 钳工操作实例

加工图 10.57 所示的榔头。

(1)选择毛坯

根据零件尺寸,毛坯选用 16 mm × 16 mm 的方料和 Φ8 mm 的棒料。

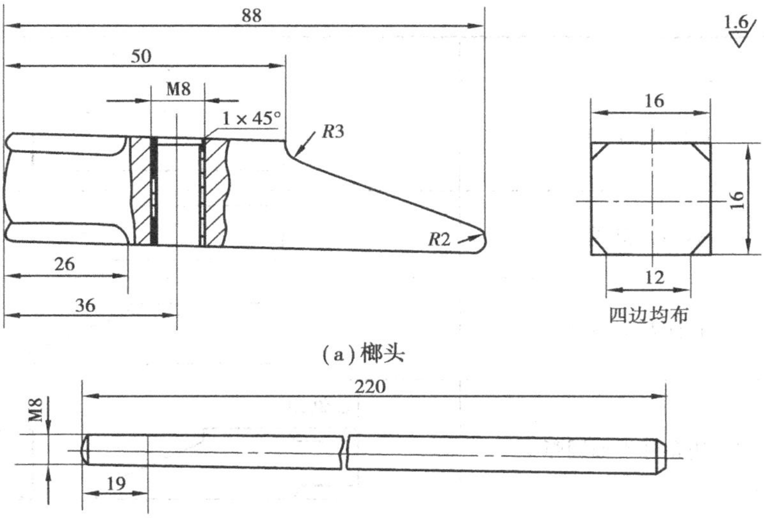

(a)榔头

(b)榔头柄

图 10.56　榔头及榔头柄

(2)操作过程

操作过程见表 10.2 。

表 10.2　榔头操作步骤

序号	操作内容	工序简图
1	下料,锯出 16 mm×16 mm×90 mm 的方料及 Φ8×220 mm 棒料	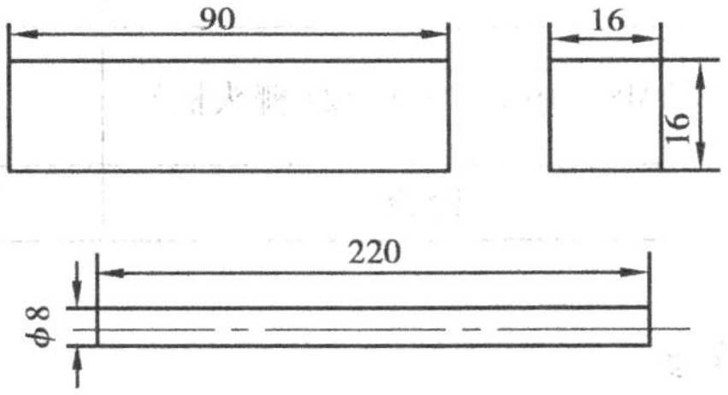
2	錾切 2~2.5 mm 深	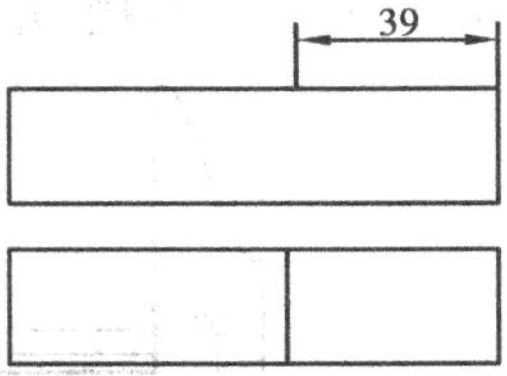
3	锉四周平面及端面,保证各面平直,相邻面垂直和相对面平行	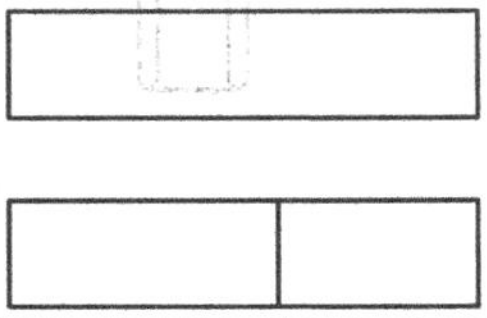
4	划各加工线	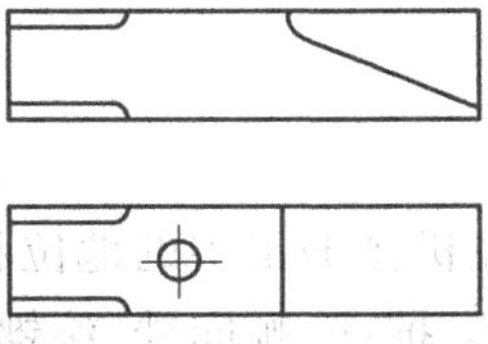

续表

序号	操作内容	工序简图
5	锉圆弧面 $R3$	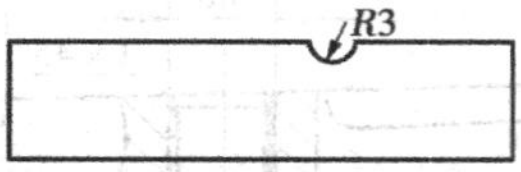
6	锯割长斜线	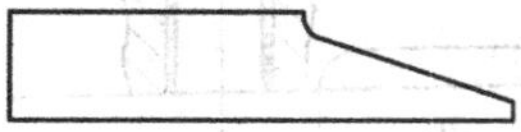
7	锉斜面及圆弧面	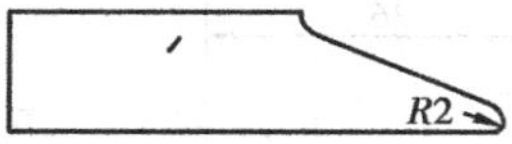
8	锉四边角和端面圆弧	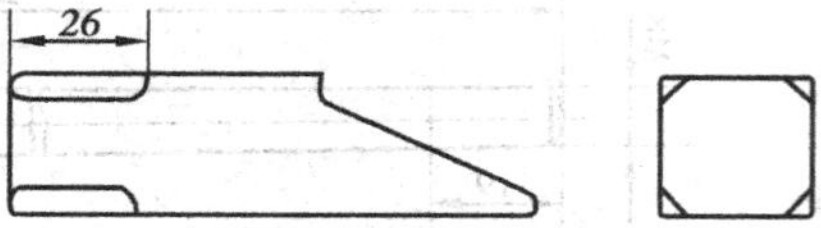
9	钻 Φ6.7 mm 孔及 1 × 45°锥坑	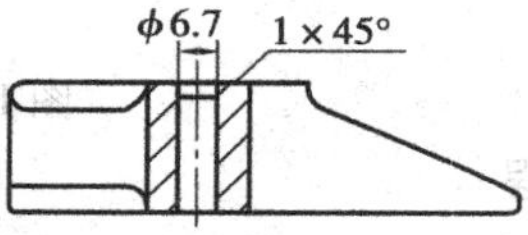
10	攻 M8 mm 内螺纹	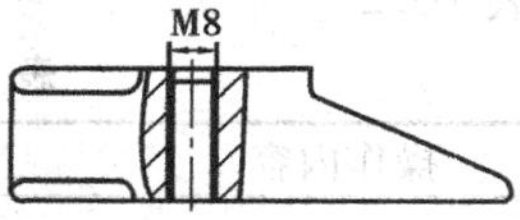
11	套 M8 × 19 mm 外螺纹(榔头柄)	
12	检验	

(3)连接

将加工好的榔头与榔头柄连接,并修整打磨,最后打上学号(图 10.57)

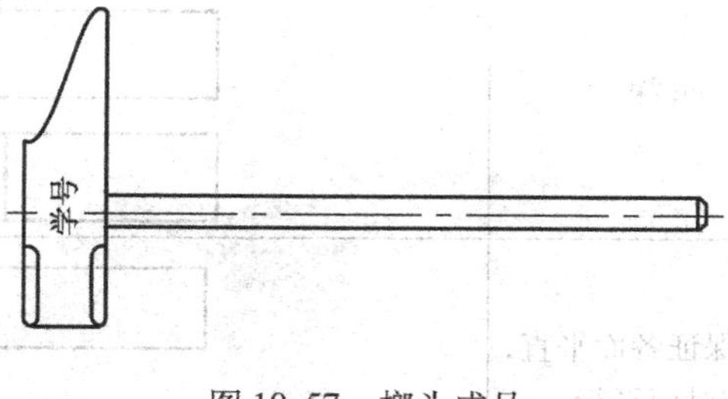

图 10.57　榔头成品

复习思考题

10.1　钳工在机械加工中的地位和作用如何?

10.2　交叉锉、推锉、顺向锉、滚锉操作要领有哪些?

10.3 零件在加工前为什么常常要划线？如何选择划线基准？
10.4 划线工具有哪些？
10.5 怎样选择锯条？安装锯条时应注意什么？
10.6 起锯和锯削的操作要领有哪些？
10.7 为什么套螺纹前要检查圆杆直径？其大小如何决定？

第11章

数控加工技术基础

安全操作规程:

①操作者需穿合适的工作服,长发要压入帽内,不得戴手套进行操作。

②开机床前,应该仔细检查机床各部分机构是否完好,各传动手柄、变速手柄的位置是否正确,还应按要求认真对数控机床进行润滑保养。

③手潮湿时勿触摸任何开关或按钮,手上有油污时禁止操控控制面板。操作数控系统面板时,对各按键及开关的操作不得用力过猛,更不允许用扳手或其他工具进行操作。

④开动车床应关闭保护罩,以免发生意外事故。主轴未完全停止前,禁止触摸工件、刀具或主轴。触摸工件、刀具或主轴时,要注意是否烫手,小心灼伤。

⑤必须在确认工件夹紧、刀具稳固锁紧后才能启动机床,严禁工件转动时测量、触摸工件。

⑥完成对刀后,要做模拟换刀实验,以防止正式操作时发生撞坏刀具,工件或设备等事故。

⑦未装工件前,空运行一次程序,看程序能否顺利进行,刀具和夹具安装是否合理,有无超程现象。

⑧手动操作时,设置刀架移动速度宜在1 500 mm/min以内,一边按键,一边要注意刀架移动的情况。

⑨自动运行加工时,操作者右手手指应放在程序停止按钮上,眼睛观察刀尖运动情况,左手控制停车手柄,控制机床拖板运行速度,发现问题及时按下程序停止按钮,以确保刀具和数控机床安全,防止事故发生。

⑩ 机床工作时,操作者不能离开车床。当程序出错或机床性能不稳定时,应立即关机,待故障消除后方能重新开机操作。

⑪机床开动前,必须关好机床防护门;在加工过程中,不允许打开机床防护门。

⑫加工中发生问题时,请按重置键“RESET”使系统复位。紧急时可按紧急停止按钮来停止机床,但在恢复正常后务必使各轴再复归机械原点。

11.1　数控设备简介

11.1.1　数控设备的产生与发展

(1)数控设备的产生

随着科学技术和社会生产的不断发展,对加工机械产品的生产设备提出了三高(高性能、高精度和高自动化)的要求。

为了解决上述问题,新型的数字程序控制机床应运而生,它极其有效地解决了上述一系列矛盾,为单件、小批量生产,特别是复杂型面零件提供了自动化加工手段。

(2)数控设备的发展

在第一台数控机床问世至今的 50 年中,先后经历了电子管(1952 年)、晶体管和印刷电路板(1960 年)、小规模集成电路(1965 年)、小型计算机(1970 年)、微处理器或微型计算机(1974 年)和基于 PC - NC 的智能数控系统(90 年代后)等六代数控系统。

前三代数控系统是属于采用专用控制计算机的硬逻辑(硬线)数控系统,简称 NC(Numerical Control),目前已被淘汰。

第四代数控系统采用小型计算机取代专用控制计算机,数控的许多功能由软件来实现,故这种数控系统又称为软线数控,即计算机数控系统,简称 CNC(Computer Numerical Control)。1974 年采用以微处理器为核心的数控系统,形成第五代微型机数控系统,简称 MNC(Micro - computer Numerical Control)。以上 CNC 与 MNC 统称为计算机数控。CNC 和 MNC 的控制原理基本上相同,目前趋向采用成本低、功能强的 MNC。

现在发展了基于 PC - NC 的第六代数控系统,它充分利用现有 PC 机的软硬件资源,规范设计新一代数控系统。

在数控系统不断更新换代的同时,数控机床的品种得以不断地发展。

数控机床是数控设备的典型代表。数控激光与火焰切割机等数控设备也得到了广泛的应用。

11.1.2　数控设备的工作原理、组成与特点

(1)数控设备的工作原理

图 11.1 是数控设备的一般工作原理图。

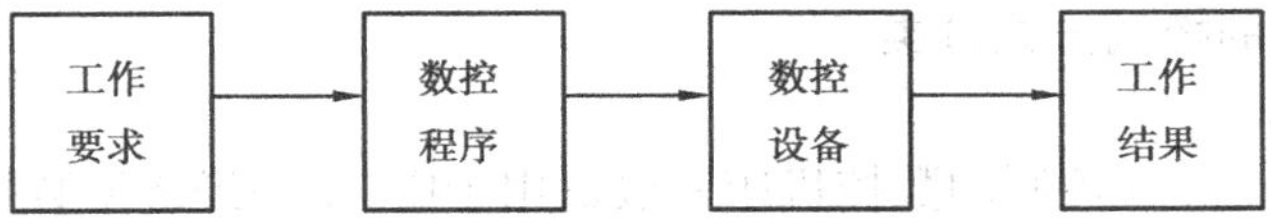

图 11.1　数控设备的工作原理

(2)数控设备的组成与功能

数控设备的基本结构框图如图 11.2 所示,主要由输入输出装置、计算机数控装置、伺服系统和受控设备四部分组成。

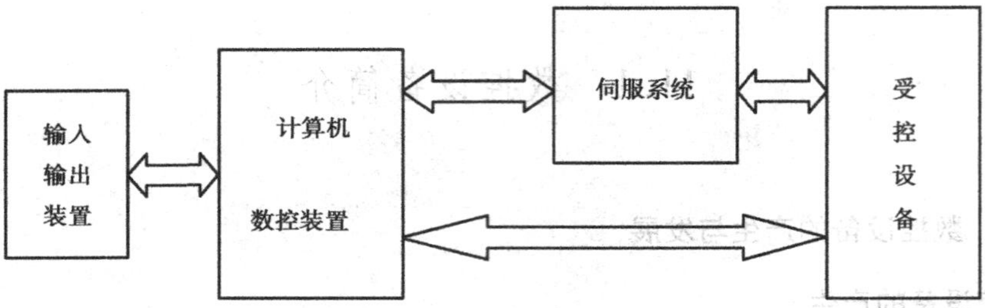

图 11.2　数控设备基本结构框图

(3)数控设备的特点

数控设备是一种高效能自动化加工设备。与普通设备相比,数控设备具有如下特点:

①适应性强;②精度高,质量稳定;③生产率高;④能完成复杂型面的加工;⑤减轻劳动强度,改善劳动条件;⑥有利于生产管理。

11.1.3　数控设备的分类

数控机床通常从以下不同角度进行分类:

(1)按工艺用途分类

目前,数控机床的品种规格已达500多种,按其工艺用途可以划分为四大类。

1)金属切削类

它又可分为两类:

①普通数控机床;

②数控加工中心。

2)金属成形类

这是指采用挤、压、冲、拉等成形工艺的数控机床,常用的有数控弯管机、数控压力机、数控冲剪机、数控折弯机、数控旋压机等。

3)特种加工类

这主要有数控电火花线切割机、数控电火花成形机、数控激光与火焰切割机等。

4)测量、绘图类

这主要有数控绘图机、数控坐标测量机、数控对刀仪等。

(2)按控制运动的方式分类

①点位控制数控机床;

②点位直线控制数控机床;

③轮廓控制数控机床。

(3)按伺服系统的控制方式分类

1)开环数控机床

如图11.3所示。开环控制的数控机床一般适用于中、小型经济型数控机床。

图 11.3　数控机床开环控制框图

2)半闭环控制数控机床

半闭环控制数控机床如图 11.4 所示。这类控制可以获得比开环系统更高的精度,调试比较方便,因而得到广泛应用。

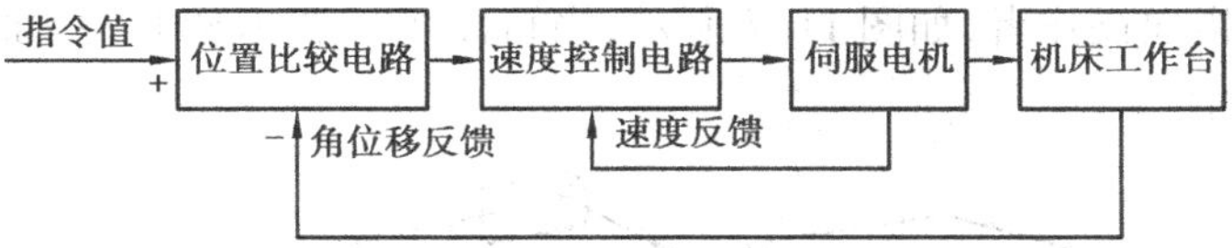

图 11.4　数控机床半闭环控制框图

3)闭环控制数控机床

其控制框图如图 11.5 所示。闭环控制数控机床一般适用于精度要求高的数控机床,如数控精密镗铣床。

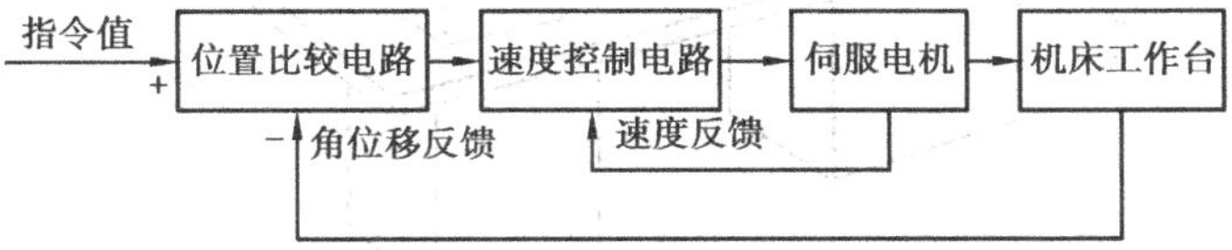

图 11.5　数控机床闭环控制框图

(4)按所用数控系统的档次分类

按所用数控系统的档次通常把数控机床分为低、中、高档三类。

11.2　数控车床编程入门知识

数控车床的程序编制必须严格遵守相关的标准。必须掌握一些基础知识,才能学好编程的方法并编出正确的程序。

11.2.1　数控车床的坐标系与运动方向的规定

(1)建立坐标系的基本原则

①永远假定工件静止,刀具相对于工件移动。

②坐标系采用右手直角笛卡尔坐标系。如图 11.6 所示大拇指的方向为 X 轴的正方向,食指指向为 Y 轴的正方向,中指指向为 Z 轴的正方向。在确定了 X、Y、Z 坐标的基础上,根据右手螺旋法则,可以很方便地确定出 A、B、C 三个旋转坐标的方向。

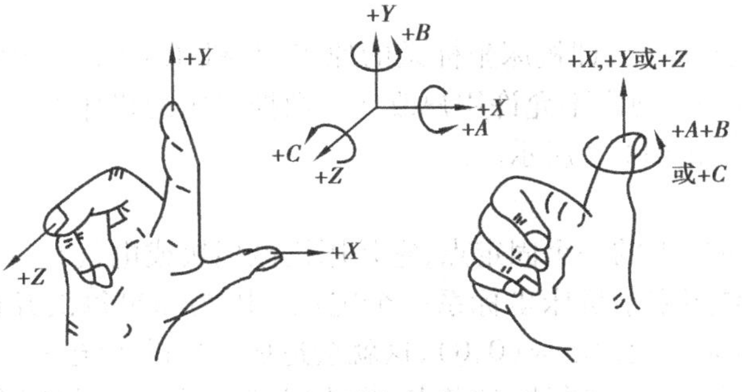

图 11.6　右手笛卡尔直角坐标系

③规定 Z 坐标的运动由传递切削动力的主轴决定，与主轴轴线平行的坐标轴即为 Z 轴，X 轴为水平方向，平行于工件装夹面并与 Z 轴垂直。

④规定以刀具远离工件的方向为坐标轴的正方向。依据以上的原则，当车床为前置刀架时，X 轴正向向前，指向操作者，如图 11.7 所示；当机床为后置刀架时，X 轴正向向后，背离操作者，如图 11.8 所示。

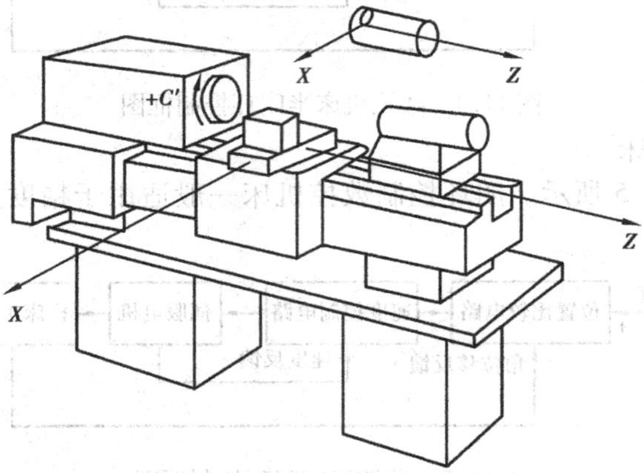

图 11.7　水平床身前置刀架式数控车床的坐标系

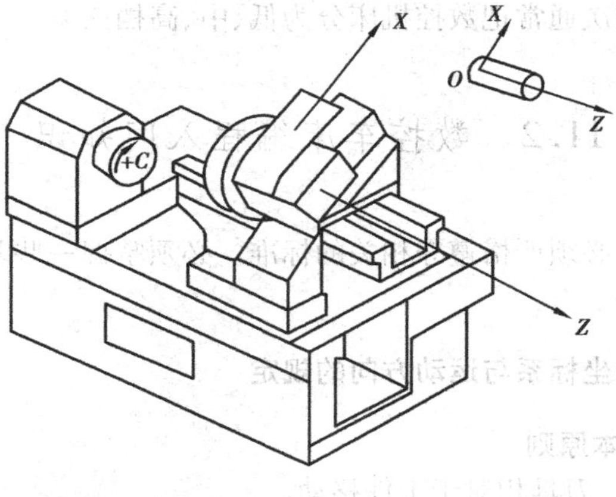

图 11.8　倾斜床身后置刀架式数控车床的坐标系

(2)机床坐标系

机床坐标系是以机床原点为坐标系原点建立起来的 ZOX 轴直角坐标系。

1)机床原点

机床原点(又称机械原点)即机床坐标系的原点，是机床上的一个固定点，其位置是由机床设计和制造单位确定的，通常不允许用户改变。数控车床的机床原点一般为主轴回转中心与卡盘后端面的交点，如图 11.9 所示。

2)机床参考点

机床参考点也是机床上的一个固定点，它是用机械挡块或电气装置来限制刀架移动的极限位置。其作用主要是用来给机床坐标系一个定位。因为如果每次开机后无论刀架停留在哪个位置，系统都把当前位置设定成(0,0)，这就会造成基准的不统一。

数控车床在开机后首先要进行回参考点(也称回零点)操作。机床在通电之后，返回参考

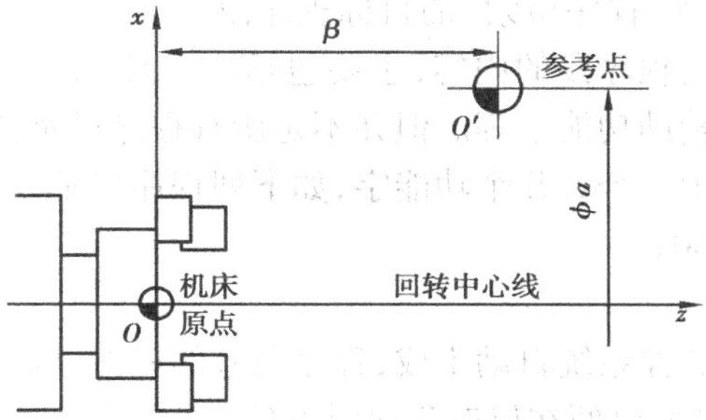

图 11.9 机床原点

点之前，不论刀架处于什么位置，此时 CRT 上显示的 Z 与 X 的坐标值均为 0。只有完成了返回参考点操作后，刀架运动到机床参考点，此时 CRT 上显示出刀架基准点在机床坐标系中的坐标值，即建立了机床坐标系。

(3) 工件坐标系

数控车床加工时，工件可以通过卡盘夹持于机床坐标系下的任意位置。这样一来，在机床坐标系下编程就很不方便。所以编程人员在编写零件加工程序时通常要选择一个工件坐标系，也称编程坐标系。程序中的坐标值均以工件坐标系为依据。

工件坐标系的原点可由编程人员根据具体情况确定，一般设在图样的设计基准或工艺基准处。根据数控车床的特点，工件坐标系原点通常设在工件左、右端面的中心或卡盘前端面的中心。

11.2.2 数控车床加工程序结构与格式

(1) 程序段结构

一个完整的程序，一般由程序名、程序内容和程序结束三部分组成。

1) 程序名

FANUC 系统程序名是 O × × × ×。× × × × 是四位正整数，可以为 0000 ~ 9999，如 O2255。程序名一般要求单列一段且不需要段号。

2) 程序主体

程序主体是由若干个程序段组成的，表示数控机床要完成的全部动作。每个程序段由一个或多个指令构成，每个程序段一般占一行，用"；"作为每个程序段的结束代码。

3) 程序结束指令

程序结束指令可用 M02 或 M30。一般要求单列一段。

(2) 程序段格式

现在最常用的是可变程序段格式。每个程序段由若干个地址字构成，而地址字又由表示地址字的英文字母、特殊文字和数字构成，例如：N50 G01 X30.0 Z40.0 F100

说明：

①N × × 为程序段号，由地址符 N 和后面的若干位数字表示。在大部分系统中，程序段号仅作为"跳转"或"程序检索"的目标位置指示。因此，它的大小及次序可以颠倒，也可以省略。程序段在存储器内以输入的先后顺序排列，而程序的执行是严格按信息在存储器内的先后顺序逐段执行，也就是说，执行的先后次序与程序段号无关。但是，当程序段号省略时，该

程序段将不能作为“跳转”或“程序检索”的目标程序段。

②程序段的中间部分是程序段的内容，主要包括准备功能字、尺寸功能字、进给功能字、主轴功能字、刀具功能字、辅助功能字等。但并不是所有程序段都必须包含这些功能字，有时一个程序段内可仅含有其中一个或几个功能字，如下列程序段都是正确的：

N10 G01 X100.0 F100;

N80 M05;

③程序段号也可以由数控系统自动生成，程序段号的递增量可以通过“机床参数”进行设置。一般可设定增量值为10，以便在修改程序时方便进行“插入”操作。

11.2.3 数控车床的编程指令体系

FANUC0i系统为目前我国数控机床上采用较多的数控系统，其常用的功能指令分为准备功能指令、辅助功能指令及其他功能指令三类。

(1)准备功能指令

常用的准备功能指令见表11.1。

表11.1 FANUC系统常用准备功能一览表

G指令	组别	功 能	程序格式及说明
▲G00	01	快速点定位	G00 X(U) Z(W);
G01		直线插补	G01 X(U) Z(W) F;
G02		顺时针方向圆弧插补	G02 X(U) Z(W) R F;
G03		逆时针方向圆弧插补	G02 X(U) Z(W) I K F;
G04	00	暂停	G04 X;或G04 U;或G04 P;
G20	06	英制输入	G20;
G21		米制输入	G21;
G27	00	返回参考点检查	G27 X Z;
G28		返回参考点	G28 X Z;
G30		返回第2、3、4参考点	G30 P3 X Z; 或G30 P4 X Z;
G32	01	螺纹切削	G32 X Z F;(F为导程)
G34		变螺距螺纹切削	G34 X Z F K;
▲G40	07	刀尖半径补偿取消	G40 G00 X(U) Z(W);
G41		刀尖半径左补偿	G41 G01 X(U) Z(W) F;
G42		刀尖半径右补偿	G42 G01 X(U) Z(W) F;
G50	00	坐标系设定或主轴最大速度设定	G50 X Z;或 G50 S;
G52		局部坐标系设定	G52 X__Z__;
G53		选择机床坐标系	G53 X__Z__;

续表

G 指令	组别	功　能	程序格式及说明
G54	14	选择工件坐标系 1	G54;
G55		选择工件坐标系 2	G55;
G56		选择工件坐标系 3	G56;
G57		选择工件坐标系 4	G57;
G58		选择工件坐标系 5	G58;
G59		选择工件坐标系 6	G59;
G65	00	宏程序调用	G65 P　L　<自变量指定>;
G66	12	宏程序模态调用	G66 P　L　<自变量指定>;
▲G67		宏程序模态调用取消	G67;
G70	00	精车循环	G70 P　Q;
G71		粗车循环	G71 U　R; G71 P　Q　U　W　F;
G72		端面粗车复合循环	G72 W　R; G72 P　Q　U　W　F;
G73		多重车削循环	G73 U　W　R; G73 P　Q　U　W　F;
G74		端面深孔钻削循环	G74 R; G74 X(U)　Z(W)　P　Q　R　F;
G75	00	外径/内径钻孔循环	G75 R; G75 X(U)　Z(W)　P　Q　R　F;
G76		螺纹切削复合循环	G76 P　Q　R; G76 X(U)　Z(W)　R　P　Q　F;
G90	01	外径/内径切削循环	G90 X(U)　Z(W)　F; G90 X(U)　Z(W)　R　F;
G92		螺纹切削复合循环	G92 X(U)　Z(W)　F; G92 X(U)　Z(W)　R　F;
G94		端面切削循环	G94 X(U)　Z(W)　F; G94 X(U)　Z(W)　R　F;
G96	02	恒线速度控制	G96 S;
▲G97		取消恒线速度控制	G97 S;
G98	05	每分钟进给	G98 F;
▲G99		每转进给	G99 F;

说明:①打▲的为开机默认指令。

②00 组 G 代码都是非模态指令。

③不同组的 G 代码能够在同一程序段中指定。如果同一程序段中指定了同组 G 代码,则最后指定的 G 代码有效。

④G 代码按组号显示,对于表中没有列出的功能指令,请参阅有关厂家的编程说明书。

(2)辅助功能指令

FANUC 系统常用的辅助功能指令见表 11.2。

表 11.2　常用 M 指令一览表

序号	指令	功　能	序号	指令	功　能
1	M00	程序暂停	7	M30	程序结束并返回程序头
2	M01	程序选择停止	8	M08	冷却液开
3	M02	程序结束	9	M09	冷却液关
4	M03	主轴顺时针方向旋转	10	M98	调用子程序
5	M04	主轴逆时针方向旋转	11	M99	返回主程序
6	M05	主轴停止			

(3)其他功能指令

常用的其他功能指令有刀具功能指令、主轴转速功能指令、进给功能指令,这些功能指令的应用,对简化编程十分有利。

1)刀具功能字 T

刀具功能字的地址符是 T,又称为 T 功能或 T 指令,用于指定加工时所用刀具的编号。对于数控车床,其后的数字还兼作指定刀具长度补偿和刀尖半径补偿用。

2)主轴转速功能字 S

主轴转速功能字的地址符是 S,又称为 S 功能或 S 指令,用于指定主轴转速,单位为 r/min。对于具有恒线速度功能的数控车床,程序中的 S 指令用来指定车削加工的线速度数。

3)进给功能字 F

进给功能字的地址符是 F,又称为 F 功能或 F 指令,用于指定切削的进给速度。对于车床,F 可分为每分钟进给和主轴每转进给两种,对于其他数控机床,一般只用每分钟进给。F 指令在螺纹切削程序段中常用来指令螺纹的导程。

11.2.4　编程实例

如图 11.10 所示的待车削零件,材料为 45 钢,其中 Φ85 mm 圆柱面不加工。在数控车床上需要进行的工序为:切削 Φ80 mm 和 Φ62 mm 外圆;R70 mm 弧面、锥面、退刀槽、螺纹及倒角。要求分析工艺过程与工艺路线,编写加工程序。

(1)零件加工工艺分析

1)设定工件坐标系

按基准重合原则,将工件坐标系的原点设定在零件右端面与回转轴线的交点上,如图中 O_p 点,并通过 G50 指令设定换刀点相对工件坐标系原点 O_p 的坐标位置(200,100)。

2)选择刀具

根据零件图的加工要求加工零件的端面、圆柱面、圆锥面、圆弧面、倒角以及切割螺纹退刀槽和螺纹,共需用三把刀具。

1 号刀,外圆左偏刀,刀具型号为:CL-MTGNR-2020/R/1608 ISO30。安装在 1 号刀位上。

3 号刀,螺纹车刀,刀具型号为:TL-LHTR-2020/R/60/1.5 ISO30。安装在 3 号刀位上。

5 号刀,割槽刀,刀具型号为:ER-SGTFR-2012/R/3.0-0 ISO30。安装在 5 号刀位上。

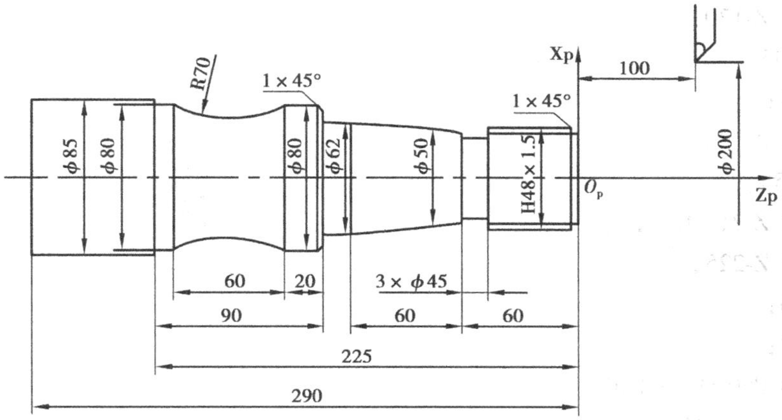

图 11.10　加工零件图

3)加工方案

使用 1 号外圆左偏刀,先粗加工后精加工零件的端面和零件各段的外表面。粗加工时留 0.5 mm 的精车余量;使用 5 号割槽刀切割螺纹退刀槽;然后使用 3 号螺纹车刀加工螺纹。

4)确定切削用量

切削深度:粗加工设定切削深度为 3 mm,精加工为 0.5 mm。

主轴转速:根据 45 钢的切削性能,加工端面和各段外表面时设定切削速度为 90 m/min;车螺纹时设定主轴转速为 250 r/min。

进给速度:粗加工时设定进给速度为 200 mm/min,精加工时设定进给速度为 50 mm/min。车削螺纹时设定进给速度为 1.5 mm/r。

(2)编程

```
O 0001
N005 G50 X200 Z100;
N010 G50 S3000;
N015 G96 S90 M03;
N020 T0101 M06;
N025 M08;
N030 G00 X86 Z0;
N035 G01 X0 F50;
N040 G00 Z1;
N045 G00 X86;
N050 G71 U3 R1;
N055 G71 P60 Q125 U0.5 W0.5 F200;
N060 G42;
N065 G00 X43.8;
N070 G01 X47.8 Z-1;
N075 Z-60;
```

```
N080 X50;
N085 X62 Z-120;
N090 Z-135;
N095 X78;
N100 X80 Z-136;
N105 Z-155;
N110 G02 Z-215 R70;
N115 G01 Z-225;
N120 X86;
N125 G40;
N130 G70 P60 Q125 F50;
N135 G00 X200 Z100;
N140 T0505 M06 S50;
N145 G00 X52 Z-60;
N150 G01 X45;
N155 G04 X2;
N160 G01 X52;
N165 G00 X200 Z100;
N170 T0303 M06;
N175 G95 G97 S250;
N180 G00 X50 Z3;
N185 G76 P011060 Q0.1 R1;
N190 G76 X46.38 Z-58.5 R0 P1.48 Q0.4 F1.5 ;
N200 G00 X200 Z100 T0300;
N205 M05;
N210 M09;
N215 M30;
```

11.3 特种加工简介

将电、磁、声、光、化学等能量或其组合施加在工件的被加工部位上，从而实现材料被去除、变形、改变性能或被镀覆等的非传统加工方法统称为特种加工。

11.3.1 特种加工的分类

特种加工机床范围较广，有几十个门类。其中主要有：

①电火花加工（EDM）；

②电化学加工（ECM）；

③电解磨削加工（ECG）；

④化学加工(CHM);
⑤电弧加工(EAM);
⑥激光加工(LBM);
⑦超声加工(USM);
⑧离子束加工(IBM);
⑨电子束加工(EBM);
⑩等离子弧加工(PAM);
⑪ 快速成型加工(RPM)等。

特种加工机床原属金属切削加工机床范畴,但由于特种加工机床与金属切削加工机床机理完全不同,机床功能部件的性能不同,以及它在国民经济中重要地位和作用等原因,2003 年国家标准化管理委员会明确为与金属切削机床并行的独立的机床体系。与其他先进制造技术一样,特种加工正在研究、开发推广和应用之中,具有很好的发展潜力和应用前景。

11.3.2　特种加工的基本简介

(1)电火花加工

1)电火花加工基本原理

电火花加工又称放电加工,也有称为电脉冲加工的,它是一种直接利用热能和电能进行加工的工艺。电火花加工与金属切削加工的原理完全不同。在加工过程中,工具和工件不接触,而是靠工具和工件之间的脉冲性火花放电,产生局部、瞬时的高温把金属材料逐步蚀除掉。由于放电过程可见到火花,所以称为电火花加工。其加工原理如图 11.11 所示。

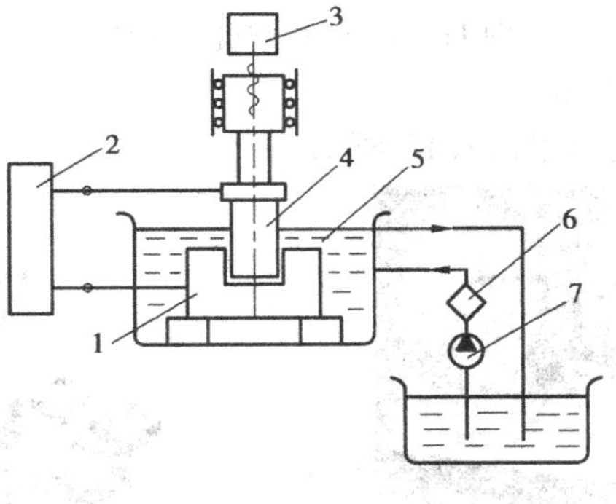

图 11.11　电火花加工原理示意图

3—自动进给调节系统;4—工具;5—工作液;6—过滤器;7—工作液泵

2)电火花加工的特点

①适合于用传统机械加工方法难以加工的材料加工,表现出“以柔克刚”的特点。

②可加工特殊及复杂形状的零件。

③可实现加工过程自动化。

④可以改进结构设计,改善结构的工艺性。

⑤可以改变零件的工艺路线。

3)电火花加工机床

电火花加工机床可分为线切割机床、电火花成型机机床,如图 11.12、图 11.13 所示。

4)线切割机床作品展示

线切割机床作品展示如图 11.14 所示。

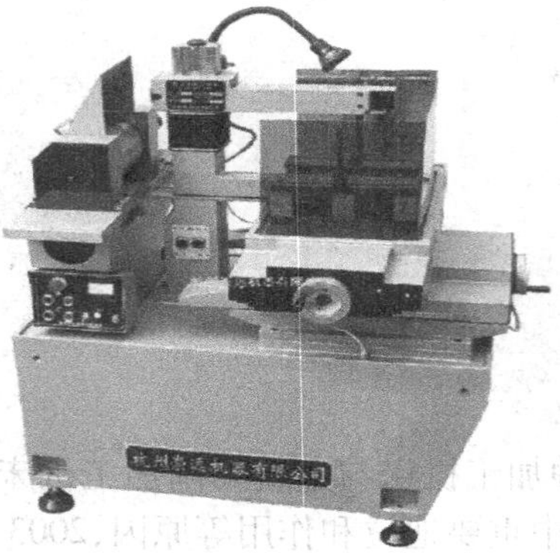

图 11.12　线切割机床

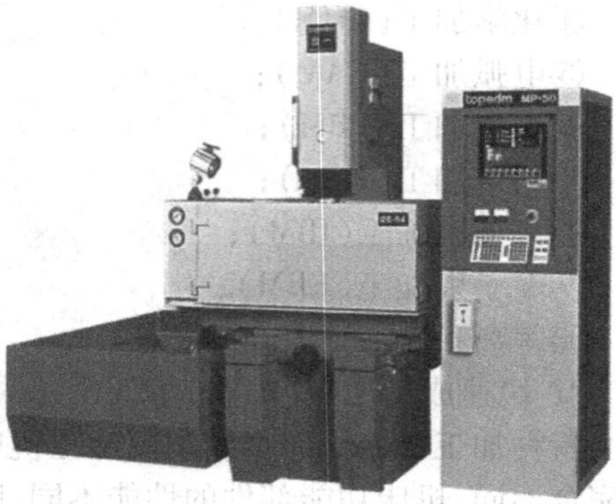

图 11.13　电火花成型机机床

图 11.14　线切割机床作品

5)电火花成型机床作品展示

电火花成型机床作品展示如图 11.15 所示。

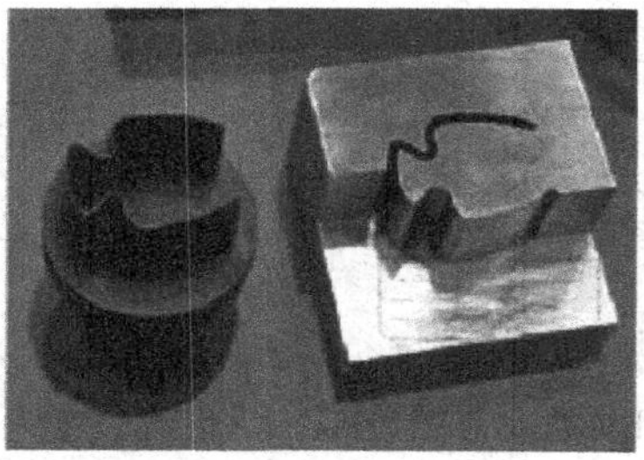

(a)宽窄深槽加工

(b)花纹、文字加工

(c)型腔加工

(d)冷冲膜穿孔加工

图 11.15　电火花成型机床作品展示

(2)超声加工

超声加工(USM,Ultrasonic Machining)是利用超声振动的工具在有磨料的液体介质中或干磨料中产生磨料的冲击、抛磨、液压冲击及由此产生的气蚀作用来去除材料,以及利用超声振动使工件相互结合的加工方法。

1)超声加工的特点

超声加工适合加工各种硬脆材料,尤其是玻璃、陶瓷、宝石、石英、锗、硅、石墨等不导电的非金属材料;也可加工淬火钢、硬质合金、不锈钢、钛合金等硬质或耐热导电的金属材料;但加工效率较低。切削应力、切削热更小,不会产生变形及烧伤,表面粗糙度也较低,可达 R_a0.63 ~ 0.08 μm,尺寸精度可达 ±0.03 mm,也适于加工薄壁、窄缝、低刚度零件。超声加工的面积不够大,而且工具头磨损较大,故生产率较低。

2)超声加工的应用

①加工型孔、型腔。

主要用于对脆硬材料加工圆孔、型孔、型腔、套料、微细孔等,如图 11.16 所示。

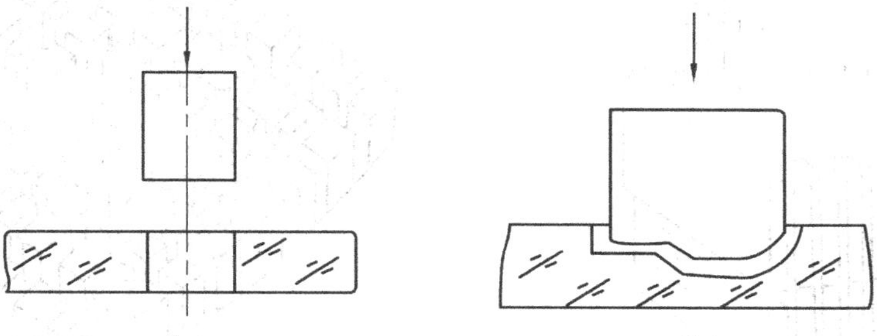

(a)　(b)

图 11.16

②加工型孔、型腔。

加工异形孔、套料加工、加工微细孔,如图 11.7 所示。

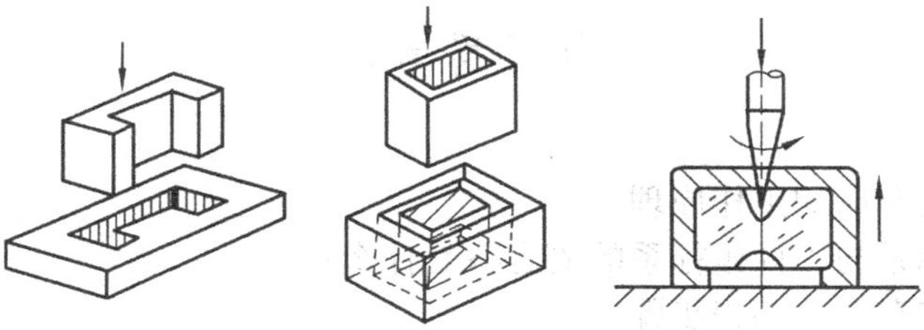

(a)　(b)　(c)

图 11.17

③切割加工。

用普通机械加工切割脆硬的半导体材料很困难,采用超声切割较为有效,如图 11.18 至图 11.21 所示。

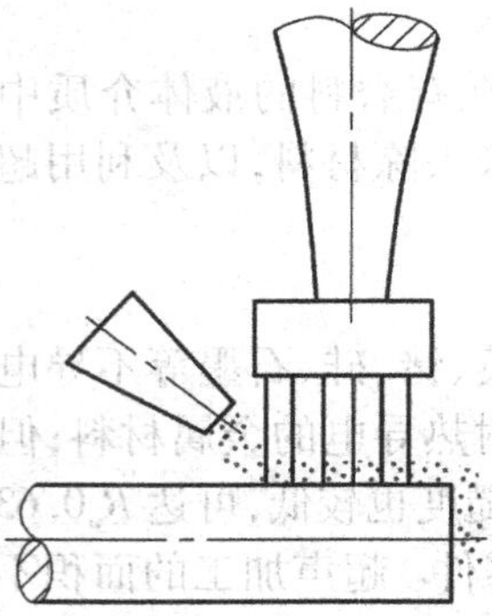

图 11.18　超声切割单晶硅片

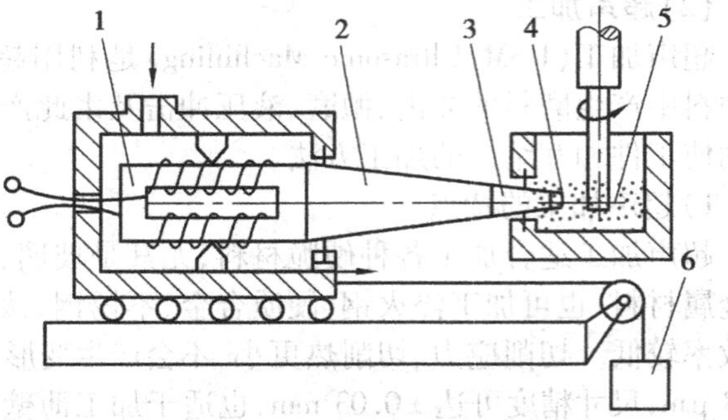

图 11.19　超声波切割金刚石

1—换能器;2—变幅杆;3—工具头;4—金刚石;5—切割工具;6—重锤

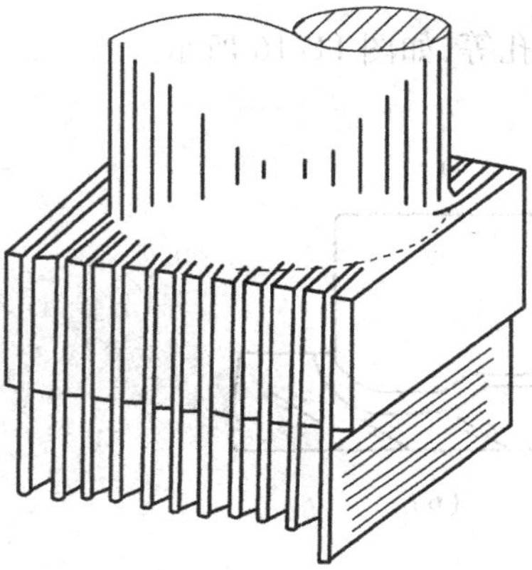

图 11.20　成批切槽刀具

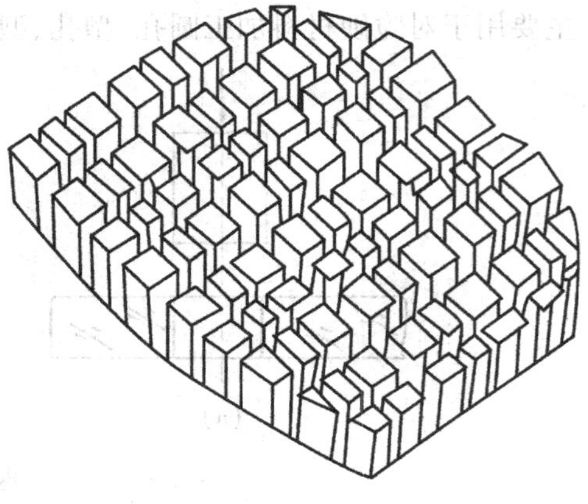

图 11.21　切割成的陶瓷模块

复习思考题

11.1　简述数控车床的工作原理。

11.2　机床坐标系与工件坐标系的概念各是什么?

11.3　简述数控车床的编程步骤。

11.4　特种加工的特点是什么。

11.5　特种加工的工作原理是怎样的?

参考文献

[1] 冀秀焕. 金工实习教程[M]. 北京:机械工业出版社,2009.
[2] 金禧德. 金工实习[M]. 北京:高等教育出版社,2008.
[3] 周光万. 金属工艺基础[M]. 北京:机械工业出版社,2014.
[4] 禄萍,等. 钳工工艺学[M]. 北京:机械工业出版社,2008.
[5] 蒋增福. 钳工工艺与技能训练[M]. 北京:中国劳动社会保障出版社,2001.
[6] 徐鸿本,等. 金工实习[M]. 武汉:华中科技大学出版社,2005.
[7] 胡大超,等. 金工实习[M]. 上海:上海科学技术出版社,2000.
[8] 夏德荣,等. 金工实习[M]. 南京:东南大学出版社,1999.
[9] 王先逵. 机械制造工艺学[M]. 北京:机械工业出版社,2008.
[10] 何红媛. 材料成形技术基础[M]. 南京:东南大学出版社,2004.
[11] 黄鹤汀. 机械制造装备[M]. 北京:机械工业出版社,2001.
[12] 王荣声. 工程材料及机械制造基础[M]. 北京:机械工业出版社,1997.
[13] 姜奎华. 冲压工艺与模具设计[M]. 北京:机械工业出版社,1997.
[14] 杨慧智. 工程材料及成形工艺基础[M]. 北京:机械工业出版社,1999.
[15] 王瑞芳,等. 金工实习[M]. 北京:机械工业出版社,2014.
[16] 段维峰,等. 金工实训教程[M]. 北京:机械工业出版社,2014.
[17] 黄明宇,等. 金工实习[M]. 北京:机械工业出版社,2009.
[18] 刘家发. 焊工手册[M]. 北京:机械工业出版社,2002.
[19] 王洪光,等. 气焊与气割[M]. 北京:化学工业出版社,2005.
[20] 何惧. 气焊工技术[M]. 北京:机械工业出版社,2000.
[21] 张木青. 机械制造工程训练教程[M]. 广州:华南理工大学出版社,2004.
[22] 黄光烨. 机械制造工程实践[M]. 哈尔滨:哈尔滨工业大学出版社,2001.
[23] 冯俊. 工程训练基础教程[M]. 北京:北京理工大学出版社,2005.
[24] 清华大学金属工艺教研室. 金属工艺实习[M]. 北京:高等教育出版社,2004.
[25] 王英杰,等. 金工实习指导[M]. 北京:中国铁道出版社,2000.
[26] 骆志斌. 金属工艺学[M]. 北京:高等教育出版社,2000.
[27] 方新. 数控机床与编程[M]. 北京:高等教育出版社,2007.
[28] 华茂发. 数控机床加工工艺[M]. 北京:机械工业出版社,2000.
[29] 宾鸿赞,等. 先进制造技术[M]. 北京:高等教育出版社,2006.